Johannes Staudt · Hans-Joachim Merker

Funktionelle Anatomie

und Histologie in Text und Bild

Illustrationen von Frank Geisler

VEB Verlag Volk und Gesundheit Berlin 1990

Impressum

1990

Staudt, Johannes:
Funktionelle Anatomie
und Histologie in Text und Bild /
Johannes Staudt ; Hans-Joachim
Merker. – 1. Aufl. – Berlin :
Verl. Volk u. Gesundheit, 1990 –
160 S. : Ill. von Frank Geisler
NE: 2. Verf.

ISBN 3-333-00432-1

1. Auflage

Lizenz-Nr. 210 (700/202/89)
LSV 2013
Lektor: Getraud Jech
Einbandgestaltung und Typographie:
Detlev Plake
Illustrationen: Frank Geisler
Hersteller: Elke Staamann
Printed in the German Democratic Republic
Gesamtherstellung: Grafische Werke Zwickau
Bestell-Nr. 534 779 6
03300

Johannes Staudt · Hans-Joachim Merker

Funktionelle Anatomie

Vorwort

Bei der Verbreitung des Wissens über den Aufbau des menschlichen Körpers kommt auch in unserer Zeit der Anatomie große Bedeutung zu, wenn neben den systematischen Gesichtspunkten die lebenswichtigen Zusammenhänge gleichzeitig erklärt werden. Als richtig erweist sich außerdem, daß der Leser einen Einblick über die zelluläre Zusammensetzung der Gewebe und der Organe erhält, um so den funktionellen Ablauf, aber auch krankhafte (pathologische) Veränderungen einordnen zu können. Aus diesen Erwägungen sind die Organe in ihrer regionalen Anordnung zusammengefaßt worden, ohne daß die Funktion in den Hintergrund tritt, dafür jedoch die Überleitung zur klinischen Praxis möglich wird.
Selbst bei der auf die Klinik bezogenen Darstellungsweise ergeben sich teilweise Schwierigkeiten bei der Verwendung der anatomischen Namen. Um dies zu erleichtern, werden vorzugsweise die gängigen deutschen Begriffe im Textteil verwendet und die lateinischen in Klammern gesetzt. Bei der Beschriftung der Bilder ist es umgekehrt. Außerdem entspricht die Thematik der Textseite dem gegenüberliegenden Bildmaterial, um so das Umblättern zu ersparen.
Nach mehrmaliger Sichtung von Ausbildungsprogrammen liegt hier eine Zusammenstellung vor, mit der medizinische Fachschulstudenten, medizinische Fachschulkader in der Praxis, Diplommedizinpädagogen, Diplomkrankenpfleger, Pädagogen im Fach Biologie, aber auch allgemein interessierte Leser angesprochen werden sollen. Natürlich ist auch daran gedacht, daß sich diese Art der Verarbeitung zur Repetition der Anatomie für Studenten der Medizin und Stomatologie in den ersten Semestern eignet.
Das Sachregister enthält sowohl die deutschen als auch die lateinischen Begriffe mit Hervorhebung der Seite, wo sich die ausführlichere Darstellung nachlesen läßt.

In vortrefflicher Weise sind die Bilder von Herrn Frank Geisler gestaltet worden. Herrn OMR Prof. Dr. sc. med. M. Lüning, Direktor des Instituts für Röntgendiagnostik der Charité, danken wir für die Überlassung der computertomographischen Bilder.
Ohne die großzügige Unterstützung der Mitarbeiter des VEB Verlag Volk und Gesundheit Berlin wäre das Buch nicht entstanden. Der besondere Dank gilt Herrn Direktor OMR Dr. med. Dolf Künzel und Frau Dipl.-Med.-Päd. Gertraud Jech für ihre unermüdliche Tätigkeit als Lektorin. Für die große Mühe, das Schreiben der schwierigen Texte entsprechend den Vorgaben mehrfach zu übernehmen, sei Frau Ingrid Staudt ganz herzlich bedankt. In die Danksagung sollen auch alle Fachvertreter, die wertvolle Hinweise gaben, einbezogen werden.
Es gilt die Aufforderung an unsere Leser, daß sie uns mitteilen möchten, was veränderungswürdig wäre.

Die Verfasser

Inhaltsverzeichnis

Morphologisch-funktionelle Grundlagen

Gestalt und Gliederung des menschlichen Körpers

Unter der Gestalt des menschlichen Körpers versteht man seine äußere Form und damit sein Erscheinungsbild. Anhand dieser Feststellung erfolgt die Unterteilung in den Stamm im weitesten Sinn und in zwei Paar Gliedmaßen. Der Stamm selbst besteht aus dem Kopf (Caput), dem Halsgebiet (Collum) und dem Rumpf (Truncus) oder dem Stamm im engeren Sinn. Letzterer läßt sich in Brust (Thorax), Bauch (Abdomen) und Becken (Pelvis) gliedern. Da die äußere Oberflächeneinteilung nicht die Lage der Organe im Inneren widerspiegelt, erhalten die Gegenden (Regiones) zur topographischen Beschreibung eine besondere Bedeutung.

Die Grundlage des Kopfes (Caput) bildet der Schädel (Cranium). Der Gehirnschädel (Neurocranium) umschließt die Schädelhöhle (Cavitas cranii), in der sich das Gehirn (Cerebrum) befindet. Der Gesichtsschädel (Viszerocranium) besteht eigentlich aus dem Nasen- und Kieferskelett. Er besitzt als einzige äußere bewegliche Verbindung das Kiefergelenk (Articulatio temporomandibularis).

Der Hals stellt das bewegliche Verbindungselement des Kopfes zum Rumpf dar. Daraus resultiert, daß funktionell gesehen Kopf und Hals eine Einheit bilden. Die volle Inanspruchnahme der Kopfbewegungen erfolgt durch die abgestufte Einbeziehung der Halswirbelsäule. Das verlängerte Mark liegt an der Grenze vom Kopf zum Hals und geht in das Rückenmark über. Die Anfangsteile des Atmungs- und Verdauungstraktes benutzen den Hals gleichfalls ohne scharfe Trennung als Durchzugsgebiet. Gleiches gilt für die Gefäße und Leitungsbahnen, aber auch für pathologische Prozesse.

Bei der Gliederung des Rumpfes im engeren Sinn beginnt man allgemein mit der Brustwand, die die Brusthöhle (Cavitas thoracis) einhüllt. Durch das Zwerchfell wird diese nach unten abgeschlossen. Die Brusthöhle enthält eine rechte und eine linke Pleurahöhle (Cavitas pleuralis) sowie den Mittelfellraum (Mediastinum) mit der Herzbeutelhöhle (Cavitas pericardialis) für das Herz, das Bries (Thymus), die Luftröhre (Trachea), die Speiseröhre (Oesophagus), die großen Gefäße, Nerven und Lymphknoten.

Die vordere Bauchwand kleidet mit ihrer innersten Schicht, dem äußeren oder seitlichen Blatt des Bauchfells (Peritoneum parietale), den Bauchraum aus. Diese seröse Haut überzieht innen die vordere Bauchwand, die Unterfläche des Zwerchfells und liegt hinten vor den Bildungen der hinteren Bauchwand und den Organen, die sich hinter dem Bauchraum, dem Retroperitonealraum, befinden. Nach unten geht das seitliche Bauchfell ohne scharfe Grenze in die Auskleidung der Beckenwände über. Da die Abschnitte des Darmrohrs, der Leber und der Milz einen eigenen glatten Bauchfellüberzug (Peritoneum viscerale) haben, entsteht zwischen dem Peritoneum parietale und Peritoneum viscerale die eigentliche Peritonealhöhle (Cavitas peritonealis) des Bauchraumes. Diese setzt sich nach unten kontinuierlich in den Beckenraum (Cavitas pelvis) bis zum Beckenbodenüberzug fort und enthält hier die Beckeneingeweide.

Die oberen Gliedmaßen sind durch den Schultergürtel nur gelenkig mit dem Stamm verbunden, während die unteren Gliedmaßen durch den Beckenring in den Stamm eingebaut werden.

An den Extremitäten lassen sich einzelne Gebiete nach den äußeren Formen gut abgrenzen. Die abgerundete Schultergegend (Regio deltoidea) entspricht dem darunterliegenden Deltamuskel (M. deltoideus). Nach diesem rumpfnäheren (proximalen) Teil folgt der Oberarm (Brachium) und anschließend der Unterarm (Antebrachium). Zwischen beiden liegt die Ellengegend (Cubitus). Der Unterarm stellt die Verbindung zu der rumpfferneren (distalen) Handwurzel (Carpus) und Hand (Manus) her. An den unteren Gliedmaßen beginnt die Orientierung dorsal an der Gesäßgegend (Regio glutealis). Distal schließt sich die Oberschenkelgegend (Regio femoralis oder Femur) an, die dann in die Kniegegend (Genus) übergeht. Der jetzt folgende Unterschenkel (Crus) reicht bis zum Fuß (Pes).

Der menschliche Körper von vorn (Bild A), Kopfregion von vorn und seitlich (Bild B, C) und ein Schnitt durch den Rumpf in Höhe etwa des 1. Lendenwirbels (Bild D)

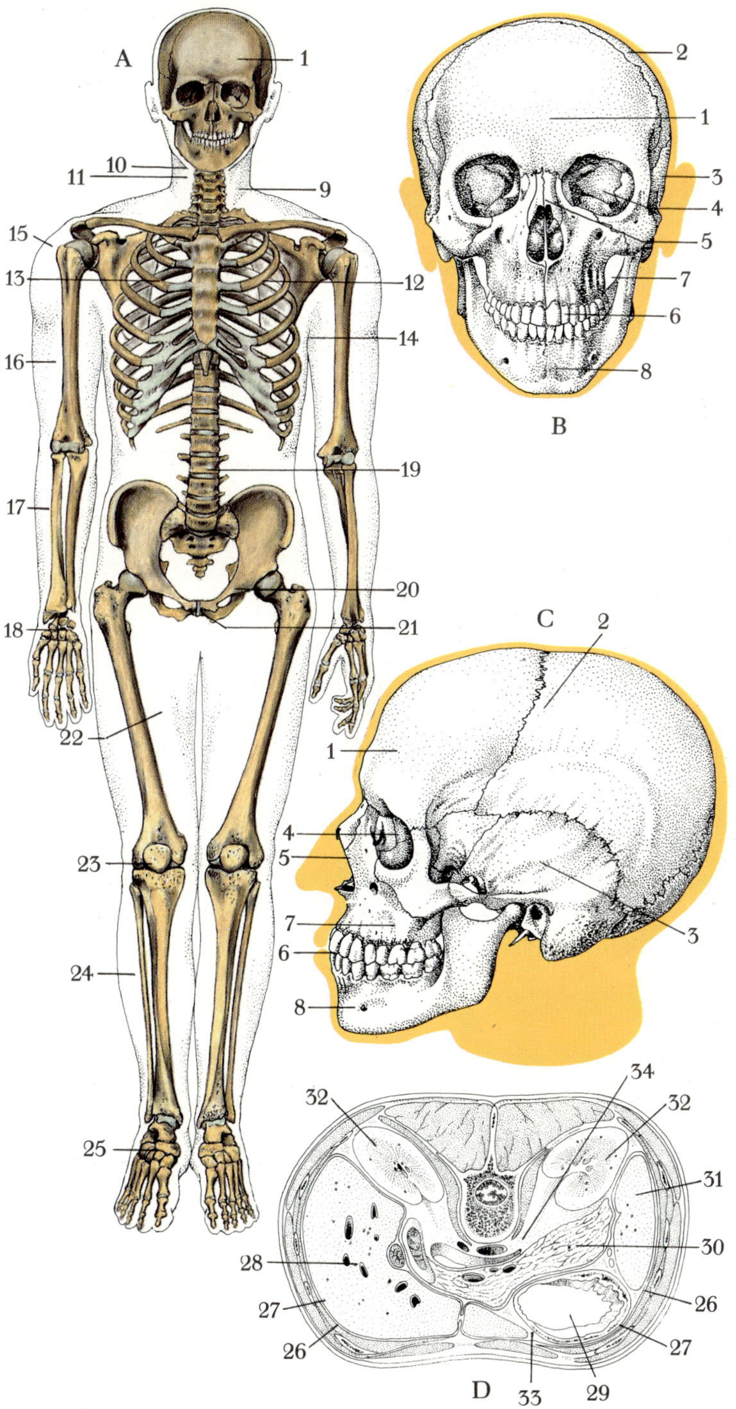

1 Regio frontalis (Stirngegend)
2 Regio parietalis (Scheitelgegend)
3 Regio temporalis (Schläfengegend)
4 Regio orbitalis (Augengegend)
5 Regio nasalis (Nasengegend)
6 Regio oralis (Mundgegend)
7 Regio buccalis (Wangengegend)
8 Regio mentalis (Kinngegend)
9 Regio cervicalis anterior (vordere Halsgegend)
10 Trigonum caroticum (Karotisdreieck)
11 Regio cervicalis lateralis (seitliche Halsgegend)
12 Regio pectoralis (Brustgegend)
13 Regio mammaria (Brustdrüsengebiet)
14 Fossa axillaris (Achselgrube)
15 Regio deltoidea (Schultergegend)
16 Brachium (Oberarm)
17 Antebrachium (Unterarm)
18 Carpus (Handwurzel)
19 Regio umbilicalis (Nabelgegend)
20 Regio inguinalis (Leistengegend)
21 Regio pubica (Schamgegend)
22 Regio femoralis (Oberschenkelgegend)
23 Genus (Kniegegend)
24 Crus (Unterschenkelgegend)
25 Pes (Fußgegend)
26 Peritoneum parietale (seitliches Bauchfell)
27 Peritoneum viscerale (organüberziehendes Bauchfell)
28 Hepar (Leber)
29 Gaster (Ventriculus, Magen)
30 Pancreas (Bauchspeicheldrüse)
31 Splen (Lien, Milz)
32 Renes (Nieren)
33 Cavitas peritonealis (Bauchfellhöhle)
34 Spatium retroperitoneale (Spalt hinter der Bauchhöhle)

Morphologisch-funktionelle Grundlagen

Körperachsen und -ebenen mit Orientierungsprinzipien

Zur einheitlichen Orientierung am menschlichen Körper verwendet man senkrecht zueinander stehende Hauptachsen und die daraus resultierenden Ebenen. Die Längsachse (longitudinale oder vertikale Achse) verläuft in Längsrichtung des aufrecht stehenden Menschen und trifft senkrecht auf seine Standfläche. Sie kann entsprechend nach rechts oder links verschoben den Körper schneiden (Bild A). Die Querachse (transversale oder horizontale Achse) schneidet den Körper allgemein quer von links nach rechts, verbindet entsprechende Punkte beider Seiten und steht senkrecht zur Längsachse (Bild B). Die Pfeilachse (sagittale Achse) zieht durch die vordere und hintere Körperwand und befindet sich senkrecht zu den beiden vorhergenannten (Bild C).
Die Sagittalebenen ergeben sich aus allen vertikalen oder Längsebenen, die den Körper sagittal durchqueren, wobei die Mittelebene (Medianebene) den Körper in zwei äußerlich seitengleiche Hälften teilt. Häufig wird von einer Symmetrieebene gesprochen (Bild B und C). Die Querebenen (Transversal- oder Horizontalebenen verlaufen beim aufrechten Stand horizontal und werden jeweils durch eine quere und eine sagittale Achse festgelegt (Bild B). Zusätzlich hat die Stirnebene (Frontalebene) ihre Bedeutung, weil sie einerseits parallel zur Stirn und andererseits senkrecht zur Mediansagittalebene steht (Bild C).
Für topographische Erläuterungen lassen sich weitere Ebenen konstruieren. Wichtig bleibt dabei, daß die sprachlich richtigen Wortkombinationen angewandt werden. Zur Sagittalebene gehören in der einen Richtung vorn und hinten, was durch die Begriffe anterior–posterior oder am Rumpf durch ventral–dorsal ausgedrückt wird. In der anderen Richtung sind es oben und unten, die als superior–inferior oder am Rumpf als kranial–kaudal bezeichnet werden. Andererseits gelten dann für die Transversalebene die Kombinationen vorn und hinten oder anterior–posterior, aber innen und seitlich bzw. medial und lateral.
Die übrigen Begriffe zum besseren Verständnis sind in einem Glossar zusammengefaßt worden.
Allgemein können die Bewegungen untergliedert werden in die des Stammes, diejenigen der Gliedmaßen gegenüber dem Stamm und in die der Gliedmaßenabschnitte gegeneinander. Dabei sind die Veränderungen um die Lächsachse allgemein als Drehungen (Rotationen) ausgewiesen. Am Rumpf spricht man häufig von einer Torsion, weil die Verdrehung um die eigene Achse erfolgt. Für die Abläufe um die Transversalachse gelten die Begriffe der Beugung (Flexion) und Streckung (Extension). Die Sagittalachse ist bestimmend für den Bereich der Gliedmaßen im Sinne des Anlegens (Adduktion) und des Wegführens oder Abspreizens (Abduktion).
Besonderheiten bestehen bei den Bewegungsabläufen der Gliedmaßen gegenüber dem Stamm in den Kniegelenken. Sie stellen die Gewähr für die Bewegungsmöglichkeiten in drei Ebenen dar. Bei der Festlegung der Abläufe zum Anlegen und Wegführen (Ad- und Abduktion) bestehen keine Schwierigkeiten. Anders verhält es sich bei der Beugung, die die Gliedmaße nach vorn bringt, man spricht daher von der Vorhebung (Anteversion). Umgekehrt wäre die Streckung mit einer Rückhebung (Retroversion) zu belegen.
Am Beispiel des Schultergelenks ergibt sich daraus, daß das Anlegen und Wegführen um eine sagittale Achse durch den Kopf des Oberarmknochens verläuft, hier kreuzen sich frontal oder quer die Ante- und Retroversionsachse, während die Rotationsachse der Körperlängsachse entspricht. Dies gilt nur beim herabhängenden oder leicht abduzierten Arm.

Schematische Darstellung der Achsen und Ebenen am menschlichen Körper

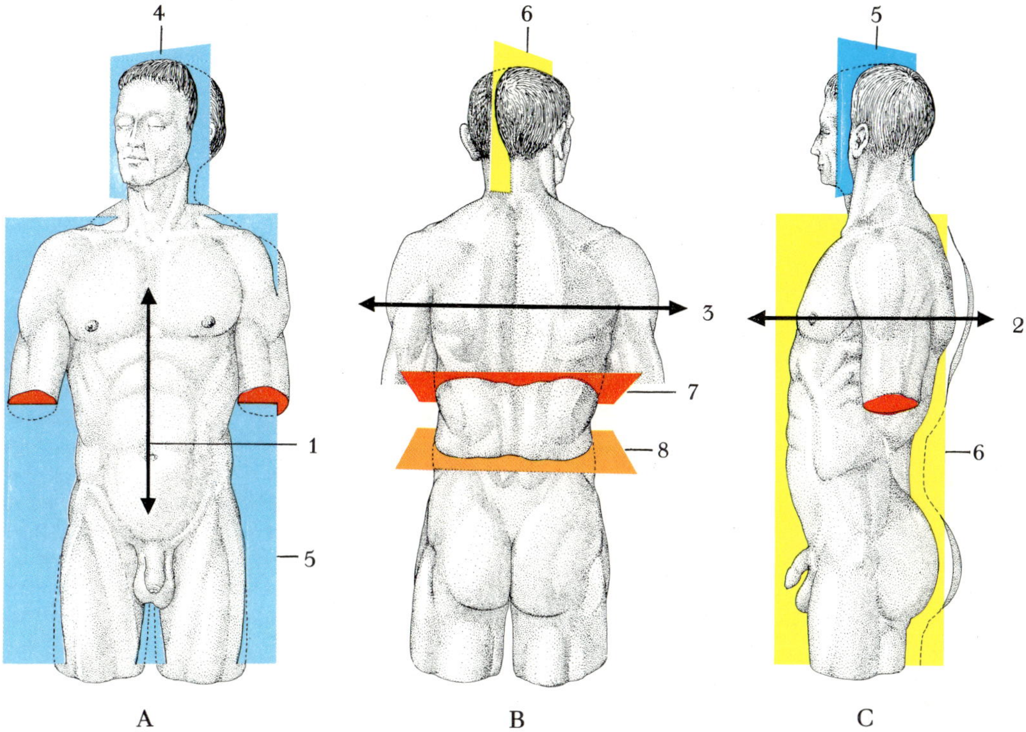

1 longitudinale oder vertikale Achse (Längsachse)
2 sagittale Achse (Pfeilachse)
3 transversale oder horizontale Achse (Querachse)
4 Frontalebene
5 Frontalebene
6 Medianebene (Symmetrieebene)
7 Transversalebene
8 Transversalebene

Morphologisch-funktionelle Grundlagen

Die größeren Schlagadern

Der arterielle Kreislauf beginnt mit der Aufnahme des Blutes in die Hauptschlagader (Aorta), die als Arterie elastischen Typs in der Lage ist, das mit jeder Systole ankommende Blut durch die Dehnung seiner Wand aufzunehmen und ohne Druckverlust weiterzugeben. Außer den Herzkranzgefäßen zweigen sich die weiteren Äste außerhalb des Herzbeutels ab. Der Aortenbogen entläßt die großen Stämme zum Kopf-Hals- und Armgebiet; den Truncus brachiocephalicus zur rechten Seite, die A. carotis communis sinistra für das linke Hals- und Kopfgebiet sowie die A. subclavia sinistra für den linken Arm. Nachdem sich der Truncus brachiocephalicus noch im Mediastinum in die entsprechende A. carotis communis dextra und A. subclavia dextra teilt, besteht Seitengleichheit. Die Karotiden spalten sich etwa in Höhe des Schildknorpels in eine A. carotis externa, die das Halsgebiet und den ganzen Kopf von außen übernimmt, während die A. carotis interna ohne Astabgabe in den Schädelraum zieht und der Hirnversorgung dient. Zur Pulspalpation sind die Karotiden und am Kieferrand die A. facialis geeignet. Dies gilt auch beim angelegten Arm tief in der Achselhöhle für die Achselarterie (A. axillaris), die aus der A. subclavia hervorgegangen ist. Im Oberarmgebiet nennt man sie A. brachialis, die einen hinteren Ast um den Humerus besitzt (A. profunda brachii). Etwa in der Ellenbeuge geht die A. brachialis in die A. radialis und A. ulnaris über. Erstere läßt sich am unteren Ende der Speiche von vorn gegen den Knochen zur klassischen Pulskontrolle drücken. Sie erreicht dann in der Tiefe die Hohlhand und bildet dort einen Bogen, der bis zu den Fingern reicht. Demgegenüber stellt die A. ulnaris die entsprechenden oberflächlichen Äste.

Nach dem Aortenbogen befindet sich die Aorta im dorsalen Mediastinum links der Wirbelsäule. Von ihr gehen Äste zunächst zu den Bronchien. Es folgen die segmentalen Zwischenrippengefäße und Äste zu den Mediastinalorganen. Nach dem Zwerchfelldurchtritt liegt die Aorta in Höhe des 1. Lendenwirbels vollständig im Retroperitonealraum. So gibt sie schon am Unterrand des Zwerchfellschlitzes den Truncus coeliacus für die Oberbauchorgane ab. Etwas tiefer ist es die A. mesenterica superior für den Dünndarm und Teile des Dickdarms. Darauf folgt die A. mesenterica inferior für den Rest des Dickdarms.

Gegenüber diesen drei unpaaren Ästen überwiegt die Zahl der paarigen Abgänge zu allen Organen des Retroperitonealraumes und zu den Keimdrüsen.

In Höhe des 4. Lendenwirbels zweigt sich die Aorta in die paarigen Aa. iliacae communes auf, die zum seitlichen Beckenrand ziehen. Dort versorgt die A. iliaca interna vor allem die Beckeneingeweide einschließlich der Genitalorgane, aber auch den Damm, die Gesäßgegend und die Innenseite des Oberschenkels. Das eigentliche Gefäß des Beins ist die A. iliaca externa, die unterhalb des Leistenbandes zur A. femoralis wird, wo sie etwa am Halbierungspunkt des Bandes tastbar ist. Über die Vorderseite des Oberschenkels und den Adduktorenkanal gelangt sie zur Kniekehle (A. poplitea) und wird fühlbar. Sie teilt sich in eine A. tibialis anterior zur Vorderseite. Ihr Endast bildet die A. dorsalis pedis, die am Fußrücken allgemein zwischen der 1. und 2. Zehe tastbar bleibt. Der zweite Ast, die A. tibialis posterior verläuft an der Wadenseite um den inneren Knöchel zur Fußsohle und versorgt diese komplett. Ihr Puls kann unterhalb des inneren Knöchels gefühlt werden.

1 Arcus aortae (Aortenbogen)
2 Truncus brachiocephalicus (Arm-Kopfschlagader-Stamm rechts)
3 A. carotis communis sinistra (li. gemeins. Kopfschlagader)
4 A. carotis interna et externa (inn. u. äuß. Kopfschlagader)
5 A. facialis (Gesichtsarterie)
6 A. subclavia sinistra (linke Schlüsselbeinarterie)
7 A. brachialis (Armarterie)
8 A. radialis (Speichenarterie)
9 A. ulnaris (Ellenarterie)
10 Aorta abdominalis (Bauchaorta)
11 Truncus coeliacus (Stamm für Leber, Magen und Milz)

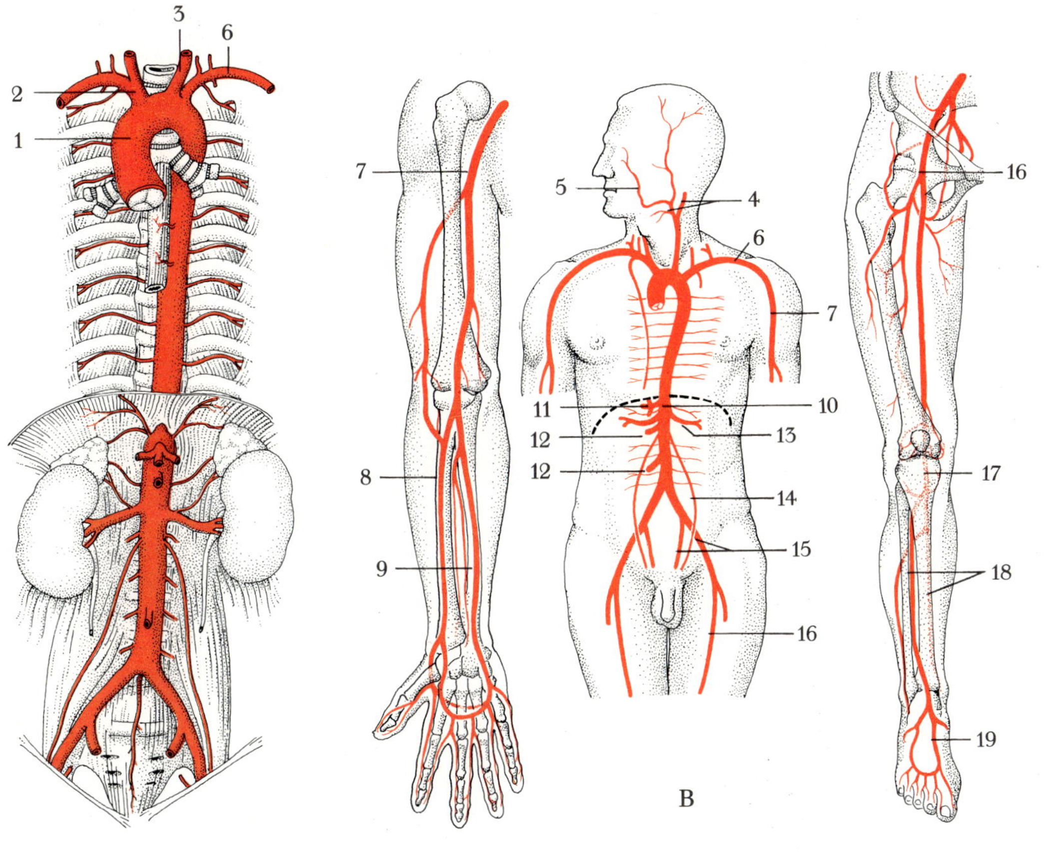

12 A. mesenterica superior et inferior (obere und untere Gekrösearterie)
13 Aa. suprarenales et renales (Nebennieren und Nierenarterien)
14 Aa. testiculares bzw. ovaricae (Keimdrüsenarterien)
15 A. iliaca interna et externa (innere und äußere Hüftarterie)
16 A. femoralis (Oberschenkelarterie)
17 A. poplitea (Kniekehlenarterie)
18 A. tibialis anterior et posterior (vordere und hintere Schienbeinarterie)
19 A. dorsalis pedis (Fußrückenarterie)

Morphologisch-funktionelle Grundlagen

Das Venensystem des Menschen

Das Blut wird in den Venen aus allen Körperteilen in den rechten Vorhof des Herzens zurückgefördert. Dies besagt, daß es sich hier um die Besprechung der Venen des großen Kreislaufes handelt.

Man unterscheidet ein oberflächliches Gefäßnetz, das im Unterhautbinde- und Fettgewebe liegt und sich abweichend von den Arterien verhält. Die tieferen (subfaszialen) größeren Venen begleiten dagegen die gleichnamigen Arterien in einer gemeinsamen Bindegewebshülle und nutzen den Arterienpuls bei der Beförderung mit aus. Die charakteristischen Venenklappen, die den Rückstau verhindern, sind in den Extremitäten besonders zahlreich. Sie verringern sich in den großen Gefäßen und fehlen zentral ganz.

Am Bein verläuft der Rückfluß einerseits oberflächlich an der Innen- und Rückfläche des Unterschenkels über die große Rosenvene (V. saphena magna) und teilweise über eine kleine Rosenvene (V. saphena parva). Beide besitzen Verbindungsäste (Vv. perforantes) zu den tiefen Ästen, die mit den gleichnamigen Arterien eingescheidet sind. Bei der Krampfaderbehandlung (Varizenbehandlung) ist die Funktionstüchtigkeit der tiefen Venen wichtig, weil die V. saphena magna erst unterhalb des Leistenbandes in die Schenkelvene (V. femoralis) gelangt. Die tiefen Äste entsprechen voll den Arterien. So entsteht die äußere und innere Hüftvene (V. iliaca externa und interna), die dann über ihren Zusammenfluß (V. iliaca communis) und die Vereinigung mit der Gegenseite die untere Hohlvene (V. cava inferior) bilden. Diese nimmt unterhalb des Zwerchfells alle weiteren Äste außer denen des Verdauungssystems direkt auf, um von unten in den rechten Vorhof zu münden.

Die obere Hohlvene (V. cava superior) entsteht aus dem Zusammenschluß der rechten und linken V. brachiocephalica, die das Blut aus der oberen Körperhälfte aufnehmen. Die oberflächlichen Venen des Armes verlaufen außerhalb der Faszien und können zu intravenösen Injektionen genutzt werden. Sie gruppieren sich in zwei Abflußstränge, die erst proximal von der Ellenbeuge Anschluß an das tiefe System erhalten. Die V. cephalica hat ihre Anfänge an der Daumenseite und befindet sich danach auf der Vorderseite des Unterarms. Sie besitzt häufig eine Verbindung in der Ellenbeuge (V. mediana cubiti) zu der mehr innen gelegenen V. basilica oder umgekehrt. Letztere verläuft medial am Unterarm und gelangt ebenfalls an die Beugeseite. Sie behält ihre Lage in der Ellenbeuge bei, streift innen den M. biceps brachii und senkt sich etwa in der Mitte des Oberarms in die Tiefe. Die V. cephalica bleibt oberflächlich, liegt lateral am Biceps und mündet erst unterhalb des Schlüsselbeins in die Achselvene.

Dicht an der Wirbelsäulenvorderfläche gibt es zwei Längsvenen, die V. azygos und hemiazygos. Sie nehmen nicht nur das Blut aus der Wirbelsäule, dem Wirbelkanal und den Zwischenrippenräumen auf, sondern schaffen eine Anastomose zwischen oberer und unterer Hohlvene, weil im Lendengebiet ebenfalls Längsverbindungen durch die V. lumbalis ascendens bestehen.

Eine besondere funktionelle Bedeutung kommt der Pfortader (V. portae) zu, weil sie das gesamte Blut aus dem Magen und dem Darm, aber auch aus der Milz erhält. Sie entsteht aus den Ästen der V. mesenterica superior, der V. splenica, die die V. mesenterica inferior aufnimmt und den Vv. gastricae. Dieses nährstoffreiche und hormonhaltige venöse Blut fließt über die Leberpforte in das wichtigste Stoffwechselorgan, die Leber. Nachdem dieses Blut in den Leberläppchen von den Nährstoffen befreit wurde, sammelt es sich in den nun rein venösen Lebervenen (Vv. hepaticae), die unterhalb des Zwerchfells in die untere Hohlvene münden.

Venen des Stammes (Bild A), oberflächliche Venen der Vorderseite des Unterarms bis zum Oberarm (Bild B) und Äste der Pfortader (Bild C)

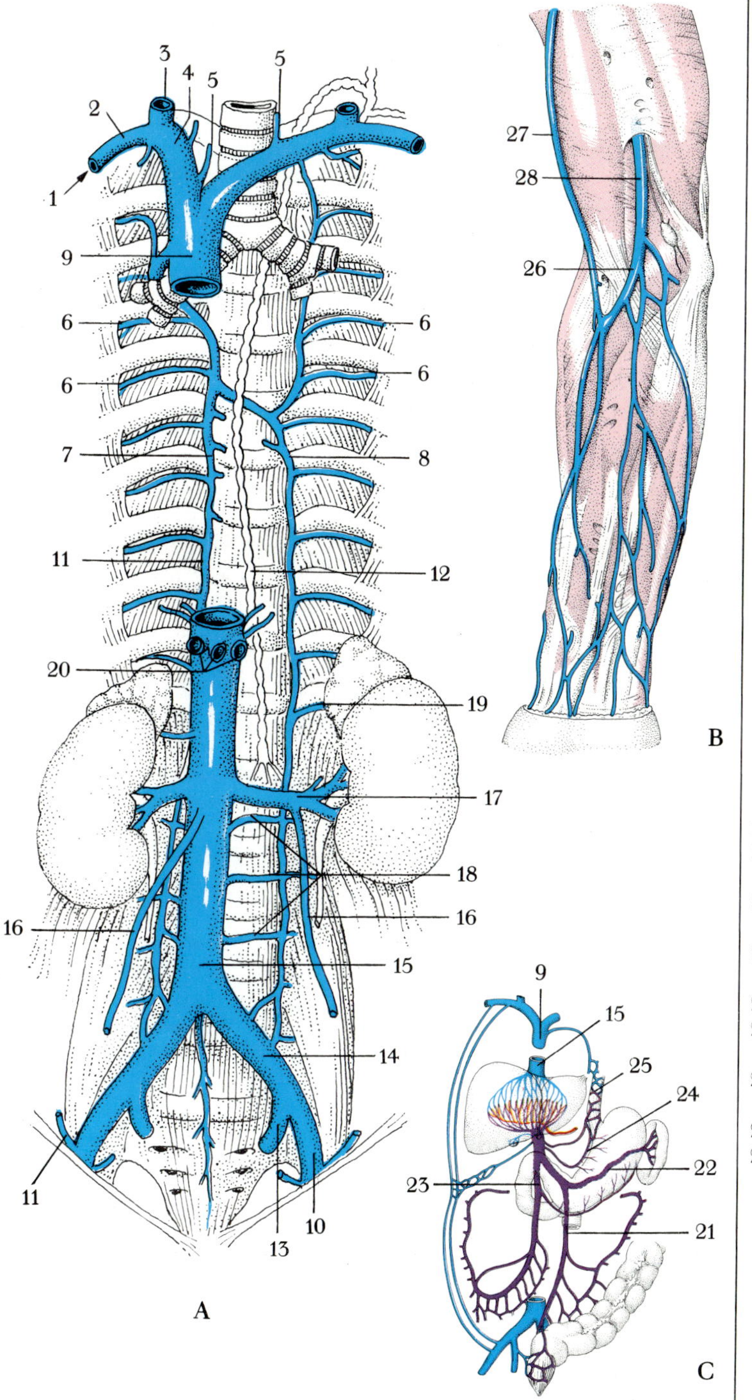

1 V. axillaris (Achselader)
2 V. subclavia (Schlüsselbeinvene)
3 V. jugularis interna (innere Drosselvene)
4 V. brachiocephalica (Arm-Kopf-Vene)
5 Vv. thyroideae inferiores (untere Schilddrüsenvenen)
6 Vv. intercostales posteriores (Zwischenrippenvenen)
7 V. azygos
8 V. hemiazygos
9 V. cava superior (obere Hohlvene)
10 V. iliaca externa (äußere Hüftader)
11 V. epigastrica inferior
12 Ductus thoracicus (Milchbrustgang)
13 V. iliaca interna (innere Hüftader)
14 V. iliaca communis (gemeinsame Hüftader)
15 V. cava inferior (untere Hohlvene)
16 V. testicularis oder ovarica (Hoden- oder Eierstockvene)
17 V. renalis (Nierenvene)
18 Vv. lumbales (Lendenvenen)
19 V. suprarenalis (Nebennierenvene)
20 Vv. hepaticae (Lebervenen)
21 V. mesenterica inferior (untere Gekrösevene)
22 V. splenica (lienalis, Milzvene)
23 V. mesenterica superior (obere Gekrösevene)
24 Vv. gastricae (Magenvenen)
25 Vv. oesophageae (Speiseröhrenvenen)
26 V. intermedia cubiti (mittlere Ellenbogenvene)
27 V. cephalica (Kopfvene)
28 V. basilica (Grundvene)

Morphologisch-funktionelle Grundlagen

Anteile und Funktion des Lymphsystems

Die zwischen den Zellen befindliche Flüssigkeit (Gewebsflüssigkeit) kann nur teilweise in den venösen Kreislauf gelangen. Durch die Lymphgefäße wird ihr Austausch und Abtransport erst möglich. Der Beginn dieses Systems ist an Gewebsspalten gebunden, die durch eine Aneinanderreihung kanalisiert werden. In ihrem Verlauf werden sie zu Lymphkapillaren. Diese enthalten die Lymphe, eine Flüssigkeit mit Eiweißen und anderen Anteilen, aber fast ohne Zellen.
Sowohl die Lymphkapillaren, die bereits eine Gefäßwand besitzen, als auch die sich anschließenden Lymphgefäße haben zahlreiche Verbindungen (Anastomosen) untereinander. Dazu kommen die Taschenklappen in den Lymphgefäßen, die den Lymphstrom zentralwärts lenken. In das Lymphgefäßsystem sind als Zwischenstationen Lymphknoten (Nodi lymphatici, Nll.) eingeschaltet, die die Zusammensetzung der Lymphe kontrollieren. Sie bilden Lymphozyten und greifen damit in die Abwehrfunktion ein. Dies betrifft die lymphogene Ausbreitung von Infektionen, aber auch die lymphogene Streuung von Erkrankungen des lymphatischen Systems oder von Tochtergeschwülsten (Metastasen) bei bösartigen Tumoren. Es ist deshalb wichtig, die Hauptorte der oberflächlichen Lymphknoten zu kennen. Moderne Verfahren gestatten heute, die Lymphbahnen und die zu jedem Zustrom gehörenden Lymphknoten sichtbar zu machen.
Die größte Konzentration gibt es im Kopf-Hals-Bereich, wo Lymphknoten an der Innenseite des Unterkiefers, vor und hinter der Ohrmuschel, aber auch an der unteren Hinterhauptsgegend liegen. Sie stehen damit in enger Beziehung zum lymphatischen Rachenring im Mund- und Rachengebiet. Es folgen diejenigen entlang der großen Gefäße des Halses, aber auch oberhalb und unterhalb des Schlüsselbeins, wodurch die Verbindung zu Lymphknoten der Achselhöhle und der Brustwand gegeben ist. Während die der Achselhöhle zunächst den gesamten Arm filtrieren, kommen hier Verbindungen von der Brustwand gerade in bezug auf die Brustdrüse hinzu (Bild A).
Nach dem gleichen Prinzip gestaltet sich der Abfluß des Beins. Die ersten Lymphknoten sind in der Leistengegend zu finden und haben Verbindung zum Beckengebiet. Für den Transport zentralwärts werden außer der Eigenmuskulatur die Nachbarschaft der Arterienpulsation, die Kontraktion der Skelettmuskulatur und physikochemische Kräfte genutzt.
Im Beckengebiet entstehen bereits die zwei lumbalen Hauptstämme (Trunci lumbales), die sich etwa in Höhe des 12. Brustwirbels mit den Stämmen der Verdauungsorgane (Trunci intestinales) unter einer Erweiterung (Cisterna chyli) vereinen. Die Trunci intestinales transportieren das resorbierte Fett (Chylus). Es folgt jetzt der einheitliche Milchbrustgang (Ductus thoracicus) rechts von der Brustaorta. Er wechselt in Höhe des 4. Brustwirbels zur linken Seite über, wo er im Venenwinkel zwischen der inneren Drosselvene (V. jugularis interna) und der Schlüsselbeinvene (V. subclavia) bei gleichzeitiger Aufnahme der Kopf-Hals- und Armgefäße dieser Seite in das venöse System mündet. Die rechte obere Körperseite besitzt ihre eigenen Lymphstämme zum gleichen Einmündungsort wie links (Bild B).
Zu diesem System gehört auch die Milz. Sie bildet Lymphozyten, nimmt alte Erythrozyten und Thrombozyten aus dem Blut und baut diese ab. Außerdem hat sie Abwehraufgaben, ähnlich dem Thymus und den Mandeln.

1 Nll. occipitales (Hinterhauptslymphknoten)
2 Nll. parotidei (Lymphknoten in der Ohrspeicheldrüse)
3 Nll. submentales et submandibulares
4 Nll. cervicales (Halslymphknoten)
5 Nll. supraclaviculares (Lymphknoten oberhalb des Schlüsselbeins)
6 Nll. infraclaviculares (Lymphknoten unterhalb des Schlüsselbeins)
7 Nll. axillares (Achsellymphknoten)
8 Nll. interpectorales (Sorgius-Gruppe, am und im Brustmuskel)

Oberflächliche Lymphbahnen und -knoten des Stammes (Bild A) sowie tiefe Lymphstämme und -knoten (Bild B)

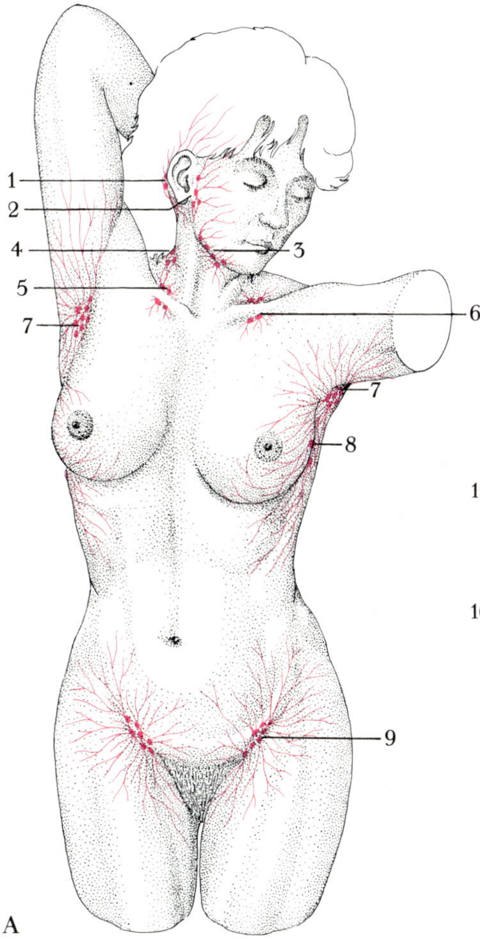

A

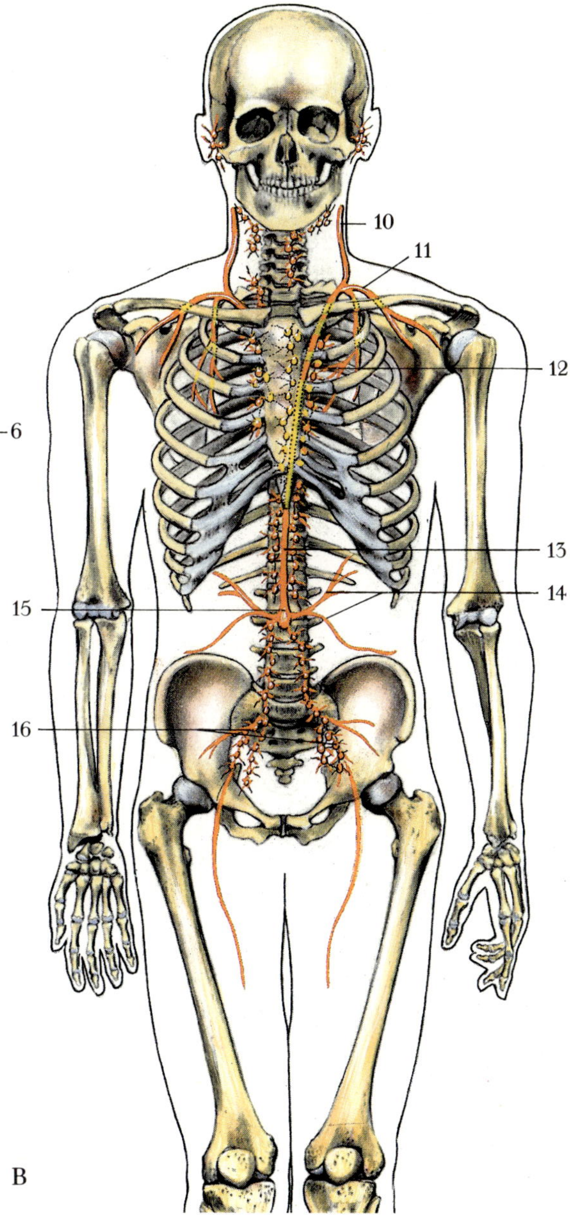

B

9 Nll. inguinales (Leistenlymphknoten)
10 Truncus jugularis (Lymphstamm des Halses)
11 Truncus subclavius (Armlymphstamm)
12 Truncus bronchomediastinalis (Lungen- und Mittelfelllymphstamm)
13 Ductus thoracicus (Milchbrustgang)
14 Trunci intestinales (Lymphstämme der Verdauungsorgane)
15 Cisterna chyli
16 Trunci lumbales (Lendenlymphstämme)

Morphologisch-funktionelle Grundlagen

Wandbau der Gefäße, das Kapillargebiet und Kreislaufschema

Alle Gefäße außer den Kapillaren sind aus vier Schichten aufgebaut. Die Intima (Tunica interna) begrenzt das Gefäßlumen mit einer lükkenlosen einreihigen Lage von Endothelzellen, die in der Längsrichtung des Gefäßstromes liegen. Eine dünne Bindegewebsschicht folgt (Subendothel), in der bei Arterien mehr elastische Fasern vorkommen (Membrana elastica interna). Die Media (Tunica media) besteht hauptsächlich aus glatter Muskulatur, die bei den Venen allgemein dünner ausgeprägt ist als bei großen Arterien. Die Adventitia (Tunica externa oder adventitia) hat Bindegewebscharakter mit eingestreuten glatten Muskelfasern (Bild A).

Bei größeren Schlagadern sind in die äußere Wandung Arterien aus der Umgebung (Vasa vasorum oder privata) zur Ernährung der Gefäßwand eingebaut. Als Sondereinrichtungen kommen bei Venen und Lymphgefäßen Klappen hinzu, die als taschenförmige Ausstülpungen der Intima in das Lumen ragen. Sie bilden Ventile, die den Blut- oder Lymphstrom zum Zentrum hin freigeben, beim Rückfluß aber entfaltet werden und diesen stoppen.

Die Arterien verzweigen sich zur Peripherie hin. Unmittelbar vor dem Kapillargebiet kommt es zur Bildung von Arteriolen. In ihnen können Sperrmechanismen (Sperrarterien von Schwellkörpern oder in den Fingern) auftreten. Es gibt Endarterien, die keine zusätzlichen Verbindungen (Anastomosen) eingehen. Bei ihrem Ausfall tritt der Gewebstod (Nekrose) ein (Bild B). Umschriebene Bezirke, die so absterben, nennt man Infarkt. Die Kapillaren (Haargefäße) übernehmen den Gas- und Stoffaustausch. Sie haben einen Durchmesser zwischen 4–15 μm, so daß sie für ein rotes Blutkörperchen passierbar bleiben. Durch Lücken im Endothel und aktive Veränderungen ist der Austausch möglich. Zum Kapillargebiet gehört die gesamte Strombahn bis es zur Formierung der kleinen Venen (Venulen) kommt, die bereits wieder ein lückenloses Endothelrohr haben. Das Kapillargebiet als Bindeglied zwischen den Arterien (arterieller Schenkel) und den Venen (venöser Schenkel) des Kreislaufs kann unter verschiedenen Einflüssen die Durchblutungsgröße ändern. Hinzu kommen noch die Möglichkeiten der Ausweitung von Nebenbahnen (Kollateralen) beim Verschluß einer Schlagader. Hier bewirkt ein Rückstau die Ausweitung des Seitenastes.

Die Wirksamkeit der Weitstellung der Gefäße kennt man aus der Wirkung von warmen Bädern. Die Minderdurchblutung zeigt sich häufig in einer Blässe, während der Rückstau des Blutes eine Blaufärbung bewirkt.

Die gesamten Gefäße und ihr Inhalt werden mit dem Begriff Kreislauf zusammengefaßt. Durch dieses System kann der Gasaustausch, die Zufuhr von Nahrungsstoffen, der Abtransport von Abfallstoffen aber auch die Regulierung der Körperfunktionen für jedes Organ erfolgen.

Der Motor des Kreislaufs ist das Herz. Die Verbindung von der rechten Kammer (Ventriculus dexter) zur Lunge für den Gasaustausch und der Rücktransport in den linken Vorhof (Atrium sinistrum) wird als kleiner Kreislauf bezeichnet. Der große Kreislauf beginnt im linken Ventrikel (Ventriculus sinister), geht über die Aorta, die Arterien bis zum Kapillargebiet als Austauschfläche. Der Rückfluß geschieht über die Venen zum rechten Vorhof. In den venösen Schenkeln sind zusätzlich das Pfortadersystem, aber auch das Lymphsystem eingeschaltet.

1 Tunica intima (innere Schicht)
2 Membrana elastica interna (Bindegewebe unter der Intima)
3 Tunica media (Muskelschicht)
4 Tunica externa (umhüllendes Bindegewebe)
5 Arteriola (kleine Arterie)
6 Kapillargefäße
7 Venula (kleine Vene)
8 Membrana elastica externa (äußere elastische Schicht)
9 Endarterien
10 Netzarterien
11 Gefäße mit O_2-reichem Blut (rot)
12 Gefäße mit O_2-armem Blut (blau)
13 Pfortadersystem (lila)
14 Lymphgefäßanteile (gelb)

Schema einer mittleren Arterienwand (Bild A), Aufzweigungsmöglichkeiten im Kapillargebiet (Bild B, C) und Kreislaufschema (Bild D)

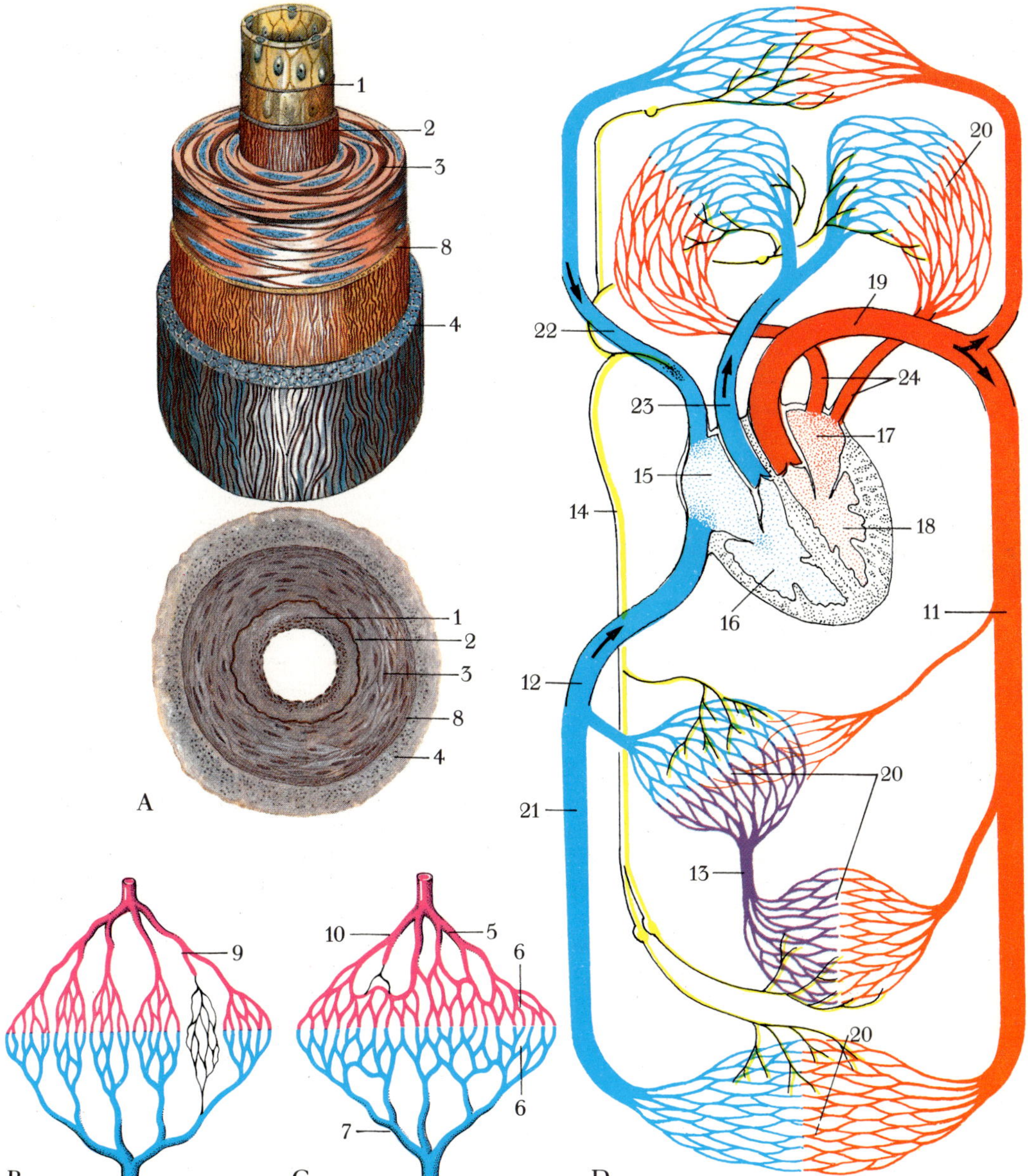

15 Atrium dextrum (rechter Vorhof)
16 Ventriculus dexter (rechte Kammer)
17 Atrium sinistrum (linker Vorhof)
18 Ventriculus sinister (linke Kammer)
19 Aorta (Hauptschlagader)
20 Kapillargebiet
21 Vena cava inferior (untere Hohlvene)
22 Vena cava superior (obere Hohlvene)
23 Arteria pulmonalis (Lungenarterie)
24 Venae pulmonales (Lungenvenen)

Morphologisch-funktionelle Grundlagen

Blutbildung, Blutbestandteile und Abwehrsystem

Die Blutbildung erfolgt im roten Knochenmark. Beim Erwachsenen befindet es sich vorwiegend in den platten und kurzen Knochen, während die übrigen Markräume mit Fettmark ausgefüllt sind. Die im roten Knochenmark vorhandenen Stammzellen sind in der Lage, rote und weiße Blutzellen, aber auch Blutplättchen zu bilden. Nach entsprechenden Zellteilungen entstehen Vorstufen, die nicht mehr wandelbar sind, so daß sich die Entwicklungsreihen für die roten Blutzellen (Erythropoese) und für die weißen Arten (Leukopoese und Thrombopoese) herauskristallisieren. In diesen Prozeß können Mitosegifte (z. B. Zytostatika), aber auch radioaktive Strahlen eingreifen, was zu Störungen in der Blutbildung führt.

Bei der Schilderung der Blutzusammensetzung müssen die vielfältigen Funktionen im Transport von Sauerstoff und Kohlensäure, von Nährstoffen und Stoffwechselschlacken, von Hormonen, von Antikörpern und Abwehrzellen, aber auch im Wärmeaustausch Berücksichtigung finden. Die zirkulierende Blutmenge umfaßt zwischen 4,5 und 5,0 l (etwa 8 % des Körpergewichts). Man unterscheidet geformte (zelluläre) und ungeformte (wäßrige) Bestandteile. Letztere betragen etwa 56 % des Blutvolumens und werden auch als Plasma bezeichnet. Dabei dominiert das Wasser mit 90 %. Es folgen die Eiweiße mit 7–8 %. Daneben sind vor allem Salze, Nährstoffe, Sauerstoff, Kohlensäure (alles gelöst), Hormone und Abwehrstoffe zu nennen.

Die geformten Teile machen etwa 44 % des Blutvolumens aus.

Die roten Blutkörperchen (Erythrozyten) erscheinen in dem ausgezogenen Blutausstrich mit ihren flachen Seiten nebeneinander liegend. Dies erklärt sich aus ihrer bikonkav eingedellten und abgerundeten Scheibenform mit einem Durchmesser von 7,8 μm (Normozyt). Die reifen Erythrozyten sind kernlos. Ihr Eiweißgehalt besteht zu 95 % aus dem roten Blutfarbstoff (Hämoglobin), der den Sauerstoff bindet. Die Lebensdauer der Erythrozyten beträgt etwa 120 Tage. Im strömenden Blut kommen noch unreife Erythrozyten (Retikulozyten) mit etwa 1,5 % vor. Durch Anfärbung stellen sich bei ihnen netzartige Strukturen dar.

Zu den weißen Blutzellen (Leukozyten) gehören die Granulozyten, die aufgrund der Anfärbbarkeit ihrer Körnerstruktur in neutrophile, eosinophile und basophile Zellen unterschieden werden. Hinzu kommen die Monozyten, aber auch die Lymphozyten.

Wichtig für die Blutgerinnung sind die Blutplättchen, die kernfrei sind und Fragmente des Zelleibs der Knochenmarkriesenzellen enthalten.

Von klinischer Bedeutung bleibt als Beziehungseinheit der Inhalt von 1 l Blut mit 4,5 bis $5{,}5 \cdot 10^{12}$ Erythrozyten, $3{,}8-9{,}8 \cdot 10^{9}$ Leukozyten und $100-250 \cdot 10^{9}$ Thrombozyten (in 1 mm^3 Blut sind das 4,5–5,5 Millionen Erythrozyten, 3800–9800 Leukozyten und etwa 100000 bis 250000 Thrombozyten). Das Differentialblutbild der Leukozyten widerspiegelt ein fast konstantes Zahlenverhältnis zwischen den einzelnen Untergruppen und lautet: neutrophile Granulozyten 55–66 %, eosinophile Granulozyten 2,5–4 %, basophile Granulozyten 0,5 bis 1 %, stabkernige Granulozyten 2–3 %, Monozyten 5–7 %, Lymphozyten 25–36 %. Eine Vermehrung nennt man Leukozytose und eine Verminderung Leukopenie. Eine Verminderung der Erythrozyten stellt eine Anämie dar.

Das Abwehrsystem ist darauf gerichtet, daß aus der Umwelt eingedrungene Stoffe oder Krankheitserreger ihre negativen Wirkungen nicht entfalten können. Andererseits ist das System in der Lage, genetische Abweichungen im eigenen Körper zu bekämpfen. Allgemein sind die Abwehrleistungen an die weißen Blutzellen gebunden, so bei der Eiterung an die neutrophilen Granulozyten (Mikrophagen) und bei Absonderungen der serösen Häute (z. B. Pleuraexsudat) an die Monozyten (Makrophagen).

Im spezifischen Abwehrsystem oder Immunsystem gibt es verschiedene Lymphozytenformen, die gegen das eingedrungene Antigen einen Antikörper entwickeln und eine Immunität erzeugen.

Zusammenfassung von Zellen im Blutausstrich

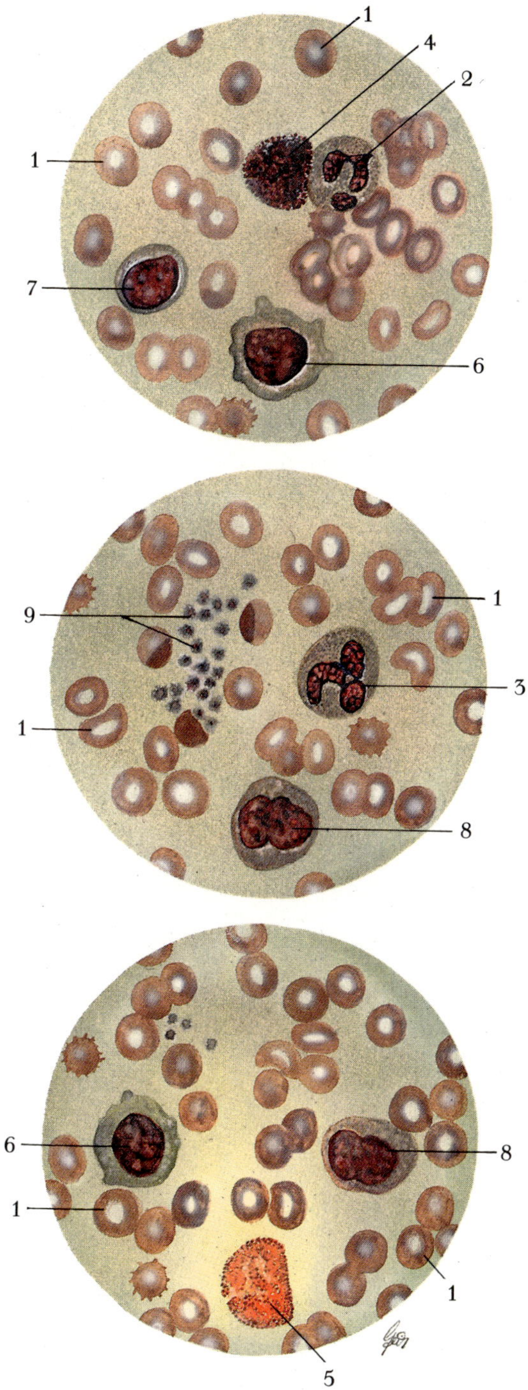

1 Erythrozyten (rote Blutkörperchen)
2 neutrophiler segmentkerniger Granulozyt (weißes Blutkörperchen mit neutraler Färbung)
3 neutrophiler, stabkerniger Granulozyt (junges weißes Blutkörperchen mit neutraler Färbung)
4 basophiler Granulozyt (weißes Blutkörperchen mit basischer Anfärbung)
5 eosinophiler Granulozyt (weißes Blutkörperchen mit Eosinfärbung)
6 großer Lymphozyt
7 kleiner Lymphozyt
8 Monozyt
9 Thrombozyten (Blutplättchen)

Morphologisch-funktionelle Grundlagen

Aufgaben des Nervensystems, Wirbelkanal und Rückenmark

Das Nervensystem reguliert die Anpassung des Körpers an die Bedingungen der Außenwelt und die im Körperinneren selbst ablaufenden Prozesse. Daher unterscheidet man Reize, die aus der Umgebung kommen (exterozeptiv) und solche, die aus dem Organismus stammen (propriozeptiv). Über Rezeptoren (z.B. Temperatur, Druck oder Sinnesorgane) erfolgt die Umformung in »Erregung«. Dies bedeutet, daß sich eine örtliche Potentialänderung (Depolarisation, Erregung) als elektrische Welle über die Nervenzelloberfläche ausbreitet. Dieses Aktionspotential gelangt zu den zentralen Anteilen des Nervensystems, wo nach einer Koordination und einer Assoziation die einheitliche Beantwortung erfolgt.

Nach topographischen Gesichtspunkten wird das Nervensystem gegliedert in das Zentralnervensystem mit Gehirn und Rückenmark sowie in das periphere Nervensystem mit den Nervenfasern in Form der Hirn- und Rückenmarksnerven, aber auch den Ansammlungen von Nervenzellen, den Ganglien. Eine andere Einteilung erfolgt nach der Kommunikationsart in das animalische Nervensystem für die bewußte Regulation mit der Umwelt und in das vegetative oder autonome Nervensystem für die vorwiegend unbewußten Abläufe.

Das Rückenmark (Medulla spinalis) liegt eingehüllt durch die Rückenmarkshäute (Meninges) im Wirbelkanal, der sich zwischen Hinterhauptsloch (Foramen magnum) und Kreuzbeinende (Hiatus sacralis) ausdehnt. Die harte Hirnhaut (Dura mater) ist einerseits das Periost; mit einem zweiten Blatt bildet sie den Duralsack, der sich bis in die Zwischenwirbellöcher um die Rückenmarksganglien legt. Zwischen beiden Anteilen befindet sich der weite Epiduralraum als Polster mit Binde- und Fettgewebe. Nach innen folgt anliegend die Spinnwebenhaut (Arachnoidea), die den großen Subarachnoidalraum einschneidet, der die Hirnflüssigkeit (Liquor) enthält, während das innere Blatt (Pia mater) fest am Rückenmark hängt (Bild A).

Der Liquorraum endet erst im Kreuzbeinbereich, aber das Rückenmark reicht beim Erwachsenen nur bis zum 1. Lendenwirbel. Die Punktion des Liquorraums geschieht zwischen Hinterhaupt und 1. Halswirbel (subokzipital) oder zwischen 3. und 4. Lendenwirbeldorn (lumbal). Verdickungen des Rückenmarks sind bedingt durch die Versorgung der oberen Gliedmaßen in Höhe 4. Hals- bis 1. Brustwirbel sowie zwischen 10. und 12. Brustwirbel für das Bein. Insgesamt gibt es meist 31 Nervenpaare, die das Rückenmark verlassen.

Die nervenzellreiche graue Substanz (Substantia grisea) des Rückenmarkes liegt im Gegensatz zum Gehirn innen, während die Nervenzellfortsätze (Substantia alba) außen verlaufen. Die graue Substanz hat äußerlich die Form eines Schmetterlings mit ausgebreiteten Flügeln. Der schmalen Hintersäule (Columna dorsalis) mit den vorwiegend aufsteigenden (afferenten) Systemen folgt nach vorn die Vordersäule (Columna ventralis) in erster Instanz mit den Zellen der Willkürmotorik (efferent). Die Seitensäule (Columna lateralis) ist der Ort vor allem für vegetative Nervenzellen. Erwähnt werden müssen noch die Binnenzellen bei der Verschaltung.

Die Unterteilung der weißen Substanz ergibt einen Hinterstrang (Funiculus dorsalis) mit aufsteigenden Bahnen, einen Seitenstrang (Funiculus lateralis) mit auf- und absteigenden Systemen und einen Vorderstrang (Funiculus ventralis) mit einem hohen Anteil absteigender Fasern.

Bei einer weiteren Spezifizierung des Hinterstranges erhält man ein mediales Bündel (Fasciculus gracilis, Goll-Strang) für aufsteigende Bahnen aus dem Bein und der unteren Körperhälfte sowie ein laterales Bündel (Fasciculus cuneatus, Burdach-Strang) für die gleiche Richtung aus dem Arm und der oberen Körperhälfte. Auch die absteigenden Bahnen des Vorder- und Seitenstranges sind aufgeteilt. Von der Pyramidenbahn gibt es einen vorderen und einen seitlichen Teil. Letzterer läßt die Gliederung in Arm, Rumpf und Bein zu. Vorn und seitlich befinden sich am Rand die afferenten Bahnen für Druck, Berührung, Schmerz und Temperatur, die fast alle zur Gegenseite kreuzen (Bild B).

Brustwirbel mit Rückenmarksquerschnitt (Bild A), Topographie der Bahnen (Bild B) und der Rückenmarksabschnitte (Bild C)

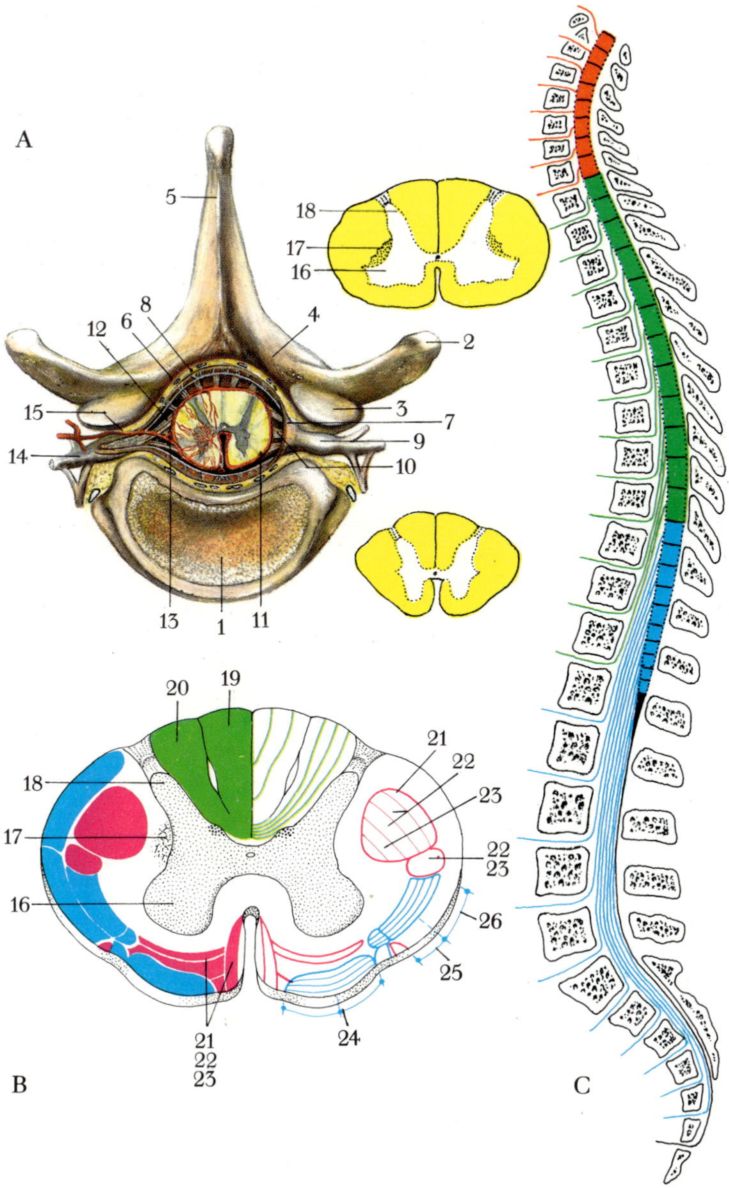

1 Corpus vertebrae (Wirbelkörper)
2 Processus transversus (Querfortsatz)
3 Processus articularis (Gelenkfortsatz)
4 Arcus vertebrae (Wirbelbogen)
5 Processus spinosus (Dornfortsatz)
6 Periost (Knochenhaut, hier äußeres Blatt)
7 Dura mater spinalis (harte Rückenmarkshaut, eigentlich inneres Blatt)
8 Cavitas epiduralis
9 Ganglion spinale
10 Arachnoidea mater spinalis (Spinnwebenhaut)
11 Pia mater spinalis (inneres Blatt der weichen Rückenmarkshaut)
12 Radix dorsalis (hintere Wurzel des Rückenmarks)
13 Radix ventralis (vordere Wurzel des Rückenmarks)
14 N. spinalis (Rückenmarksnerv)
15 A. spinalis (Rückenmarksschlagader)
16 Columna ventralis (Vordersäule)
17 Columna lateralis (Seitensäule)
18 Columna dorsalis (Hintersäule)
19 Fasciculus gracilis (aufsteigende Bahnen vom Bein und der unteren Körperhälfte)
20 Fasciculus cuneatus (aufsteigende Bahnen vom Arm und der oberen Körperhälfte)
21 efferente (absteigende) Bahnen zum Bein
22 efferente Bahnen zum Rumpf
23 efferente Bahnen zum Arm
24 afferente (aufsteigende) Bahnen für Druck und Berührung
25 afferente Bahnen für Schmerz
26 afferente Bahnen für Temperatur

Morphologisch-funktionelle Grundlagen

Rückenmarksnerven, Hals- und Armgeflecht

Das Rückenmark entsendet mit seiner vorderen motorischen Wurzel (Radix ventralis) Nervenfasern, deren Zellen vor allem im Vorderhorn liegen. Bei der hinteren sensiblen Wurzel (Radix dorsalis) handelt es sich um gebündelte Nervenfasern der Nervenzellen aus den segmentalen Rückenmarksknoten im Zwischenwirbelloch (Foramen intervertebrale). Sie gehören zum peripheren Nervensystem.
Der Rückenmarksnerv (N. spinalis) entsteht aus dem Zusammenschluß der ventralen und dorsalen Wurzel des Rückenmarks. Er ist etwa 1 cm lang und gliedert sich in vier Äste. Der starke ventrale Ast übernimmt die seitliche und vordere Rumpfwand. Er bildet die Geflechte (Plexus) für die Gliedmaßen. Der ventrale Ast enthält aufsteigende und absteigende (afferente und efferente) Fasern. Der entsprechende dorsale segmentale Ast versorgt die Haut des Rückens und die tiefen Rückenmuskeln. Zwei Äste (Rami communicantes) stellen die Verbindung zum Grenzstrang (Truncus sympathicus) des vegetativen Nervensystems her (Bild A).
Im willkürlichen Nervensystem werden somatosensible (afferente) und somatomotorische (efferente) Nervenfasern unterschieden. Für das vegetative, unwillkürliche Nervensystem werden die Bezeichnungen viszerosensibel (afferent) und viszeromotorisch (efferent) verwendet.
Das Halsgeflecht (Plexus cervicalis) ergibt sich aus den oberen Halssegmenten (C_1 bis C_5). Es versorgt sensibel die Haut des Halses und nach unten bis unterhalb der 2. Rippe. Motorisch sind es die unteren Zungenbeinmuskeln, das Zwerchfell sowie teilweise der Trapezmuskel und der Kopfwender.
Das Armgeflecht (Plexus brachialis, von C_5 bis Th_1) übernimmt die oberen Gliedmaßen und die Schultergürtelmuskeln. Seine drei Stämme (Trunci) gruppieren sich etwas tiefer in drei Bündeln (Fasciculi) um die Achselarterie (Bild B).
Aus dem seitlichen Bündel entspringt der N. musculocutaneus für die Beuger des Oberarms, die darüber liegende Haut und die Haut an der Außenseite des Unterarms. Aus dem inneren Bündel bildet sich der N. ulnaris für die kleinfingerwärts liegenden Beuger des Unterarms und der Hand mit entsprechenden Hautfeldern für den 4. und 5. Finger. Aus dem seitlichen und inneren Bündel entsteht der N. medianus, der sich vor der Achselarterie gabelt. Er ist zuständig für große Teile der Beuger an der Daumenseite und für die Haut an der Hohlhandseite von 3½ Fingern.
Die gesamte Versorgung der Rückseite vom Oberarm bis zur Hand, mit Ausnahme der Haut der 2½ Finger an der Kleinfingerseite, übernimmt der N. radialis. So kann beim Ausfall des N. radialis die Hand nicht mehr gestreckt werden (Fallhand). Beim Ausfall des N. medianus können die ersten drei Finger nicht zur Faust geschlossen werden (Schwurhand). Eine Schädigung des N. ulnaris ist durch die Beugung der kurzen Fingermuskeln erkennbar (Krallhand). Bei der Hautversorgung überlappen sich die Hautfelder (overlapping) (Bild C).

1 Radix ventralis (Vorderwurzel)
2 Radix dorsalis (Hinterwurzel)
3 Ganglion spinale (Rückenmarksknoten)
4 N. spinalis (Rückenmarksnerv)
5 Ramus dorsalis (hinterer Ast)
6 Ramus ventralis (vorderer Ast)
7 Rami communicantes (Verbindungsäste)
8 Grenzstrang
9 N. hypoglossus (XII. Hirnnerv)
10 N. occipitalis minor (C_2, C_3)
11 N. auricularis magnus (C_3)
12 N. transversus colli (C_2, C_3)
13 motorische Äste für Hals- und Zungenbeinmuskeln
14 Nn. supraclaviculares (C_3, C_4)
15 N. phrenicus (C_3–C_5)

Zusammensetzung des N. spinalis (Bild A), Plexus cervicalis rechts und Plexus brachialis links (Bild B) sowie Hautfelder des Armes von vorn (Bild C) und hinten (Bild D)

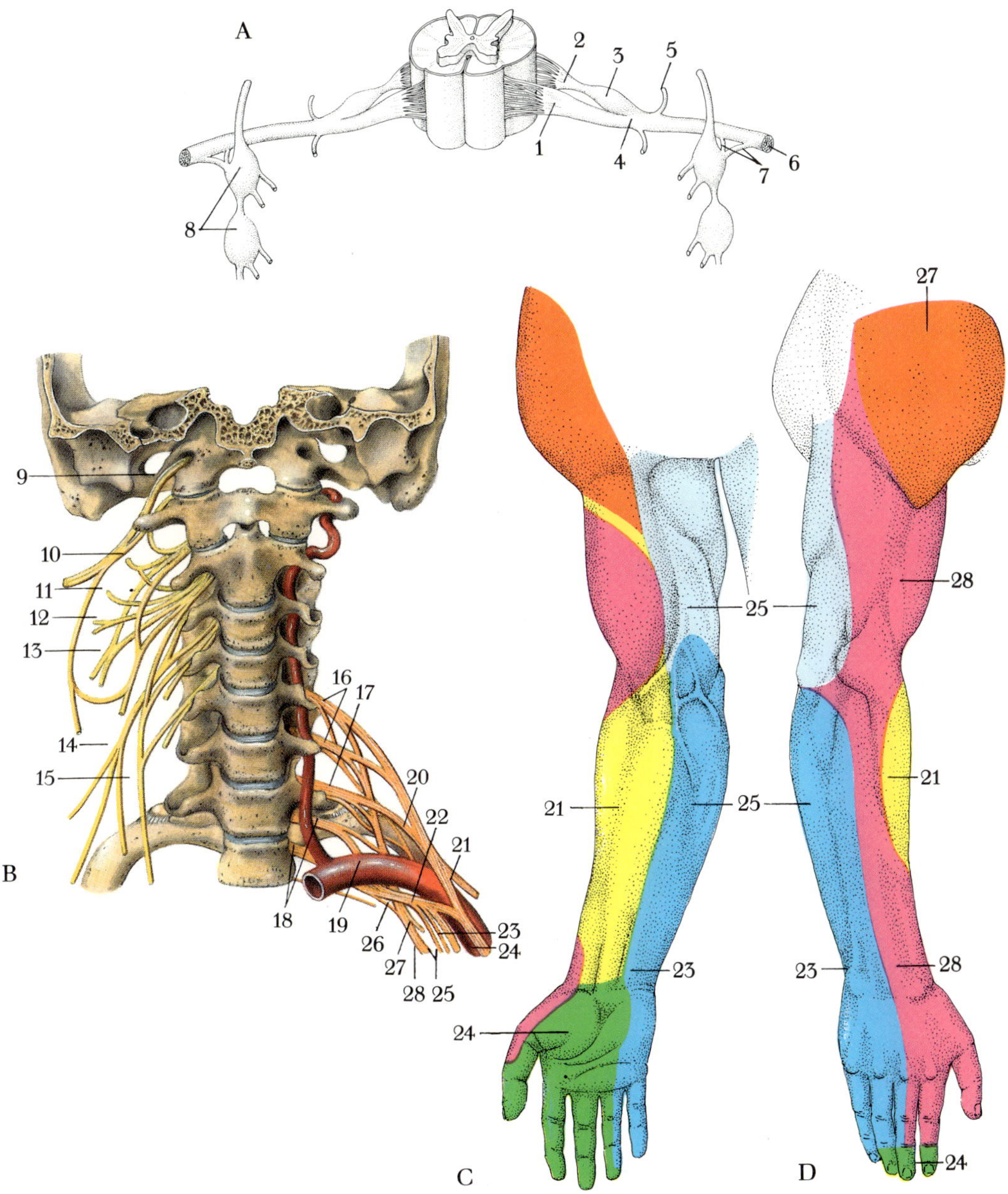

16 oberer Stamm (C_5, C_6)
17 mittlerer Stamm (C_7)
18 unterer Stamm (C_8, Th_1)
19 A. axillaris (Achselarterie)
20 seitliches Bündel
21 N. musculocutaneus
22 inneres Bündel
23 N. ulnaris (Ellennerv)
24 N. medianus (Mittennerv)
25 Nn. cutanei brachii et antebrachii medialis (Hautnerven)
26 hinteres Bündel
27 N. axillaris (Achselnerv)
28 N. radialis (Speichennerv)

Morphologisch-funktionelle Grundlagen

Lenden- und Kreuzbeingeflecht sowie Reflexbogen

Beim Erwachsenen befindet sich in Höhe der unteren drei Brustwirbel eine Verdickung des Rückenmarks. Sie ist für die Versorgung der unteren Gliedmaßen zuständig und bildet das Lenden- und Kreuzbeingeflecht (Plexus lumbosacralis) mit mehreren Unterteilungen.
Das Lendengeflecht (Plexus lumbalis) stammt aus den ventralen Ästen der Segmente Th_{12} bis L_4. Die motorischen Äste innervieren mit die Muskeln der Bauchwand sowie die Strecker und Adduktoren des Oberschenkels. Sensibel versorgt es die unteren Abschnitte der Bauchwand, die Leistenbeuge, die Schamgegend sowie die Vorder- und Innenseite des Oberschenkels. Die Nerven verlaufen an der hinteren Bauchwand hinter den retroperitoneal gelegenen Organen nach vorn unten. Deshalb können die Schmerzen bei einer Nierenkolik in die Leistengegend ausstrahlen.
Der N. femoralis innerviert die Streckergruppe des Oberschenkels und das darüber liegende Hautfeld. Ein sensibler Endast (N. spahenus) gelangt an der Innenseite bis zum Knöchel. Beim Ausfall des N. femoralis ist keine Streckung im Kniegelenk möglich. Der N. obturatorius versorgt die Adduktoren und hat ein Hautfeld an der medialen mittleren Hälfte des Oberschenkels bis zum Kniegelenk. Bei seiner Lähmung ist der Schenkelschluß nicht möglich. Dieser Nerv verläuft dorsal von Harnleiter (Ureter) und Eierstock (Ovar), so daß krankhafte Prozesse von hier aus zu Schmerzen an der Innenseite des Oberschenkels führen können.
Das Kreuzbeingeflecht (Plexus sacralis) aus den Segmenten L_4 bis S_4 versorgt motorisch die Gesäßgegend, die Dammregion, die Beuger des Oberschenkels und alle Muskeln des Unterschenkels und des Fußes. Sensibel sind es die untere Gesäßgegend, der Damm und die äußeren Genitalien, die Rückseite von Ober- und Unterschenkel, die Vorderseite des Unterschenkels und der ganze Fuß. Zu diesem Geflecht gehört kranial der Ischiasnerv (N. ischiadicus). Er ist unser stärkster Nerv überhaupt und zunächst zuständig für die Beuger des Oberschenkels, gibt jedoch auch einen Ast zu den Adduktoren. Dann teilt er sich in den Schienbeinnerv (N. tibialis) und den Wadenbeinnerv (N. fibularis communis), die zur Kniekehle gelangen.
Der N. tibialis versorgt die Waden- und Fußsohlenmuskeln sowie die Haut der Wade und die gesamte Fußsohle. Sein Ausfall führt zum Hakkenfuß (Pes calcaneus), weil die Ferse unten bleibt.
Der N. fibularis communis ist durch seine Lage am Wadenbeinkopf unterhalb des Kniegelenks besonders gefährdet. Sein oberflächlicher Ast innerviert die fibulare Muskelgruppe, die darüberliegende Haut und übernimmt fast die ganze Sensibilität des Fußrückens. Der tiefe Ast versorgt die Strecker (Dorsalflexoren) des Unterschenkels und des Fußes, außerdem die Haut zwischen der 1. und 2. Zehe. Beim Ausfall des N. fibularis communis hängt die Fußspitze nach unten (Steppergang).
Der Schamnerv (N. pudendus) gibt Äste zur Damm- und Analgegend, den äußeren Genitalien, aber auch zu den Schwellkörpern. Neben motorischen und sensiblen Fasern hat er zahlreiche Verbindungen zum autonomen Nervensystem.
Der Steißnerv (N. coccygeus) erhält Anteile aus den ventralen Ästen der sehr variablen Steißbeinnerven und bildet meist einen Plexus, der die Haut über dem Steißbein bis zum After innerviert (Bild A und B).
Die hintereinander geschalteten Strukturen des Nervensystems können im peripheren Nervensystem zu einem sogenannten Reflexbogen zusammengefaßt werden. Im Prinzip bringt dieser Begriff zum Ausdruck, daß von einem Rezeptor über dessen zuführende (afferente) Fasern direkt auf eine Nervenzelle mit wegführenden (efferenten) Fasern im Erfolgsorgan eine Reaktion abläuft (Eigenreflex, Bild C). Eine andere Möglichkeit besteht in der Zwischenschaltung weiterer Nervenzellen für andere Reflexe, z. B. Schutz- oder Fluchtreflexe. Bei den Zwischenschaltungen spielen die Verbindungen zum autonomen Nervensystem eine große Rolle, weil damit die inneren Organe in das Geschehen einbezogen sind.

Lendengeflecht der rechten und Kreuzbeingeflecht der linken Seite (Bild A), Hautversorgungsfelder des Beines von vorn und hinten (Bild B) sowie Schema zum Reflexbogen (Bild C)

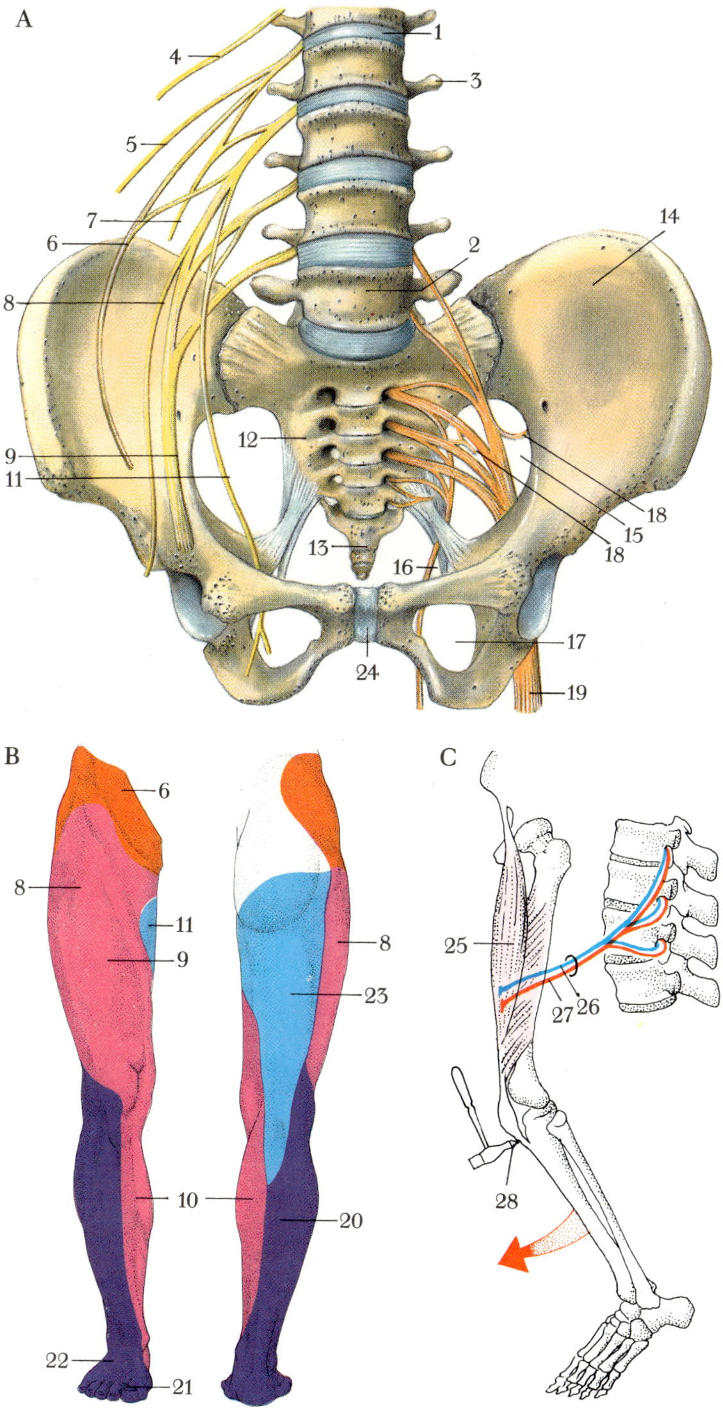

1 Discus intervertebralis (Zwischenwirbelscheibe oder Bandscheibe)
2 Vertebra lumbalis V (5. Lendenwirbel)
3 Processus costalis (Rippenfortsatz des Lendenwirbels)
4 N. subcostalis (12. Zwischenrippennerv)
5 N. iliohypogastricus
6 N. ilioinguinalis
7 N. genitofemoralis
8 N. cutaneus femoris lateralis
9 N. femoralis
10 N. saphenus
11 N. obturatorius
12 Os sacrum (Kreuzbein)
13 Os coccygis (Steißbein)
14 Os ilii (Darmbein)
15 Foramen ischiadicum majus
16 Foramen ischiadicum minus
17 Foramen obturatum (das verstopfte Loch)
18 N. gluteus superior et inferior
19 N. ischiadicus (Ischiasnerv)
20 N. tibialis
21 N. fibularis (peroneus) profundus
22 N. fibularis (peroneus) superficialis
23 N. cutaneus femoris posterior
24 Symphysis pubica (Schamfuge)
25 quergestreifte Muskulatur
26 afferente (zuführende) Nervenfasern
27 efferente (wegführende) Nervenfasern
28 Eigenreflex

Morphologisch-funktionelle Grundlagen

Peripheres unwillkürliches Nervensystem, Hautversorgungsfelder des Stammes

Zum unwillkürlichen (oder autonomen oder vegetativen) peripheren Nervensystem gehören zunächst die Rezeptoren der glatten Muskulatur der Eingeweide, der Blut- und Lymphgefäße, der Drüsen, der Haare und der Geschlechtsorgane. Das Herz sollte ebenfalls eingeschlossen werden. Aus der Aufzählung wird deutlich, daß alle Organe direkt oder indirekt berücksichtigt werden. Die Nervenzellen sind in den vegetativen Ganglien verankert. Im allgemeinen unterscheidet man dabei zwei Gruppierungen, den Sympathikus und den Parasympathikus. Die Nervenzellen des ersteren liegen in der Seitensäule (Columna lateralis), gelangen über die vordere Wurzel (Radix ventralis) zum Spinalnerven und werden zu den Verbindungsästen (Rami communicantes). Sie schließen sich zu den segmentalen Ganglien des Grenzstranges (Truncus sympathicus) neben der Wirbelsäule zusammen. Außerdem gibt es noch prävertebrale (vor der Wirbelsäule liegende) Ganglien an den großen Baucharterien (Bild A).

Der Parasympathikus gliedert sich in zwei Gebiete. Zum Hirnnervengebiet (Kopfteil) gehören der Augennerv (III), der Gesichtsnerv (VII oder XIII), der Zungen-Schlund-Nerv (IX) und vor allem der N. vagus (X). Das zweite Gebiet (Kreuzteil) liegt im Sakralmark (S_2–S_4) innen von der Seitensäule. Auch diese Fasern gehen über die vordere Wurzel zu den Rückenmarksnerven und erreichen die Beckeneingeweide.

Durch die Funktion, Lage und Verschaltungshöhe der Rückenmarksnerven entstehen bestimmte Beziehungen zwischen inneren Organen und Hautsegmenten am Rumpf und an den Extremitäten (Head-Zonen, Dermatome). Deshalb ist es auch möglich, die Funktion innerer Organe über die Haut zu beeinflussen (z. B. durch Wärmeanwendungen).

Die unteren Hals- und oberen Brustsegmente werden für die ausstrahlenden Schmerzen in die linke Schulter oder in die linke Brustgegend bzw. in die linke Innenseite des Oberarms bei der Herzenge (Angina pectoris) verantwortlich gemacht.

Magenschmerzen sind gebunden an die linke Seite zwischen den Thorakalsegmenten 5 und 9 mit einem Maximum links vom Schwertfortsatz (Processus xiphoideus). Auch eine Ausstrahlung in die linke Schultergegend ist möglich.

Der Zwölffingerdarm besitzt ein Maximum in der Mitte zwischen Schwertfortsatz und Nabel (Umbilicus). Die Projektion gelangt auch in die rechte Schulter.

Die Leber besitzt ebenfalls empfindliche Zonen in der rechten Schultergegend. Ihr Maximum liegt jedoch über dem Organ selbst und verläuft gürtelförmig nach rechts (Th_6 bis Th_{10}). Gleiche Angaben gelten für die Gallenblase und die Gallenwege. Dagegen ist es bei der Bauchspeicheldrüse die linke Seite. Die Milz hat ihr Schmerzfeld gleichfalls links. Der Blinddarm und sein Wurmfortsatz strahlen gürtelförmig nach rechts aus. Gelegentlich sind es auch Schmerzen in der rechten Schultergegend.

Die Nieren und die sich anschließenden Harnleiter besitzen Felder, die im unteren Brustbereich (Th_{10}) beginnen und in die Lendengegend übergreifen. Der absteigende Verlauf der Segmente bedingt, daß Schmerzen in der Leistengegend, dem Hodensack oder unterhalb des Leistenbandes bis in die Innenseite des Oberschenkels ausstrahlen können. Ein Schmerzmaximum kommt auch neben der Wirbelsäule im mittleren Brustbereich vor.

Aus diesen Aufzählungen lassen sich sehr gut auch Überlagerungsmöglichkeiten erkennen (Bild B).

1 Medulla spinalis (Rückenmark)
2 Radix dorsalis (hintere Wurzel)
3 Radix ventralis (vordere Wurzel)
4 Ganglion spinale (Rückenmarksganglion)
5 Ramus dorsalis (hinterer Ast)
6 Ramus ventralis (vorderer Ast)
7 Ganglion trunci sympathici (Ganglion des Grenzstrangs)
8 prävertebrales Ganglion
9 Darm
10 afferentes Nervenbündel (zuführend)
11 Umschaltungen
12 Haut (Cutis)
13 Felder des N. trigeminus (Drillingsnerv, V. Hirnnerv)

Schema zur Verschaltung der unwillkürlichen peripheren Nerven (Bild A), segmentale Hautfelder des Stammes von vorn und hinten (Bild B) einschließlich des Kopfgebietes (Bild C)

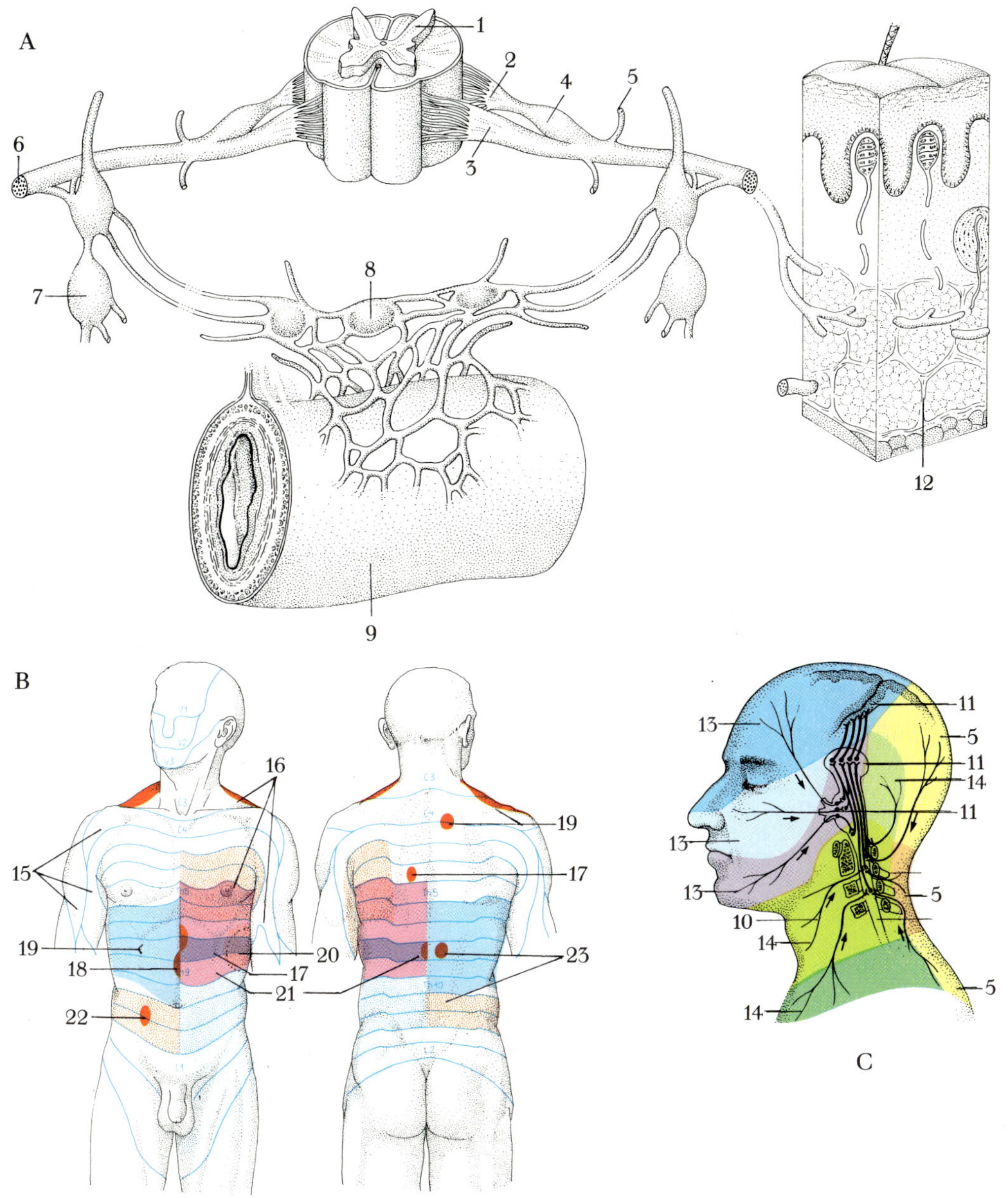

14 Hautgebiet des Plexus cervicalis (Halsgeflecht)
15 Hautanteile des Plexus brachialis (Armgeflecht)
16 Head-Zonen des Herzens
17 Head-Zonen des Magens
18 Head-Zonen des Zwölffingerdarms
19 Head-Zonen von Leber und Gallenblase
20 Head-Zonen der Milz
21 Head-Zonen der Bauchspeicheldrüse
22 Head-Zonen des Blinddarms
23 Head-Zonen der Nieren und der Harnleiter

Einführung in die Histologie

Vorbereitung zur histologischen Untersuchung

Um ein Gewebe licht- oder elektronenmikroskopisch untersuchen zu können, ist eine Vorbereitung erforderlich. Die Zellen dürfen sich nach dem Tod oder nach der Entnahme nicht mehr verändern und müssen gehärtet, d.h. schneidbar gemacht werden. Dieses Ziel erreicht man durch die Fixierung oder aber durch das Einfrieren. Als Fixierungsmittel stehen eine Fülle von Lösungen zur Verfügung, deren Wirkungen auf einer sog. Denaturierung der Proteine, auf einer Vernetzung der Moleküle, oder auf der Stabilisierung von Grenzflächen beruhen. Auch durch das Einfrieren läßt sich ein ähnlicher Effekt erzielen.

Die besten Ergebnisse werden bei Anwendung des Schock-Gefrierens erhalten. Dabei gelingt eine sehr schnelle Durchkühlung des Gewebes und eine Vermeidung der schädlichen Eiskristallbildung. Dieses Material muß in kalter Umgebung ohne weitere Behandlung in entsprechenden Geräten (Kryotom) geschnitten und die Schnitte in der Kälte getrocknet werden.

Alle anderen Präparationsmethoden zur Schnittherstellung bestehen dagegen aus einer Folge von Schritten. Eine wichtige Stufe nach dem Fixieren stellt die Entwässerung dar, da fast alle Einbettungsmittel nur bei Wasserfreiheit härten. Außerdem lassen sich die üblichen Entwässerungsmittel (Alkohol, Aceton) im folgenden Schritt am besten gegen das Einbettungsmittel austauschen. Diese Einbettungsmittel müssen in flüssigem Zustand die Gewebe durchdringen und dann hart werden. Das klassische Einbettungsmittel ist das Paraffin und die davon abgeleiteten Substanzen. Für die Elektronenmikroskopie wird sog. Plastikmaterial genutzt (Metacrylate, Epoxid-Harze), das sehr gleichmäßig und sehr hart polymerisiert. Deshalb lassen sich nach Plastikeinbettung sehr dünne und trotzdem noch stabile Schnitte herstellen.

Das Schneiden erfolgt mit Metallmessern, Glasmessern oder geschliffenen Diamanten. Für die Lichtmikroskopie beträgt bei Paraffineinbettung die Schnittdicke 5–10 μm, bei Plastikeinbettung 0,5–3 μm. Für die Elektronenmikroskopie sind Schnittdicken von 30–100 nm erforderlich.

Zur Betrachtung im Lichtmikroskop müssen die Schnitte noch gefärbt werden. Die Färbungen beruhen auf einer chemischen oder physikalischen Bindung der Farbstoffe im Gewebe. Ein Teilgebiet der Histochemie, die Substrathistochemie macht sich die chemischen Bindungsmöglichkeiten zunutze und weist dadurch bestimmte Stoffe oder reaktionsfähige Gruppen gezielt nach.

Im Elektronenmikroskop werden Unterschiede der Massendichten dargestellt. Zum Hervorheben bestimmter Strukturen kontrastiert man deshalb die Schnitte mit Lösungen, die die Massendichte verstärken (z.B. Schwermetallsalze). Neben diesen beiden Methoden existieren noch andere licht- und elektronenmikroskopische Techniken.

Die Rasterelektronenmikroskopie (REM) vermag Oberflächen darzustellen. Dazu tastet ein Elektronenstrahl diese Oberflächen ab und setzt die reflektierten oder frei gewordenen Elektronen wieder zu einem Bild zusammen. Diese Situation nutzt die analytische REM. Aus der Qualität und Quantität dieser Elektronen und der dabei entstehenden anderen Strahlen (z.B. Röntgen) gelingen Aussagen über die chemische Zusammensetzung.

Im lichtmikroskopischen Bereich können erwähnt werden die Autoradiographie (Nachweis des Einbaues radioaktiver Vorstufen im Gewebe mittels Photoemulsionen), die Enzymhistochemie (farblicher Nachweis von Teilen angebotener Substrate, die durch die Enzymaktivität abgespalten werden, z.B. Phosphatgruppen), die Phasenkontrastmikroskopie (Nachweis von Phasengrenzen, durch Phasenverschiebung), Polarisationsmikroskopie (Nachweis von doppelbrechenden Strukturen mittels Verwendung von polarisiertem Licht), Immunmorphologie (Nachweis von Antigen durch Bindung von Antikörpern, die markiert sind, z.B. durch Fluoreszenzfarbstoffe).

Maßeinheiten sowie entsprechende Darstellungsbeispiele

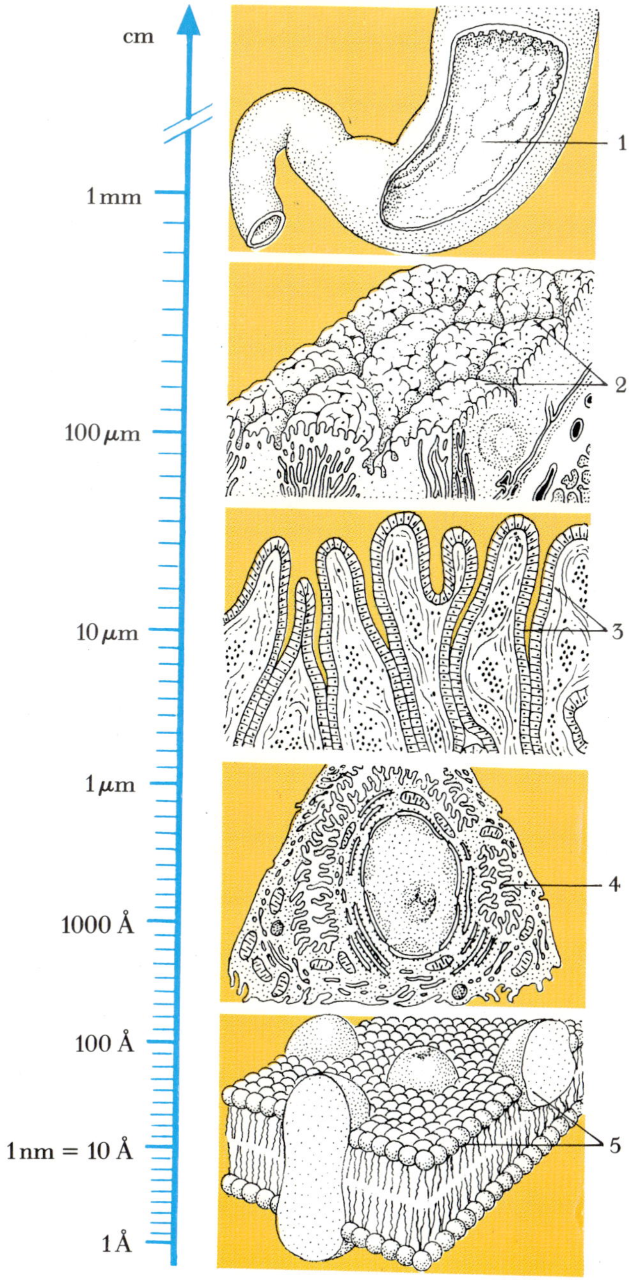

1 Menschliches Auge
makroskopische Strukturen, Organe, Teile davon
hier: Magen von vorn, eröffnet

2 Lupenmikroskop
Organteile, kleine Gefäße, große Zellen
hier: Felderung der Magenschleimhaut

3 Lichtmikroskop
(höchste Auflösung = 0,2 µm)
Zellen, Fasern, Bakterien
hier: Histologie der Magenschleimhaut

4 Elektronenmikroskop
(höchste Auflösung = 0,2 nm)
Zellbestandteile, Viren, Makromoleküle
hier: Belegzelle des Magens

5 Tunnel-Emissionsmikroskop
Moleküle und Atome
hier: Proteinmoleküle (größere Strukturen) und Phospholipidmoleküle (kleinere Strukturen)

Einführung in die Histologie

Zytologie

Die Zelle ist der Grundbaustein aller Gewebe und Organe. Sie besteht aus dem Zytoplasma und dem darin eingebetteten Kern. Das Zytoplasma setzt sich aus einer mehr flüssigen, ungeformten Phase (Hyaloplasma, Zytosol) und Strukturen mit charakteristischer Gestalt und Funktion zusammen.

Die Zellmembran grenzt die Zelle nach außen ab. Sie spielt bei der Haftung, Stoffaufnahme, Beeinflussung der Umgebung und bei der Entstehung des Abwehrmechanismus (Antigenität) eine wichtige Rolle. Sie kann einen glatten Verlauf zeigen oder aber Einstülpungen (Endozytose, Phagozytose) und Ausstülpungen (Mikrovilli, Zilien) aufweisen. Die verschiedenen Abschnitte der Zellmembran können spezialisiert sein (Exozytose, Endozytose, Haftung, Abdichtung, Kommunikation).

In das flüssige Hyaloplasma (Zytosol) sind zahlreiche Strukturen eingelagert. Ihre Form, Menge und Gestalt prägen das Bild einer Zelle. Dadurch lassen sich verschiedene Zelltypen unterscheiden. So bestehen 2 Arten eines Zytoskeletts, die Mikrofilamente (Fäden) und die Mikrotubuli (Röhren). Die kontraktilen Proteine der Muskelzellen (Aktin, Myosin) stellen eine Sonderform des Zytoskelettes dar.

Die notwendige Energie für alle zellulären Vorgänge wird von den Mitochondrien geliefert. Es handelt sich um runde bis langgestreckte Gebilde, die von 2 Membranen umhüllt werden. Die innere Membran ragt in Form von Leisten (Crista-Typ), Röhren (Tubulus-Typ) oder Bläschen (Vesikel-Typ) in das Innere der Mitochondrien hinein.

Das endoplasmatische Retikulum (ER) kommt in 2 Formen vor. Das rauhe (r)ER stellt ein flaches membranbegrenztes Hohlraumsystem dar, an dessen aufsitzenden Ribosomen die Proteine für den Export (Sekretion) gebildet werden. Das glatte (g)ER besitzt keinen Ribosomenbesatz. Dieses Organell dient als Trägermembran für Enzyme der Hormon-, Glycogen- und Fettsynthese. Besonders wichtig ist es für den Arzneimittelabbau.

Der Golgi-Apparat nimmt die im rER gebildeten Proteine auf und gibt sie in Körnchenform (Sekretgranula) nach außen ab (Exozytose). Darüber hinaus steht aber der Golgi-Apparat im Zentrum des Membranstoffwechsels. Er besteht aus flachen, membranbegrenzten Hohlräumen, die häufig parallel gepackt sind.

Schließlich sollen noch die Lysosomen erwähnt werden. Man unterscheidet primäre und sekundäre Formen. Die primäre Form besteht aus kleinen, ebenfalls membranbegrenzten Bläschen, die bis zu 30 Enzyme enthalten. Sie sind in der Lage, alles organische Material abzubauen. Dieses Material entstammt entweder der Zelle selbst oder aber wird aus dem extrazellulären Raum über einen Einschließungsmechanismus (Phagozytose) aufgenommen. Nach Vereinigung von Enzymen und abzubauendem Material ist ein sekundäres Lysosom entstanden.

Der Kern (Nucleus) wird von einem schalenförmigen Hohlraum des rauhen endoplasmatischen Retikulums zum Zytoplasma hin abgegrenzt. Er weist porenförmige Perforationen auf, die einen Stoffaustausch zwischen Kern und Zytoplasma erlauben. Der Kern bzw. das Karyoplasma enthält die Chromosomen, andere Nucleinsäuren (RNA) und Proteine. Die Chromosomen können entweder dicht gepackt, d.h. inaktiviert sein (Heterochromation) oder aber sich in entfaltetem, aktiven Zustand befinden (Euchromatin). Im Kern lassen sich noch ein oder mehrere Kernkörperchen (Nucleoli) darstellen.

Im Zytoplasma können noch langzeitig gespeicherte Substanzen (Paraplasma) vorkommen.

1 luminale (apikale) Oberfläche mit Mikrovilli
2 abluminale (basale) Oberfläche, glatt
3 laterale Oberfläche
4 abdichtender Kontakt (Zonula occludens)
5 haftender Kontakt (Desmosom)
6 Endozytose
7 Sekretgranula
8 Zytoskelett (Filamente)
9 Zytoskelett (Mikrotubuli)
10 Lysosomen
11 Mitochondrien
12 Golgi-Apparat
13 Hyaloplasma (Cytosol)

Schematische Darstellung einer Drüsenzelle mit polarisiertem Aufbau

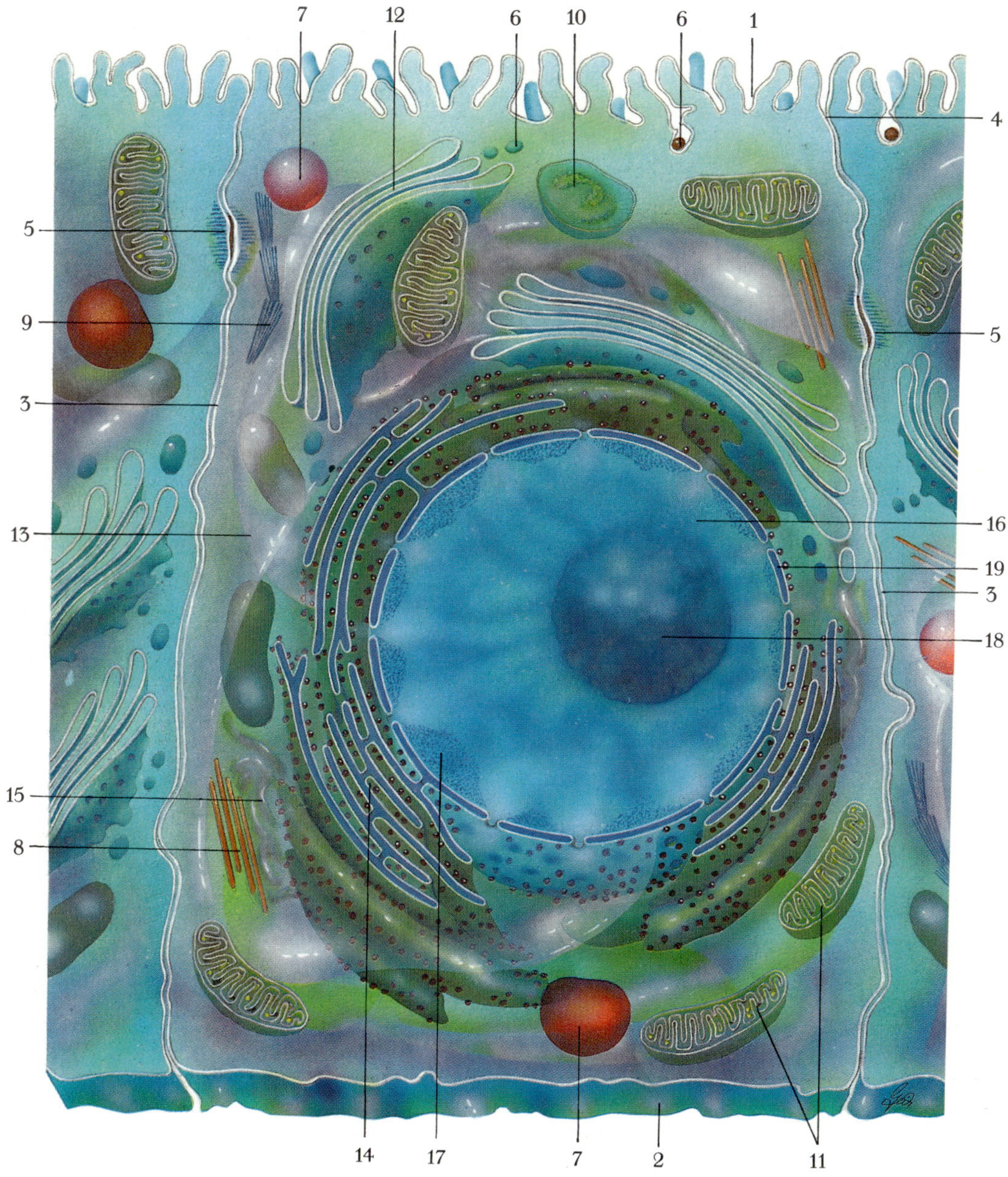

14 rauhes endoplasmatisches Retikulum (rER)
15 glattes ER
16 Karyoplasma des Kernes (Euchromatin)
17 Heterochromatin
18 Nucleolus (Kernkörperchen)
19 Kernmembran

Einführung in die Histologie

Histologischer Aufbau des menschlichen Körpers

Grundbausteine des menschlichen Körpers sind die Zellen. Je nach Form und innerer Ausstattung entstehen verschiedene Zelltypen, aus denen die einzelnen Gewebe aufgebaut sind. Die Binde- und Stützgewebe stellen eine Ausnahme dar. Ihre Zellen sind in eine wechselnde Menge von Zwischenzellsubstanz eingebettet. Durch eine geordnete Durchdringung der Gewebe mit Bindegewebe, in dem auch Gefäße und Nerven verlaufen, entstehen Organe mit einem charakteristischen Aufbau. Diese Histiotypie erlaubt eine Erkennung oder Diagnose der Gewebe im Lichtmikroskop. Folgende Gewebe können unterschieden werden:

Das Epithelgewebe (Bild A–C) besteht aus Zellen, die sich durch engen Kontakt und feste Haftung untereinander auszeichnen. Diese Eigenschaften erlauben einen mechanischen Schutz (Oberhaut-Epidermis) und eine Abdichtung von Oberflächen (Lungenepithel). Außerdem vermögen die Epithelverbände zu sezernieren (Drüsen, Leber) und zu resorbieren (Darm, Niere).

Das Nervengewebe (Bild D) besteht im Gegensatz zu anderen Geweben aus mindestens 2 Zelltypen: Nervenzellen (Neurone, Ganglienzellen) und Hüllzellen (Gliazellen im zentralen Nervensystem und Schwann-Zellen im peripheren Nervensystem). Die Funktion der Nervenzellen beruht auf der Fähigkeit zur Erregungsleitung über 2 Arten von Fortsätzen. Die Dendriten leiten die Erregung zur eigentlichen Zelle (Soma) hin, die Axone (Neuriten) von der Zelle weg. Die Erregung wird auf andere Nervenzellen oder sog. Erfolgszellen (z. B. Muskelzellen) durch Ausschüttung von Überträgerstoffen (Transmitter) an den Axonenden weitergeleitet. Diese Stellen werden als Synapsen bezeichnet.

Den Muskelgewebsformen (Bild E, F) gemeinsam ist der Gehalt an sog. kontraktilen Filamenten (Aktin- und Myosinfibrillen). Die Unterschiede beruhen in ihrer Menge und Anordnung. Im quergestreiften Skelett- und Herzmuskel sind Menge und Ordnung am höchsten, in der glatten Muskulatur am geringsten.

Binde- und Stützgewebe sind durch unterschiedlich große Mengen von zwischenzelliger Substanz charakterisiert. Sie besteht aus Kollagen, Zuckern mit einem kleinen Proteinanteil (Proteoglycanen) und Eiweißen mit kleinem Zuckeranteil (Glycoproteinen). Eine Funktionsfähigkeit ist an eine Verknüpfung der drei Bestandteile zu einer Einheit gebunden. Die Quantität und die Qualität dieser Bestandteile erlaubt eine Unterscheidung der verschiedenen Binde- und Stützgewebsarten. Lockeres, auch embryonales Bindegewebe zeichnet sich durch einen geringen Gehalt an Kollagen und einen hohen Gehalt an Proteoglycanen aus. Im straffen Bindegewebe (Sehnen, Faszien) ist das Verhältnis umgekehrt. Der Knorpel besteht aus viel Kollagen eines bestimmten Types (II) und reichlich speziellen Proteoglycanen. Der Knochen schließlich enthält viel Kollagen, wenig Proteoglycane und zusätzlich noch Kristalle von Calciumsalzen (Apatite) (Bild G). Die kollagenen Aminosäureketten (Peptide) bilden größere Strukturen. Aus drei dieser Ketten entsteht der Grundbaustein, das Tropokollagen. Diese Bausteine lagern sich, um je 1/4 ihrer Länge verschoben, zusammen und bilden Filamente und schließlich Fibrillen mit einer typischen Querstreifung.

Schließlich müssen noch die elastischen Fasern, das Fettgewebe und das Blut berücksichtigt werden. Fettgewebe entsteht durch Einlagerung von Lipiden in Zellen des lockeren Bindegewebes. Das Blut entsteht ebenfalls aus embryonalem Bindegewebe.

1 einschichtiges Plattenepithel
2 einschichtiges Flimmerepithel
3 mehrschichtiges unverhorntes Plattenepithel
4 Karyoplasma (Euchromatin)
5 Karyoplasma (Heterochromatin)
6 Kernkörperchen (Nucleolus)
7 Kernmembran mit Poren
8 Mitochondrien
9 rauhes endoplasmatisches Retikulum
10 Golgi-Apparat
11 Lysosomen
12 Dendrit
13 Axon (Neurit)
14 Synapsen, präsynaptische Teile mit Bläschen, gefüllt mit Überträgerstoffen

Darstellung von Epithelarten (Bild A, B, C), einer Nervenzelle (Bild D), von Muskelgewebe (Bild E, F) und Knochengewebe (Bild G)

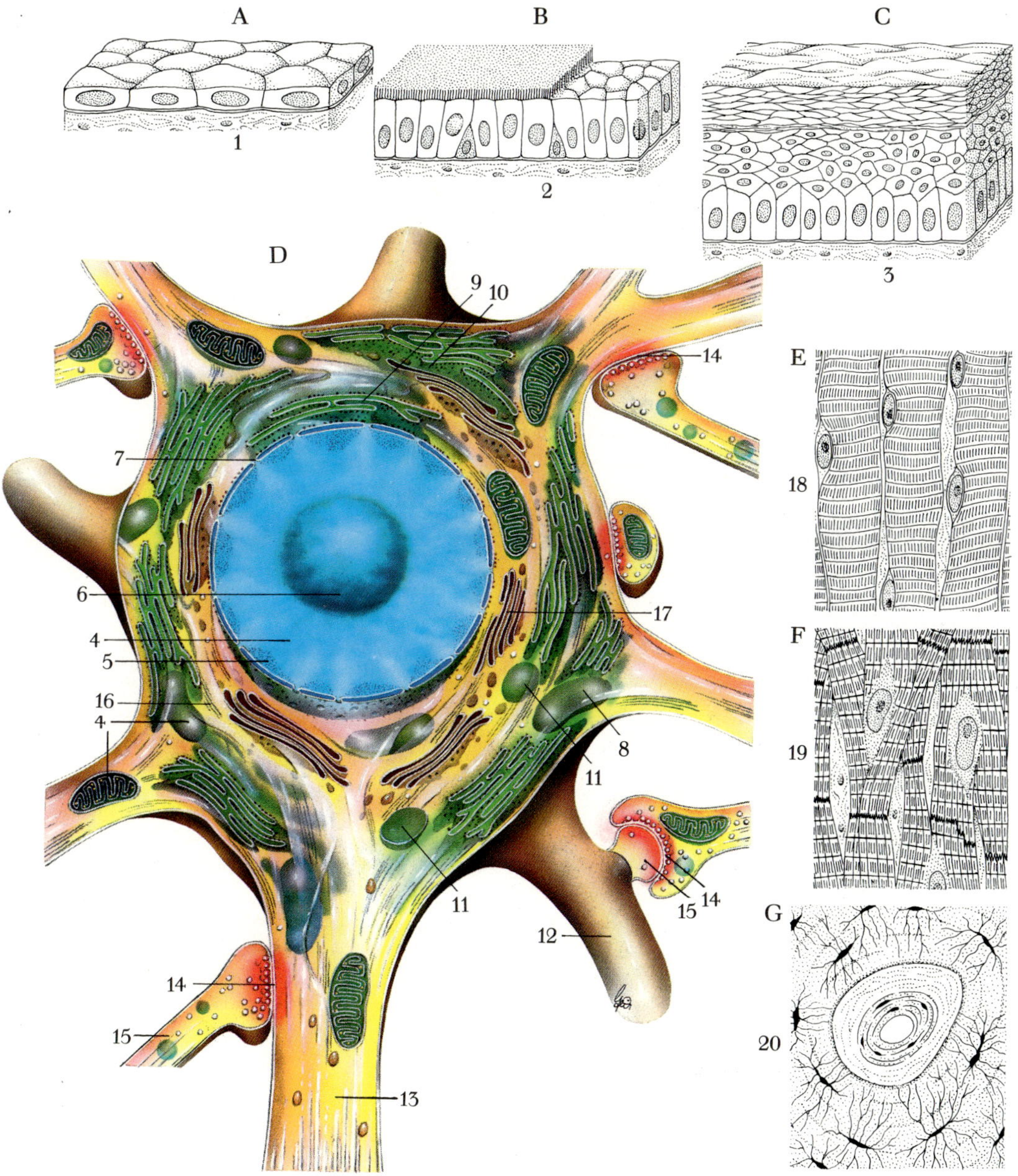

15 postsynaptischer Teil
16 Neurofilamente
17 Neurotubuli
18 quergestreifte Skelettmuskulatur
19 Herzmuskulatur
20 Knochengewebe im Querschnitt

Oberflächenanatomie

Veränderung der Körpermerkmale im Laufe des Lebens

Bei der Ausbildung der äußeren Körperformen spielen der 26. bis 28.Tag nach der Befruchtung eine große Rolle, weil zu diesem Zeitpunkt die Aussprossung der Arme bzw. der Beine beginnt. Gegen Ende der 12.Woche sind bereits die äußeren Geschlechtsmerkmale ausgeprägt. Bei einem geburtsreifen Fetus (allgemein 40 Wochen) nimmt die Kopfgröße etwa ein Viertel der Gesamtlänge ein. Der Bauchnabel liegt in der Körpermitte. Setzt man das Verhältnis der Körpermaße zueinander fort (Proportionen), so ist die Veränderung der Kopfhöhe besonders auffällig, denn bei einem etwa 6jährigen Kind macht sie etwa ein Sechstel der Gesamtlänge aus, während sie beim Erwachsenen allgemein ein Achtel beträgt. Darum ist ein Erwachsener nicht die maßstabsgerechte Vergrößerung eines Kindes. Das Geburtsgewicht (etwa 3500 g) hat sich bereits nach 6 Monaten verdoppelt und ist mit 12 Jahren etwa 12fach gestiegen. Das Wachstum gilt bei Mädchen mit 17 bis 18 und bei Jungen mit 18 bis 19 Jahren abgeschlossen. Die Körpergröße wird in Mitteleuropa im Durchschnitt mit 165 cm bei Frauen und 175 cm bei Männern angegeben. Die Tendenz ist steigend (Akzeleration).

Der 1. Gestaltwandel zum schlanken Schulkind liegt zwischen dem 6. und 7. Lebensjahr. Der 2. Gestaltwandel wird durch den Beginn der sexuellen Reifung bestimmt und liegt bei Mädchen schon im 11. und bei Knaben im 12. Lebensjahr.

Bis zur vollen Entfaltung der sexuellen Funktionstüchtigkeit dauert es etwa 4 Jahre. Dabei kommt es beim männlichen Geschlecht zur Vergrößerung von Hoden und Glied (Penis), zur typischen Schambehaarung, zur Achselbehaarung, zur Ausbildung der Hodenkanälchen und zur Samenzellreifung. Auch der Bartwuchs gehört dazu. Im Halsbereich erscheint auffällig die Erweiterung des Kehlkopfs mit dem Hervorstehen des Schildknorpels (Cartilago thyroidea) als Adamsapfel.

Beim weiblichen Geschlecht kommt es zunächst zu einer Vergrößerung der Eierstöcke und zu einer Beckenverbreiterung. Es folgt die Ausprägung der Brustknospen und danach die Vergrößerung der Brüste mit der Pigmentierung der Warzenhöfe. Gleichzeitig damit entfaltet sich die typische Schambehaarung. In der Gesamtheit erhält die Frau einen relativ langen Rumpf und breitere Hüften. Ihre Schulterbreite ist geringer als beim Mann. Ihre Gliedmaßen sind auch kürzer. Die gleichmäßigere Einlagerung von Fettgewebe in der Unterhaut läßt den Körper weicher, rundlicher und glatter erscheinen. Diese sekundären Geschlechtsmerkmale stellt man den primären gegenüber, die bereits zur Geburt vorhanden sind.

Eine weitere Besonderheit des menschlichen Körpers besteht in der scheinbaren spiegelbildlichen Gleichheit bei der Betrachtung der Oberfläche. Die paarigen Organe scheinen symmetrisch zu sein, obwohl man weiß, daß beim Rechtshänder der rechte Arm muskelkräftiger ist als der linke. Die unpaaren Organe, wie Herz, Magen, Leber und Milz, aber auch der Dünn- und Dickdarm, liegen unterschiedlich weit von der Mittellinie.

Obwohl jeder Mensch einmalig ist, existieren Merkmale, die zur Aufstellung von Körperbautypen führen. Die Grundlage bildet die Konstitution, die die körperliche und geistige Verfassung beinhaltet. Die drei Hauptgruppen werden als leptosomer, schlanker und schmaler Typ, als athletischer, kräftiger Typ und als pyknischer, gedrungener Typ zusammengefaßt, wobei viele Mischtypen vorkommen.

1 Caput (Kopf)
2 Regiones faciei (Gesichtsgegend)
3 Collum (Hals)
4 Regio deltoidea (Schultergegend)
5 Mamilla (Mamille, Brustwarze)
6 Arcus costalis (Rippenbogen)
7 Umbilicus (Nabel)
8 Regio inguinalis (Leistengegend)
9 Regio femoralis (Oberschenkelgegend)
10 Regio cruralis anterior (vordere Unterschenkelgegend)
11 Pes (Fuß)
12 Brachium (Oberarm)

Proportionsverschiebung im Laufe des Lebens (nach Stratz, verändert)

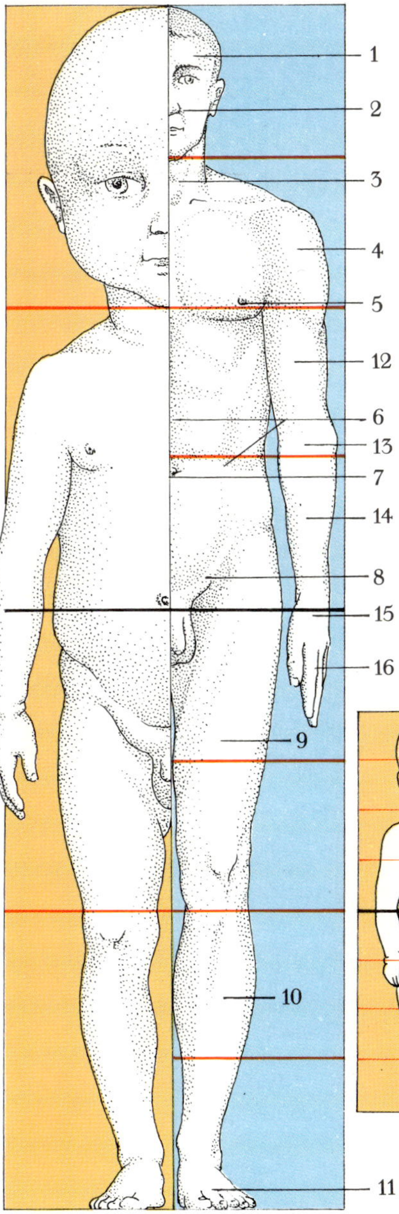

B

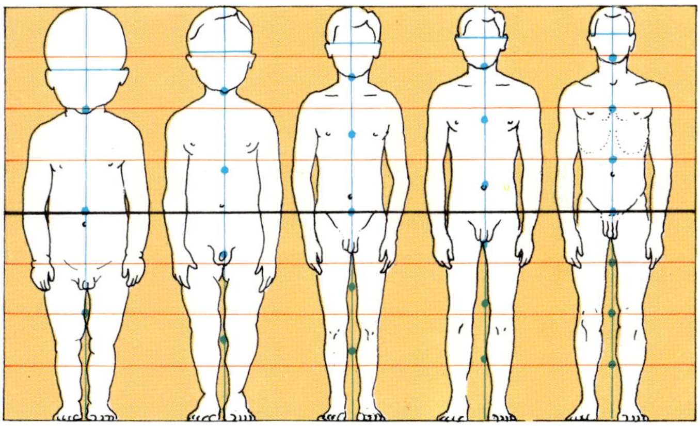

13 Cubitus (Ellenbeuge)
14 Antebrachium (Unterarm)
15 Carpus (Handwurzel)
16 Manus (Hand)

Oberflächenanatomie

Haut

Die äußere Körperoberfläche wird von der Haut bedeckt. Sie übernimmt mannigfaltige Aufgaben zur Temperaturregulierung, im Wasserhaushalt, in der Reizaufnahme und Reizbeantwortung sowie in der Abwehr. Bekannte Reaktionen sind die Rötungen bei bestimmten Krankheiten, die Blaufärbung bei Herzkrankheiten oder die Verfärbung bei hormonellen Störungen.
Allgemein besteht die Haut (Cutis) aus der Oberhaut (Epidermis), einem mehrschichtigen verhornten Plattenepithel, und der Lederhaut (Dermis, Corium) mit einem engen Geflecht von Fasern, die fest mit der Oberhaut verwebt und verzahnt sind. Darunter schließt sich die Unterhaut (Tela subcutanea) an.
Bei der Betrachtung der Oberhaut fällt ein Grobrelief mit Faltenbildungen auf, die sich über den Gelenken konzentrieren. Zum Feinrelief gehören die Felderhaut und die Leistenhaut. Die zarte Unterteilung in rhombische Felder durch flache rillenförmige Furchen wird als Felderhaut bezeichnet. In den Furchen finden sich die Haare, während die Erhebungen der Felder die Schweißdrüsen enthalten. Die Leistenhaut gibt es nur an den Handtellern und Fußsohlen, wo die Leisten und Furchen starr und sogar genetisch festgeschrieben sind. Sie hat weder Haare noch Talg- oder Duftdrüsen, dafür jedoch viele Schweißdrüsen.
Das mehrschichtige verhornte Plattenepithel ist meist 0,04 bis 0,3 mm dick und nur an der Hohlhand und der Fußsohle bis zu 1,2 mm stark. Von Schwielen spricht man bei über 2 mm Dicke. Die in den Schichten des verhornten Plattenepithels vorkommenden Pigmentzellen (Melanozyten) sind für die Hautfarbe verantwortlich. Die Melaninbildung kann durch Sonnenstrahlen verstärkt werden (Sonnenbräune). Vitamin-A-Mangel führt zu vermehrter Verhornung (Hyperkeratose).
Erst durch die Lederhaut erreicht die Haut ihre Festigkeit und ihre Verformbarkeit. Die oberen Anteile reichen zapfenartig in die Oberhaut, so daß eine Papillarschicht (Papillarkörper, Stratum papillare) entsteht. In ihr liegen neben den Kollagenfasern die Schlingen der Blut- und Lymphkapillaren sowie die Nervenaufzweigungen und spezielle Sinnesorgane (Tastkörperchen). Die Geflechtsschicht (Stratum reticulare) darunter sorgt für die Elastizität der Haut. Ein Einstich macht wegen der geordneten Faserrichtung kein Loch, sondern einen Spalt. Diese Spaltlinien verlaufen in Richtung der geringsten Dehnbarkeit, was gerade für kosmetische Eingriffe wichtig ist.
Die Unterhaut (Subcutis) ist mit gekammertem Binde- und Fettgewebe ausgefüllt und stellt die Verbindung zur oberflächlichen Körperfaszie her. Dabei gibt es straffe Verankerungen (Fußsohle) und lockere Verflechtungen (Augenlider) sowie unterschiedliche Fettgewebsablagerungen.
Die Nervenendkörperchen der Haut sind nach ihren Beschreibern benannt. Die Merkel-Tastscheiben liegen im Epithel oder an der Haarwurzel. Die Meißner-Tastkörperchen befinden sich in der Lederhaut der Fingerbeere. Die Vater-Pacini-Lamellenkörperchen reagieren auf Druck und Vibration. Sie bevorzugen keine besondere Region. Auch freie Nervenendigungen registrieren Tast-, Schmerz- und Temperaturreize.
Die Haare dienen meist der Tastempfindung und als Wärmeschutz. Man verliert täglich etwa 50 Haare. Die Hautdrüsen treten als Schweißdrüsen, Duftdrüsen oder Talgdrüsen auf.
Die Nägel (Ungues) sind besondere Hornbildungen der Oberhaut.

1 Epidermis (Oberhaut)
2 Stratum corneum (verhornte Schichten)
3 Stratum germinativum (Regenerationsschichten)
4 Dermis oder Corium (Lederhaut)
5 Stratum papillare (Papillarkörper)
6 Stratum reticulare (Geflechtschicht)
7 Tela subcutanea (Unterhaut)
8 Panniculus adiposus (Fettgewebsläppchen)
9 Arterie
10 Vene
11 Lymphgefäß

Dreidimensionaler Schnitt durch die Haut

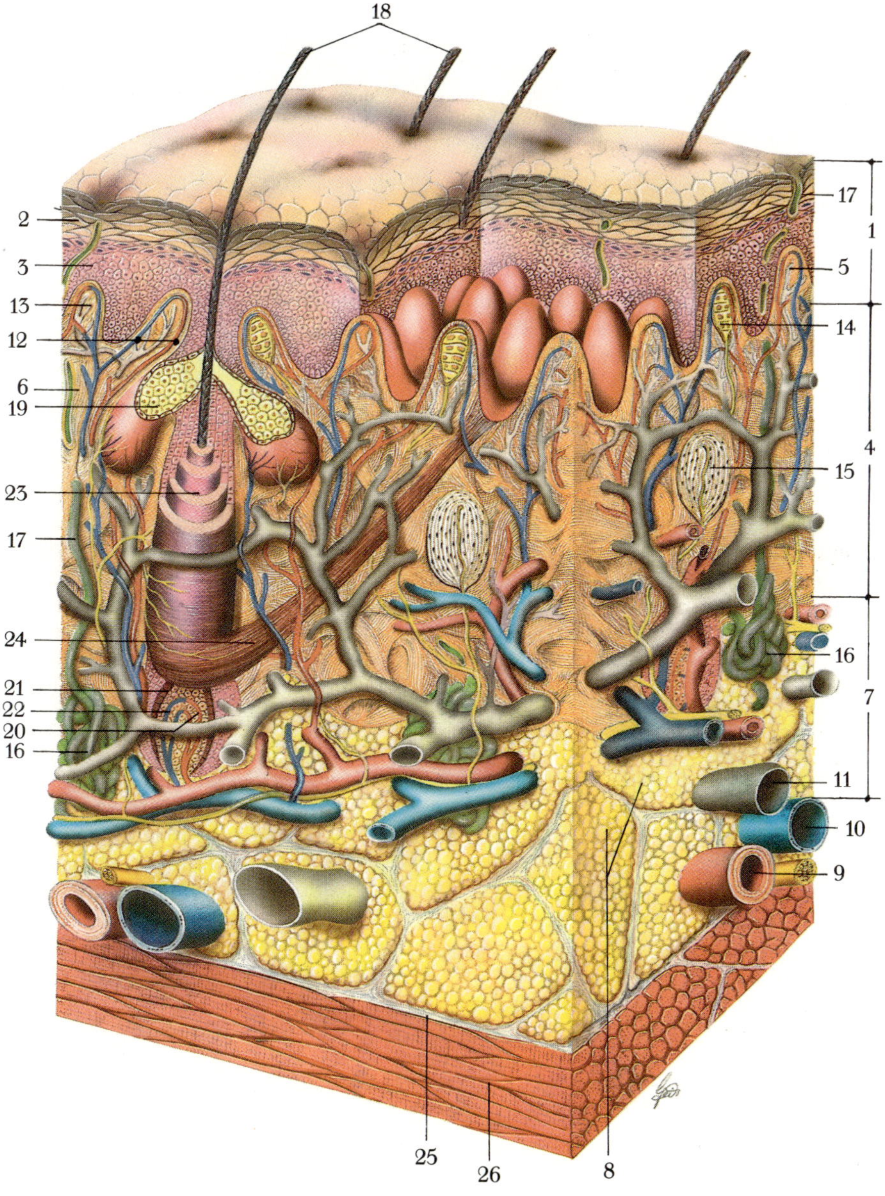

12 Kapillargebiet
13 freie Nervenendigung
14 Meißner-Tastkörperchen
15 Vater-Pacini-Lamellenkörperchen
16 Knäuel der Schweißdrüse
17 Gang der Schweißdrüse
18 Pili (Haare)
19 Talgdrüse (Haarbalgdrüse)
20 Haarzwiebel
21 bindegewebige Wurzelscheide
22 epitheliale Wurzelscheide
23 Haarschaft
24 M. arrector pili (Haarmuskel)
25 oberflächliche Faszie
26 quergestreifte Muskulatur

Oberflächenanatomie

Brustdrüse

Die Brustdrüse (Mamma) gehört zu den großen Hautdrüsen und entsteht aus kleinen Epithelzapfen der Epidermis, die in das umgebende Bindegewebe einsprossen. Die Brustdrüsen werden zunächst bei beiden Geschlechtern in gleicher Weise angelegt. Bei Mädchen vergrößern sich die Drüsenanlagen während der Pubertät unter dem Einfluß weiblicher Geschlechtshormone. In Verbindung damit wird auch ein mit Fettgewebe durchsetzter Bindegewebskörper gebildet, der erst während der Schwangerschaft voll in das sich entfaltende Drüsengewebe einbezogen wird und vorher als Platzhalter fungiert.

Bei der nichtsezernierenden Brustdrüse überwiegen deren Binde- und Fettgewebsanteile in der Unterhaut und bewirken die individuell sehr unterschiedliche Ausbildung der Mamma in Form und Größe. Eine normale weibliche Brustdrüse ist gleichmäßig weich beschaffen und stets gegenüber ihrer Unterlage verschieblich. Sie liegt in der Regel in Höhe der 3. bis 6. Rippe zwischen der Sternal- und Axillarlinie auf dem großen Brustmuskel (M. pectoralis major) und seiner Faszie. Bei fortgeschrittenen Fällen von Brustkrebs kann die Verschieblichkeit aufgehoben sein (Spätzeichen).

Die Haut der Brustdrüse ist weniger pigmentiert als am übrigen Körper, zart und gut verschieblich. In der Mitte des halbkugelig sich vorwölbenden Organs befindet sich der auffallend pigmentierte Warzenhof (Areola mammae) mit den winzigen Erhabenheiten der Warzenhofdrüsen (Glandulae areolares). Im Zentrum des Warzenhofes steht die ebenfalls stärker pigmentierte Brustwarze (Papilla mammae, Mamilla). Die sehr empfindliche Haut besitzt hier eingestreute glatte Muskulatur, die bei Berührungsreizen und Erregungen die Erektion der Brustwarze bewirkt.

Die arterielle Versorgung der Brustdrüse erfolgt aus Gefäßästen der Brustwand (A. thoracica interna, A. thoracica lateralis, Interkostalarterien), die Innervation ist an die oberen Interkostalnerven gebunden. Die Venen verzweigen sich in weitmaschige oberflächliche und tief im Drüsenkörper liegende Netze, wobei das oberflächliche häufig durch die Haut hindurchschimmert.

Die zahlreichen Lymphgefäße der Mamma bilden ebenfalls ein oberflächlich und ein tief gelegenes Geflecht mit mehreren Abflußrichtungen. Die Hauptabflußbahn erreicht lateral die Lymphknoten am unteren Rand des großen Brustmuskels (Sorgius-Gruppe) und die oberflächlichen und tiefen Lymphknoten der Achselhöhle (axillärer Lymphabfluß). Letztere haben auch direkt eine intramuskuläre Abflußbahn zwischen den Brustmuskeln. Ein anderer Lymphabfluß gelangt nach medial zu den parasternalen und sternalen Lymphknoten. Es kommen Verbindungen (Anastomosen) zu den innen gelegenen interkostalen und mediastinalen Lymphbahnen sowie zur Gegenseite häufig vor (parasternale Abflußbahn). Durch diese vielfachen Abflußmöglichkeiten ist die Gefahr der Metastasierung sehr groß.

Die Estrogene sorgen bereits im 2. Schwangerschaftsmonat für eine Sproßung der Milchgänge, deren vollständige Kanalisierung etwa in der Schwangerschaftsmitte abgeschlossen ist. Durch das jetzt wirkende Progesteron bilden sich weitere Knospen. Gegen Ende des 8. Schwangerschaftsmonats stimuliert das Prolactin die Sekretion von Vormilch (Colostrum). Die echte Milchsekretion setzt kurz nach der Geburt ein. Der Saugreiz bewirkt die Ausschüttung des Hormons Oxytocin, das die Myoepithelzellen zur Milchsekretion anregt. Beim Abstillen kommt es zur Rückbildung der Alveolen und zum Abtransport der Milchreste durch das Lymphsystem.

1 Papilla mammae (Mamilla, Mamille, Brustwarze)
2 Corpus mammae (Drüsenkörper)
3 Lobi glandulae mammariae (Drüsenlappen)
4 Lobuli glandulae mammariae (Drüsenläppchen)
5 Ductus lactiferi (Milchgänge)
6 Sinus lactiferi (Milchsäckchen)
7 Areola mammae (Warzenhof)
8 Glandulae areolares (Duftdrüsen zur Hautbefeuchtung)
9 eingelagerte glatte Muskulatur
10 Ligamenta suspensoria mammaria (Bindegewebsplatten)

Brustdrüse im Längsschnitt (Bild A) mit einem histologischen Ausschnitt im nichtsezernierenden Zustand (Bild B) und dem entsprechenden Schnitt in der Laktationsphase (Bild C)

A

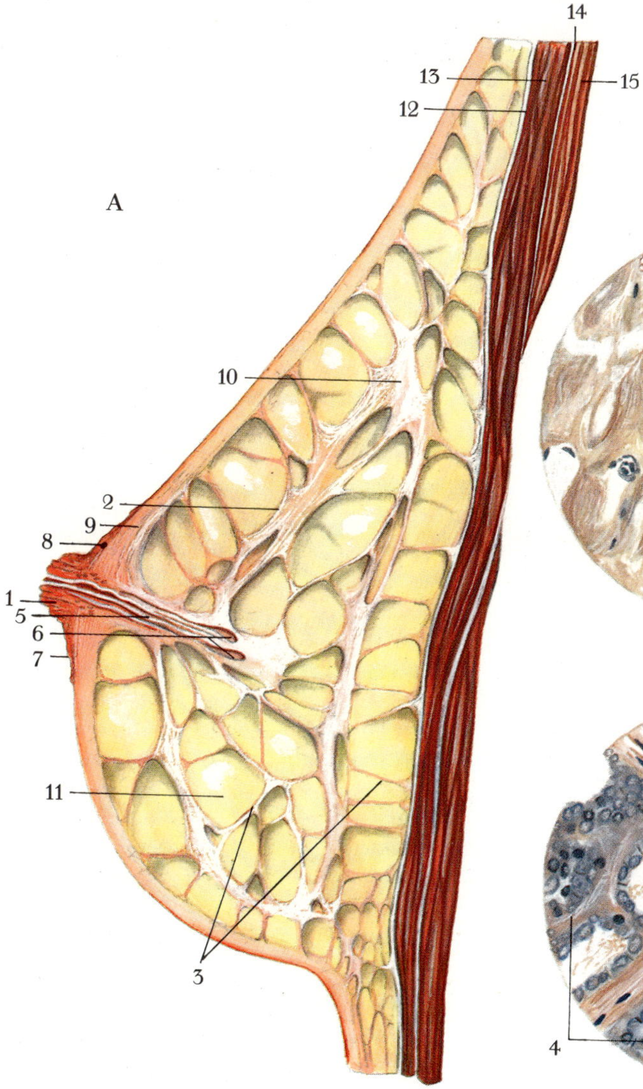

B

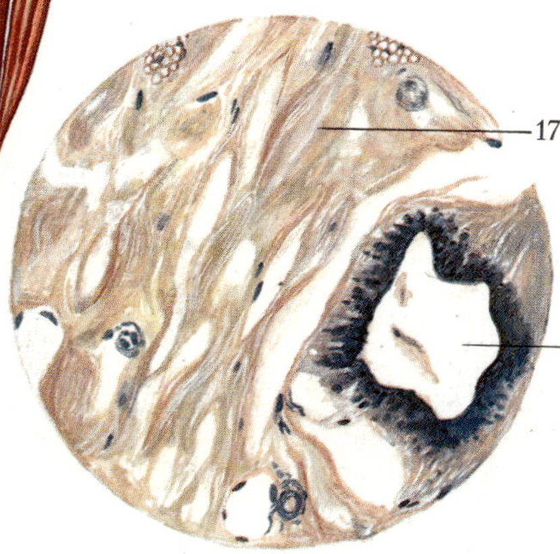

C

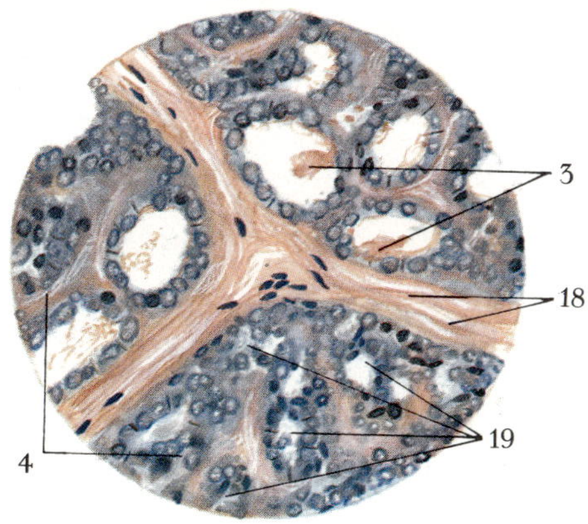

11 Fettgewebe
12 oberflächliche Faszie des M. pectoralis major
13 M. pectoralis major (großer Brustmuskel)
14 interpektoraler Spalt
15 M. pectoralis minor (kleiner Brustmuskel)
16 Ductus alveolaris (Ausführungsgang)
17 grobfaseriges Bindegewebe
18 Rete lymphaticum intralobulare (intralobuläres Lymphnetz)
19 Alveoli glandulae (alveoläre Endstücke, teilweise mit Sekret)

Oberflächenanatomie

Knochenbildung und -wachstum

Die Knochen des menschlichen Körpers werden über zwei unterschiedliche Entwicklungswege gebildet. Einige, wie das Schlüsselbein und die platten Knochen des Schädeldaches, aber auch fast alle Knochen des Gesichtsschädels, entstehen direkt im Bindegewebe ohne weitere Vorstufen (desmale Ossifikation). Bei diesen Deckknochen verdichtet sich das embryonale Bindegewebe (Mesenchym), die Zellen erhalten zahlreiche Fortsätze und entwickeln sich zu den Knochenbildern (Osteoblasten). Die extrazellulär entstandenen Kollagenfasern werden von einer Grundsubstanz (Osteoid) umgeben. Die sich hier später einlagernden Calcium- und Phosphationen bringen die Verkalkung zustande. Der so entstandene Knochen wird Geflechtknochen genannt. Das Wachstum geschieht appositionell, d. h., an der einen Fläche, meist außen, wird neuer Knochen angelagert, während an der inneren Oberfläche der Abbau erfolgt.

Die Mehrzahl der Knochen, z. B. die Röhrenknochen der Extremitäten, die Hand- und Fußwurzelknochen, die Knochen der Wirbelsäule, der Rippen und der Schädelbasis werden dagegen als Ersatzknochen gebildet (chondrale Ossifikation). Dabei entsteht zuerst ein der Form des späteren Knochens entsprechendes Knorpelstück, das während der weiteren Entwicklung durch Knochengewebe ersetzt wird.

Die Knochenbildung beginnt im 2. Embryonalmonat und ist in den unterschiedlichen Skelettanteilen erst mit dem Abschluß des Längenwachstums nach der Pubertät beendet.

Der Ablauf der gesamten Knochenentwicklung ist an die Ausbildung der Knochenkerne gebunden. Das sind die beginnenden Verknöcherungszonen, von denen der Ossifikationsvorgang ausgeht. Diese sind auch röntgenologisch nachweisbar. Die Knochenkerne entstehen in einer ganz bestimmten Reihenfolge, abhängig vom Lebensalter. Die Verknöcherung erstreckt sich von der Zeit der Geburt bis über die Pubertät hinaus. Sie endet mit dem Abschluß des Längenwachstums. Bei der Bildung der Röhrenknochen kommen häufig mehrere Knochenkerne in den knorpelig vorgebildeten Skelettelementen in altersspezifischer Reihenfolge (blaue Zahlenreihe) vor. So entwickelt sich z. B. im Oberschenkelknochen (Femur) im 10. Fetalmonat ein Knochenkern in der distalen Epiphyse, der als Reifezeichen wichtig ist. Weitere Knochenkerne treten im Femurkopf während des 1. Lebensjahres, im großen Rollhügel (Trochanter major) im 4. und im kleinen Rollhügel (Trochanter minor) erst im 9. Lebensjahr in der Regel auf (Bild A). Die von den Knochenkernen ausgehenden Verknöcherungszonen vergrößern sich gesetzmäßig, bis nur noch schmale Knorpelfugen (Epiphysenfugen) vorhanden sind, die das Längenwachstum der Röhrenknochen ermöglichen. Alle Bildungs- und Wachstumsvorgänge des Skeletts werden durch Hormone und andere Faktoren gesteuert. Unterschiedliche Ursachen können diese Entwicklungsprozesse der Skelettbildung beeinflussen und bei vorzeitiger Verknöcherung der Knorpelfugen zu Minderwuchs oder bei verzögertem Verschluß zu Riesenwuchs führen.

Außerdem ist zu berücksichtigen, daß zwischen der Geburt und der Pubertät etwa 70 Knochenkerne in bestimmter Abhängigkeit voneinander zu feststehenden Zeitpunkten an den Extremitäten auftreten. Voraussetzung dafür sind u. a. Druck und Zugspannungen im Skelettelement selbst. Bei der Heilung von Knochenbrüchen ist die Ruhigstellung unbedingt erforderlich, damit, von der Knochenhaut ausgehend, über bindegewebige und knorpelige Vorstufen die Bruchstelle überbrückt werden kann.

Eine besondere Form im Skelettsystem bildet sich am Gesichtsschädel, wo Hohlräume im Knochen als Nasennebenhöhlen mit Schleimhaut ausgekleidet sind und in den Luftstrom eingezogen werden. Diese Schleimhautausstülpung beginnt in der Nasenhöhle, ist embryonal nachweisbar, während die ersten Hohlraumbildungen nach der Geburt erfolgen (Bild B und C). Die definitive Größe erreichen sie mit der Entfaltung des Dauergebisses und des Gesichtsschädels in der Pubertät.

Skelettsystem bei einem 10jährigen Kind mit Angaben über den Schluß der Epi- und Apophysenfugen (blaue Zahlen) (Bild A), Daten zur Entstehung der Nasennebenhöhlen (Bild B, C und D)

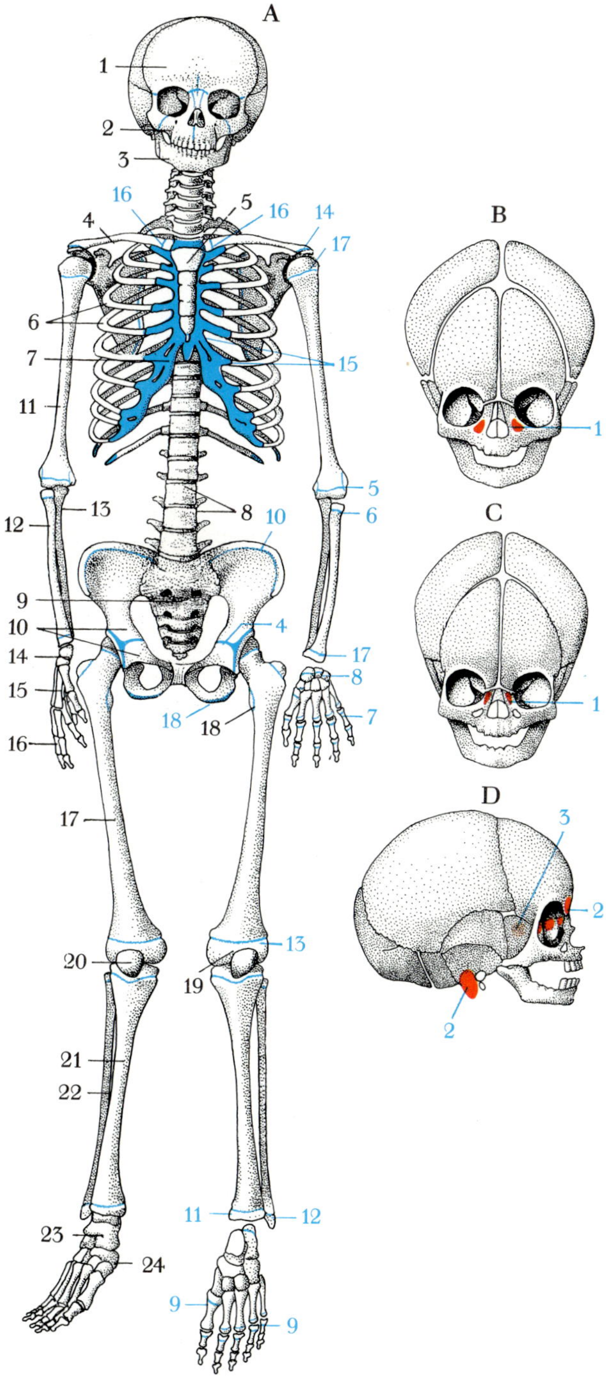

Blaue Zahlen:
1 10. Lebensmonat (Siebbeinzellen und Kieferhöhlen)
2 3. Lebensjahr (Stirnhöhle und Mastoidzellen)
3 ab 4. Lebensjahr (Keilbeinhöhle)
4 4–6 Jahre
5 14–18 Jahre
6 14–20 Jahre
7 15–20 Jahre
8 16–20 Jahre
9 16–21 Jahre
10 16–22 Jahre
11 17–19 Jahre
12 17–20 Jahre
13 18–19 Jahre
14 18–21 Jahre
15 20–21 Jahre
16 20–24 Jahre
17 20–25 Jahre
18 21–24 Jahre

Schwarze Zahlen:
1 Os frontale (Stirnbein)
2 Maxilla (Oberkiefer)
3 Mandibula (Unterkiefer)
4 Clavicula (Schlüsselbein)
5 Sternum (Brustbein)
6 Costae (Rippen)
7 Cartilago costalis (Rippenknorpel)
8 Disci intervertebrales (Zwischenwirbelscheiben, Bandscheiben)
9 Os sacrum (Kreuzbein)
10 Os coxae (Hüftbein)
11 Humerus (Oberarmknochen)
12 Radius (Speiche)
13 Ulna (Elle)
14 Ossa carpi (Handwurzelknochen)
15 Ossa metacarpi (Mittelhandknochen)
16 Ossa digitorum (Phalanges, Fingerglieder)
17 Femur (Oberschenkelknochen)
18 Apophysenfuge
19 Epiphysenfuge
20 Patella (Kniescheibe)
21 Tibia (Schienbein)
22 Fibula (Wadenbein)
23 Talus (Sprungbein)
24 Calcaneus (Fersenbein)

Oberflächenanatomie

Orientierungspunkte am Skelett

An vielen Stellen unseres Körpers liegt nur eine geringe Weichteilbedeckung vor, so daß die darunter befindlichen Skelettelemente getastet (palpiert) werden können. In der Gesichtsgegend sind die Stirnbeinschuppe, der Eingang in die Augenhöhle, das Jochbein, der Jochbogen, der Nasenrücken, der Ober- und der Unterkiefer tastbar. Seitlich über dem Jochbogen ist es die Schläfenschuppe und darüber das ganze Scheitelbein.

Im Halsgebiet liegt oben das Zungenbein (Os hyoideum) als oberste Spange des Kehlkopfes. Es folgen der Schildknorpel (Cartilago thyroidea), der Ringknorpel (Cartilago cricoidea) und die Luftröhrenspangen.

Am Schultergürtel und Brustkorb sind Schlüsselbein und Schulterhöhe, der Rabenschnabelfortsatz des Schulterblattes, das Brustbein und die 2. bis 12. Rippe in ihrem Verlauf tastbar.

Am Arm ist der mediale Epikondylus des Oberarmknochens immer deutlich zu sehen und zu fühlen. Von der Speiche können deren Kopf und darüber der schwächere laterale Epikondylus sowie distal der kräftig ausgebildete Griffelfortsatz getastet werden. Letzterer befindet sich direkt unter der Haut. Die Elle liegt an der Streckseite des Unterarmes vom Ellenbogen (Olecranon) bis zum Griffelfortsatz (Processus styloideus ulnae) ebenfalls oberflächlich. Der Kopf der Elle springt als Handknöchel an der Kleinfingerseite vor. An der Hohlhandseite sind die Handwurzelknochen als Eminentia radialis mit dem Kahnbein (Os scaphoideum) und dem trapezförmigen Bein (Os trapezium) sowie als Eminentia ulnaris mit dem Erbsenbein (Os pisiforme) und dem Hakenbein (Os hamatum) zu fühlen. Die Mittelhand- und Fingerknochen, aber auch die Gelenke, sind nur von dorsal zugänglich.

Vom Becken ist die Ausdehnung des Darmbeinkammes (Crista iliaca) vom vorderen oberen Darmbeinstachel (Spina iliaca anterior superior) bis zum hinteren oberen Darmbeinstachel (Spina iliaca posterior superior) zu sehen und zu tasten. Darüber hinaus bleibt die Tastbarkeit auf die Schambeine in der Umgebung der Schamfuge (Symphysis pubica) beschränkt.

Im Bereich der unteren Extremität springt proximal und seitlich der große Rollhügel (Trochanter major) hervor. Am unteren Ende des Schenkelknochens (Femur) sind es dessen Epikondylen. Die Kniescheibe (Patella) zeichnet sich unter der Haut ab. Die Unterschenkelknochen können nur vorn palpiert werden. Die vordere Schienbeinkante liegt direkt unter der Haut. Lateral proximal fühlt man vom Wadenbein (Fibula) nur dessen Kopf (Caput), der nicht am Kniegelenk beteiligt ist. Distal folgen der innere und äußere Knöchel (Malleolus medialis et lateralis), wobei der laterale tiefer steht. Auch am Fußskelett ist die Unterteilung in Fußwurzel (Tarsus) mit den Einzelknochen, den Mittelfuß (Metatarsus) und die Zehenglieder (Digiti pedis) nur von dorsal tastbar.

Bei der Rückfläche des Stammes ist der Hinterhauptshöcker (Protuberantia occipitalis externa) des Hinterhaupts der erste markante Punkt. Seitlich auf gleicher Höhe folgen hinter den Ohrmuscheln die beiden Warzenfortsätze (Processus mastoidei). In der Mittellinie sind die Dornfortsätze (Processus spinosi) vom 3. Halswirbel an gut tastbar. Dabei ragt der des 7. Halswirbels (Vertebra prominens) mehr heraus. Kaudal gilt dies auch für die Dorsalfläche des Kreuzbeins.

Außerdem sind die Schulterblattgräte, der mediale Rand und der untere Winkel des Schulterblatts hier tastbar.

1 Squama frontalis (Stirnbeinschuppe)
2 Aditus orbitae (Augenhöhleneingang)
3 Dorsum nasi (Nasenrücken)
4 Os zygomaticum (Jochbein)
5 Mandibula (Unterkiefer)
6 Clavicula (Schlüsselbein)
7 Sternum (Brustbein)
8 Processus coracoideus
9 Acromion (Schulterhöhe)
10 Costae (Rippen)
11 Epicondylus medialis humeri
12 Caput radii (Radiuskopf)
13 Ulna (Elle) mit Caput ulnae
14 Processus styloideus radii
15 Eminentia radialis et ulnaris
16 Olecranon (Ellenbogen)

Wichtige tastbare Knochenpunkte von vorn (Bild A) und von hinten (Bild B)

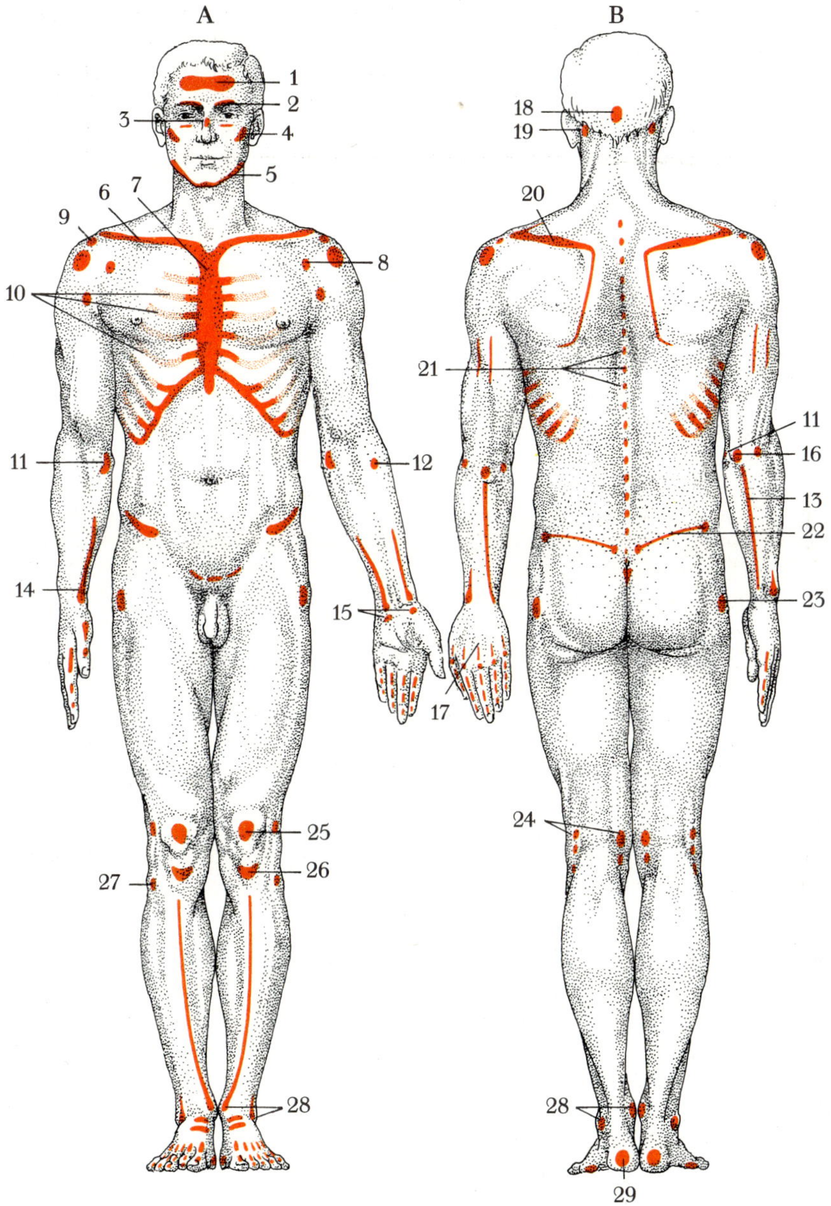

17 Ossa metacarpi (Mittelhandknochen)
18 Protuberantia occipitalis externa
19 Processus mastoideus (Warzenfortsatz)
20 Spina scapulae (Schulterblattgräte)
21 Processus spinosi
22 Crista iliaca (Darmbeinkamm)
23 Trochanter major (großer Rollhügel)
24 Epicondyli femoris
25 Patella (Kniescheibe)
26 Tuberositas tibiae
27 Caput fibulae
28 Malleolus medialis et lateralis
29 Tuber calcanei

Bewegungsapparat

Rücken mit Wirbelsäule und oberflächlicher Muskulatur

Als Rücken (Dorsum) bezeichnet man den Rumpfabschnitt, der sich dorsal von der äußeren Schädelbasis (Norma basilaris) bis zur Afterfurche (Crena ani) erstreckt. Die weitere Unterteilung erfolgt entsprechend den Wirbelsäulenabschnitten. Hinzu kommt die Schulterblattgegend. Wegen des fehlenden Unterhautfettgewebes kann es im Bereich der Wirbeldorne, der Schulterblattgräte (Spina scapulae) und des Kreuzbeins leicht zum Wundliegen kommen (Decubitus). Seitlich endet der Rükken am Beckenkamm (Crista iliaca).

Die Wirbelsäule (Columna vertebralis) bildet das Achsenskelett des Körpers und trägt mit ihren Zwischenwirbelscheiben Kopf und Rumpf. Die Rippen (Costae) haben eine bewegliche Verbindung mit der Brustwirbelsäule. Im Wirbelkanal (Canalis vertebralis) liegt geschützt das Rückenmark (Medulla spinalis). Die Wirbelsäule wird in Hals-, Brust- und Lendenwirbelsäule sowie in Kreuz- und Steißbein eingeteilt.

Am Wirbelknochen unterscheidet man den Wirbelkörper (Corpus vertebrae), den Wirbelbogen (Arcus vertebrae) mit den paarigen Querfortsätzen (Processus transversi) als Krafthebel und den in der Mittellinie hinten liegenden Dornfortsatz (Processus spinosus). Die gut tastbaren, dachziegelartig übereinander liegenden Dornfortsätze der Brustwirbelsäule erlauben eine Orientierung am Rumpf, wobei die Spitze eines Dornfortsatzes der Höhe des nächsttieferen Wirbelkörpers entspricht. Eine seitliche Einkerbung an der Basis des Wirbelbogens ergänzt sich mit dem benachbarten Wirbel zum Zwischenwirbelloch (Foramen intervertebrale). Hier liegen die Rückenmarksnerven und die Spinalganglien, aber auch Blut- und Lymphgefäße. Erst dahinter befinden sich die Gelenkfortsätze (Processus articulares).

Die Wirbelkörper sind fest verbunden mit den Zwischenwirbelscheiben (Bandscheiben, Disci intervertebrales), die aus einem Faserknorpelring und einem Gallertkern bestehen. Ihre Größe und Stärke nimmt von kranial nach kaudal hin allgemein zu. Damit machen sie etwa 1/4 der Gesamtwirbelsäulenlänge aus und wirken als Polster bei der aufrechten Körperhaltung (Bild A). Sie sind im Hals- und Lendengebiet vorn höher als hinten und bilden die Voraussetzung für die konvexe Krümmung nach vorn (physiologische Lordose). Im Brustbereich ist es umgekehrt. Daraus entsteht die Brustkyphose. Seitliche Krümmungen nennt man Skoliosen. Sie bedürfen häufig einer Behandlung. Wenn sich Bandscheiben lockern und hervortreten, spricht man von einem Prolaps. Wird dabei das Zwischenwirbelloch eingeengt, kann es durch den Druck am Nerven zu starken Schmerzen oder Lähmungen in der Peripherie kommen.

Die oberflächlichen Rückenmuskeln werden auch als dorsale Gliedmaßenmuskeln bezeichnet. Der Kapuzenmuskel (Trapezmuskel, M. trapezius) entspringt vom Hinterhaupt, von sämtlichen Hals- und Brustwirbeldornen und setzt seitlich am Schlüsselbein (Clavicula), an der Schulterhöhe (Acromion) und der Schulterblattgräte (Spina scapulae) an. Er hebt und senkt die Schulter (Tragen und Heben) oder führt sie nach hinten, senkt umgekehrt das Hinterhaupt, neigt seitwärts und dreht das Schulterblatt. Die Innervation erfolgt durch den XI. Hirnnerven und das Halsgeflecht. Der breite Rückenmuskel (M. latissimus dorsi) nimmt den ganzen unteren Rücken ein und setzt schmal an der Innenseite oben am Oberarmknochen (Humerus) an. Er senkt den erhobenen Arm, führt ihn nach hinten, adduziert, rotiert nach innen und unterstützt die Ausatmung. Sein N. thoracodorsalis kommt aus dem Armgeflecht (Bild B).

1 Ligamentum longitudinale anterius (vorderes Längsband)
2 Vertebra thoracica XII (12. Brustwirbel)
3 Costae (Rippen)
4 Rippen-Wirbel-Gelenke
5 Ligamentum flavum (gelbes Band mit elastischen Fasern)
6 Ligamentum interspinale (Zwischendornband)
7 Ligamentum costotransversarium
8 Ligamentum longitudinale posterius (hinteres Längsband)
9 Discus intervertebralis (Zwischenwirbelscheibe) mit Annulus fibrosus (Faserknorpelring) und Nucleus pulposus

Bandverbindungen der Wirbelsäule (Bild A) und oberflächliche Rückenmuskeln (Bild B)

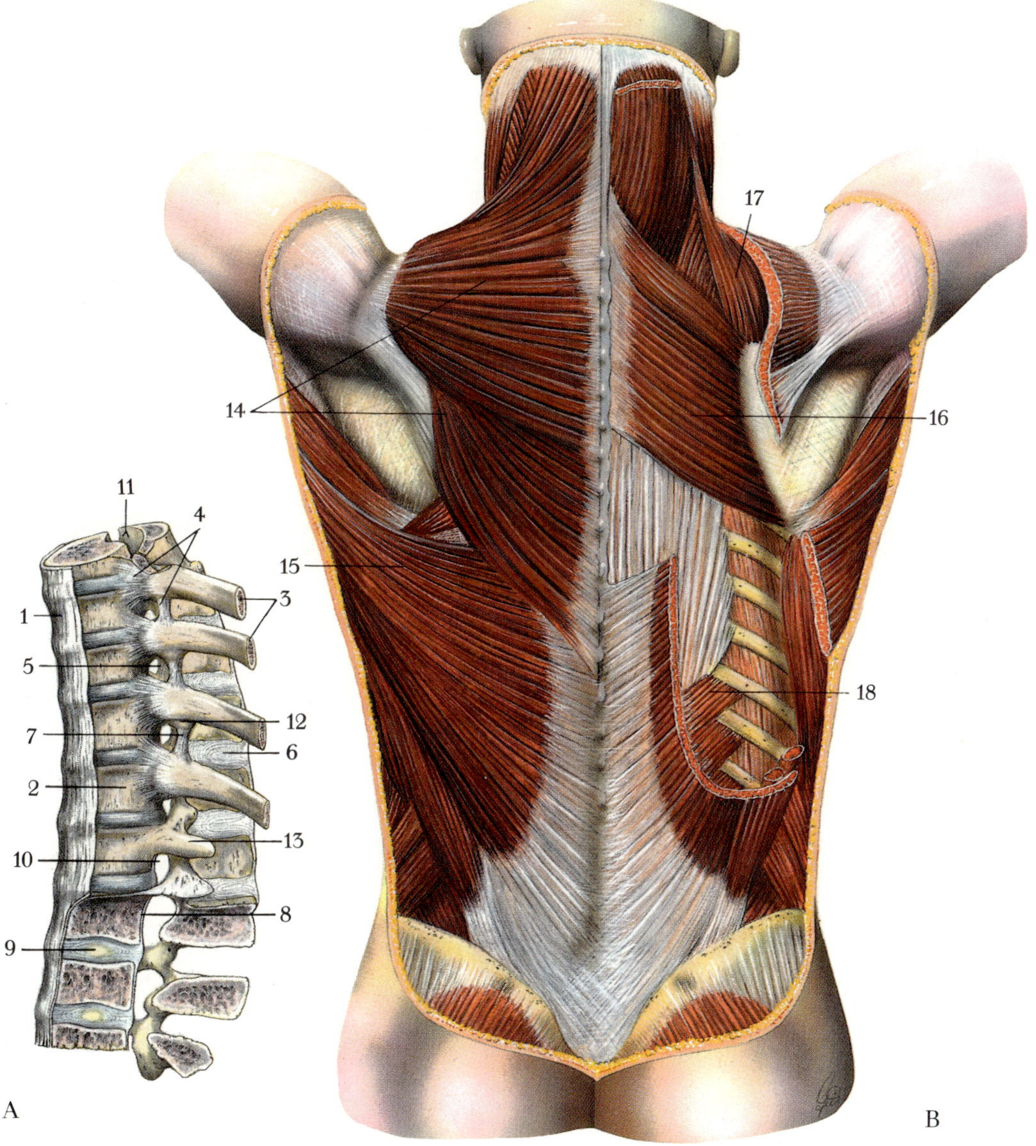

10 Foramen intervertebrale (Zwischenwirbelloch)
11 Canalis vertebralis (Wirbelkanal)
12 Processus transversus (Querfortsatz)
13 Processus costalis (Rippenfortsatz des Lendenwirbels)
14 M. trapezius (Kapuzenmuskel)
15 M. latissimus dorsi (breiter Rückenmuskel)
16 Mm. rhomboidei (Rautenmuskeln)
17 M. levator scapulae (Schulterblattheber)
18 M. serratus posterior inferior (hinterer unterer Sägemuskel)

Bewegungsapparat

Tiefe Rückenmuskeln und deren Bewegungsmöglichkeiten

Die tiefen Rückenmuskeln sind so angelegt, daß sie unmittelbar auf das Achsenskelett wirken können und teilweise in einer osteofibrösen Rinne verlaufen, die vorn von den Rippen und den Querfortsätzen der Wirbel, medial von den Dornfortsätzen und dorsal von den Aponeurosen (Fascia thoracolumbalis, Fascia nuchae) der oberflächlichen Rückenmuskeln gebildet wird. Durch ihre segmentale Innervation über die hinteren Äste (Rami dorsales) der Rükkenmarksnerven (Nervi spinales) lassen sie erkennen, daß sie am Ort ihrer ursprünglichen Entstehung geblieben sind und deshalb autochthone Muskeln oder M. erector spinae genannt werden (Bild A).

Zweckmäßig unterscheidet man einen medialen Strang, der sich auf die Muskelzüge an den Dorn- und Querfortsätzen beschränkt sowie einen lateralen Strang, der den Darmbeinkamm (Crista iliaca) und die Rippen in Längsrichtung verbindet. Der mediale Muskelstrang besteht zunächst aus schwachen Muskelzügen zwischen den Dornfortsätzen, dem spinalen System. Es können dabei mehrere Dornfortsätze zwischen Ursprung und Ansatz übersprungen werden (Mm. spinales). Stärker ausgeprägt ist das folgende transversospinale System, das von den Querfortsätzen zu kranial davon liegenden Dornfortsätzen im Prinzip verläuft. Sind dies nur ein oder zwei Wirbel ist die Drehungskomponente sehr groß (Mm. rotatores). Oberflächlich davon folgt der gefiederte Muskel (M. multifidus), der drei bis fünf Wirbel überspringt und im Lendenbereich sehr stark ausgebildet ist. Den Abschluß stellt der Halbdornmuskel (M. semispinalis) dar, der im Brustgebiet, aber besonders im Halsgebiet zu finden ist. Er übernimmt die Dorsalflexion des Kopfes und unterstützt Drehbewegungen der Halswirbelsäule und des Kopfes. Bei beidseitiger Kontraktion gilt der mediale Strang als der hauptsächliche Strecker der Wirbelsäule. Diese Stabilität unterstützen die variabel vorkommenden Mm. intertransversarii, die die Querfortsätze in unterschiedlicher Anordnung verbinden und deshalb zu verschiedenen Strängen gerechnet werden. Bei einseitiger Kontraktion des medialen Systems ergibt sich eine graduell differenzierte Beteiligung an der Seitwärtsneigung bzw. Drehung des Rumpfes (Bild B).

Der seitliche Strang enthält vor allem das sakrospinale System mit dem Darmbein-Rippen-Teil (M. iliocostalis) und dem lang gestreckten Rückenmuskel (M. longissimus) über alle Wirbelabschnitte. Außerdem kommen im Halsgebiet Muskelzüge von den Querfortsätzen zum Hinterhaupt als Riemenmuskel (M. splenius) hinzu. Neben der Streckung dienen diese Teile der Seitwärtsneigung des Rumpfes (Bild C). Die sogenannten Rippenheber (Mm. levatores costarum) beteiligen sich mehr an der Seitwärtsneigung als an der Hebung. Die kurzen Nackenmuskeln verlaufen gestaffelt von den beiden oberen Halswirbeln, Axis und Atlas zum Hinterhaupt. Ihr Vorhandensein regelt die abgestuften und vielseitigen Bewegungen in den Kopfgelenken. So können in den oberen Kopfgelenken zwischen den konkaven Atlasflächen und den konvexen Hinterhauptskondylen die Nickbewegungen nach vorn und hinten, aber auch eine gewisse Seitwärtsneigung erfolgen. Die unteren Kopfgelenke zwischen den verschiedenen Flächen des Altas und des Axis dienen ausschließlich den Drehbewegungen.

Allgemein muß betont werden, daß im Bereich der Halswirbelsäule in allen drei Hauptrichtungen ausführlich bewegt werden kann. Im Brustbereich gilt die Reihenfolge: Vorwärtsneigung, Seitwärtsneigung, Streckung und Abnahme der Drehung. Im Lendengebiet sind es die Vorwärts- und Rückwärtsneigung sowie die Seitwärtsneigung.

1 Ligamentum nuchae (Nackenband)
2 Fascia nuchae (Nackenfaszie)
3 Processus spinosus (Dornfortsatz)
4 Crista iliaca (Darmbeinkamm)
5 M. obliquus externus abdominis (äußerer schräger Bauchmuskel)
6 M. serratus posterior inferior (hinterer unterer Sägemuskel)
7 M. latissimus dorsi (breiter Rückenmuskel)
8 Mm. rhomboidei (Rautenmuskeln)
9 Spina scapulae (Schulterblattgräte)
10 M. trapezius (Trapezmuskel)

Autochthone Rückenmuskulatur nach Ablösung der oberflächlichen Muskeln (Bild A); Schemata zum medialen Strang (Bild B) und zu den lateralen Systemen (Bild C)

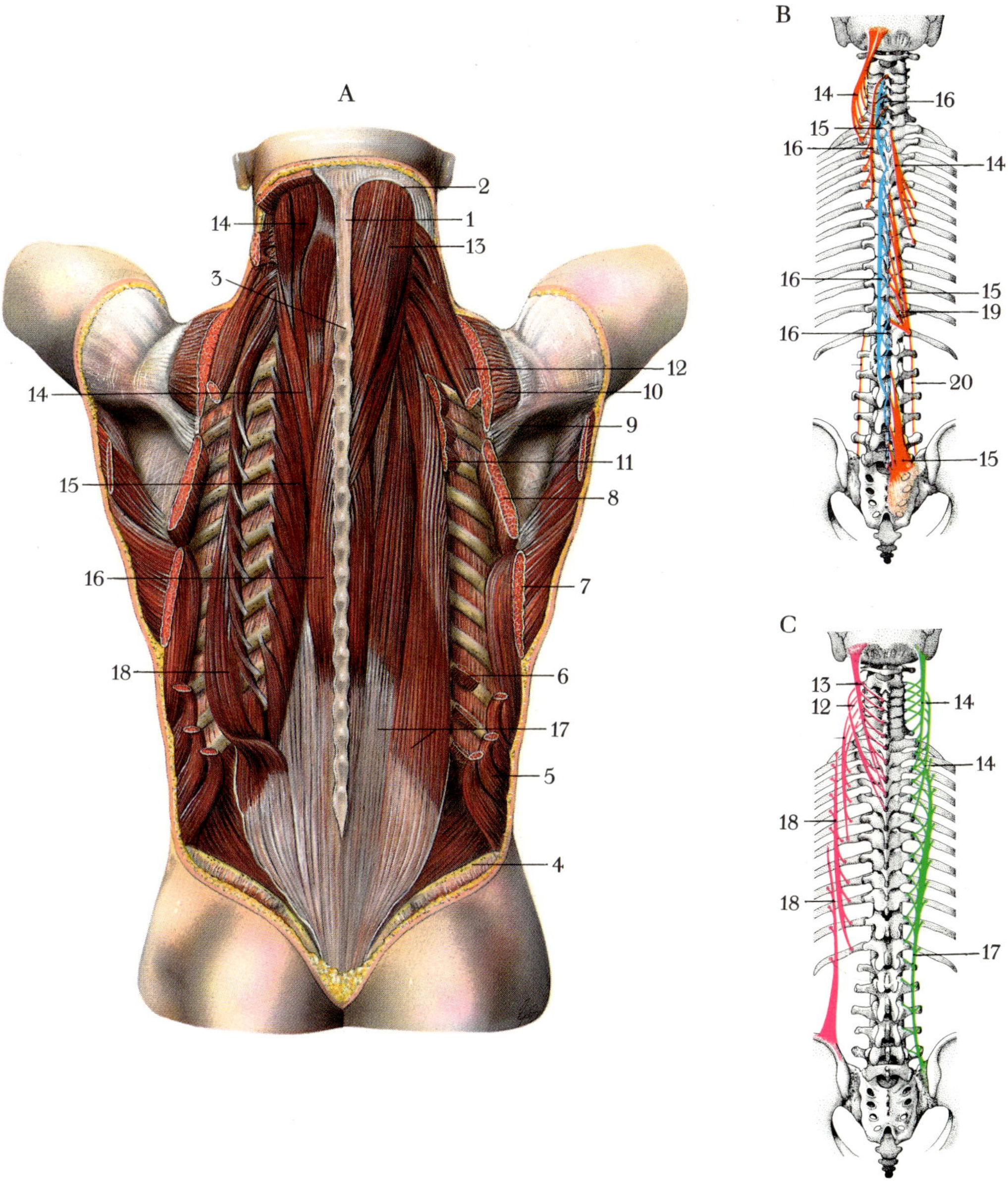

11 M. serratus posterior superior (hinterer oberer Sägemuskel)
12 M. splenius cervicis (Riemenmuskel des Halses)
13 M. splenius capitis (Riemenmuskel des Kopfes)
14 M. semispinalis (Halbdornmuskel)
15 M. multifidus (vielgefiederter Muskel)
16 M. spinalis (Dornmuskel)
17 M. longissimus (sehr langer Muskel)
18 M. iliocostalis (Darmbeinrippenmuskel)
19 Mm. rotatores (Drehmuskeln)
20 Mm. intertransversarii

Bewegungsapparat

Vordere Rumpfwand

Dieser Körperabschnitt kann in Brust- und Bauchwand unterteilt werden. Die knöcherne Grundlage bilden im Bereich der Brustwand die Rippen (Costae), das Brustbein (Sternum) und das Schlüsselbein (Clavicula), obwohl letzteres zum Schultergürtel gehört. Alle 12 Rippenpaare beginnen an den Brustwirbeln (Vertebrae thoracicae) und setzen bis auf die letzten zwei direkt oder indirekt am Brustbein an. Die Zwischenrippenräume enthalten die segmental angeordneten Gefäße und die Leitungsbahnen der Nerven. Die gleichfalls segmental angelegten Zwischenrippenmuskeln (Mm. intercostales externi et interni) verändern bei der Kontraktion den Brustkorb in seiner Gesamtheit und sind neben dem Zwerchfell (Diaphragma) die eigentlichen Atemmuskeln.

Die oberflächliche Brustfaszie (Fascia pectoralis) grenzt das Unterhautgewebe gegen die ventralen Gürtelmuskeln ab. Die Brustdrüse liegt außerhalb dieser Faszie im Unterhautfettgewebe. Der große Brustmuskel (M. pectoralis major) beginnt mit seinen Ursprüngen am Schlüsselbein, am Brustbein und den hier angrenzenden Rippenflächen, aber auch im Bereich des vorderen Blattes der Rektusscheide. Seine Großflächigkeit ist durch die Haut gut zu erkennen. Zur Schulter hin drängen sich die Fasern zusammen, wobei die von unten kommenden Teile sich unter die oberen schieben und so gemeinsam die vordere Achselfalte bilden. Daher kann der große Brustmuskel den Schultergürtel senken, heben und nach vorn verschieben. Die direkte Funktion betrifft jedoch das Heranführen (Adduktion) des Armes bis zur Überkreuzung der Arme vor dem Körper, die Hebung nach vorn (Anteversion) und die Innenrotation. Ist der Arm aufgestützt, hilft er bei der Einatmung (Inspiration). Seine Versorgung übernehmen die Nn. pectorales aus dem Armgeflecht (Plexus brachialis). Beim Ausfall der einen Seite kann die Hand nicht auf die gesunde Schulter gelegt werden.

Ihm folgt, durch Faszienzüge getrennt, der kleine Brustmuskel. Er hebt den Brustkorb. Der seitlich gelegene vordere Sägemuskel (M. serratus anterior) besitzt eine eigene Faszie und liegt flach der Thoraxwand an. Seine Ursprungszacken sind gut im Wechsel mit den Ursprüngen des äußeren schrägen Bauchmuskels (M. obliquus externus abdominis) in einer zackenförmigen Linie zu sehen. Er wandert unter dem Schulterblatt zu dessen innerem Rand (Margo medialis) und zum unteren Winkel (Angulus inferior). So führt er den unteren Schulterblattwinkel nach vorn. Dadurch kommt die Schulterhöhe (Acromion) nach hinten, und der Arm kann über die Horizontale erhoben werden.

Die Schichten der Bauchwand sind für die Bewegungsmöglichkeiten, die Stabilität und den Schutz der Eingeweide verantwortlich, da das Skelett nur randbildend erscheint. Das Unterhautbindegewebe ist von Fettgewebe durchsetzt. Danach folgt die allgemeine Körperfaszie. An sie schließen sich die schrägen, queren und geraden Bauchmuskeln mit ihren Sehnenplatten (Aponeurosen) an. Diese erreichen vor oder hinter dem geraden Bauchmuskel (M. rectus abdominis) als Rektusscheide mit einem vorderen und einem hinteren Blatt die Mittellinie (Linea alba). Die sehnigen Unterbrechungen (Intersectiones tendineae) des geraden Bauchmuskels sind fest mit der Muskelscheide verwachsen und bilden die Voraussetzungen für die Kontraktion seiner Einzelabschnitte. Innen von der Rektusscheide liegt die Fascia transversalis, danach folgt das seitliche Bauchfell (Peritoneum parietale).

1 Clavicula (Schlüsselbein)
2 Sternum (Brustbein)
3 Costae (Rippen)
4 Costa II (2. Rippe)
5 Costae spuriae (unechte Rippen)
6 Mamma (Brustdrüse) mit Unterhautgewebe
7 M. pectoralis major (großer Brustmuskel)
8 M. pectoralis minor (kleiner Brustmuskel)
9 M. deltoideus (Deltamuskel)
10 Platysma (Hautmuskel des Halses)
11 M. trapezius (Trapezmuskel)
12 M. sternocleidomastoideus (Kopfwender)

Brustwand und Übergang zu den Bauchregionen unter Herausstellung der tieferen Schichten auf der rechten Seite

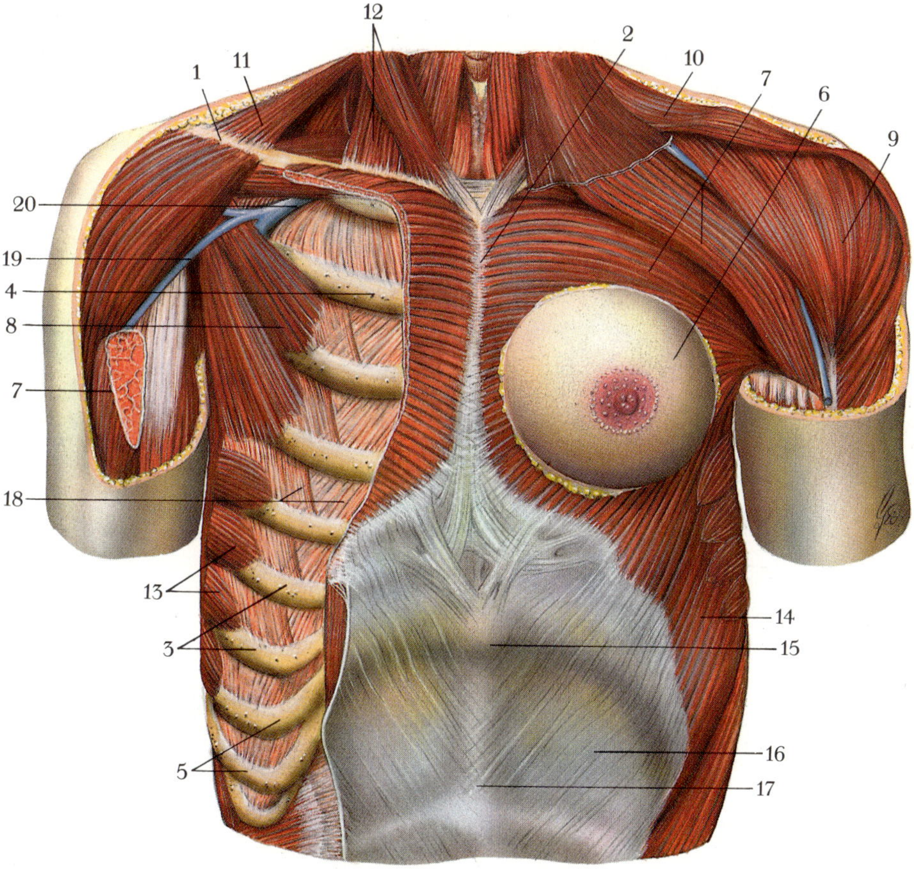

13 M. serratus anterior (vorderer Sägemuskel)
14 M. obliquus externus abdominis (äußerer schräger Bauchmuskel)
15 Processus xiphoideus (Schwertfortsatz des Brustbeins)
16 Vagina musculi recti abdominis, Lamina anterior (vorderes Blatt der Rektusscheide)
17 Linea alba (weiße Linie)
18 Mm. intercostales externi et interni (äußere und innere Zwischenrippenmuskeln)
19 V. cephalica
20 V. subclavia

Leistengegend und Leistenbrüche

Begrenzungen der Leistengegend sind unten das Leistenband (Ligamentum inguinale), oben die Verbindungslinie durch die beiden vorderen oberen Darmbeinstacheln (Spina iliaca anterior superior) und zur Mitte hin der Seitenrand des geraden Bauchmuskels (M. rectus abdominis). Das Leistenband ist ein derber Sehnenstrang der seitlichen Bauchmuskeln, der vom vorderen oberen Darmbeinstachel zum Tuberculum pubicum verläuft und sich durch die Haut wie eine Leiste abtasten läßt (Bild A).

Unmittelbar über dem Leistenband befindet sich der Leistenkanal (Canalis inguinalis), der beim Erwachsenen mit einer Länge von 4 bis 5 cm und einem Verlauf von hinten oben nach vorn unten schräg die Schichten der Bauchwand durchsetzt. Beim Mann enthält er als Hüllsystem den Samenstrang (Funiculus spermaticus) mit dem Samenleiter (Ductus deferens) sowie die begleitenden Blutgefäße, Lymphbahnen und Nerven. Bei der Frau ist der Leistenkanal enger. Zu seinem Inhalt gehören nur das runde Mutterband (Lig. teres uteri), das die Gebärmutter (Uterus) mit den großen Schamlippen (Labia majora) verbindet, und Lymphgefäße. Damit sind Lymphwege zwischen dem äußeren Genitale und der Beckenhöhle vorgegeben.

Dorsal vom Leistenband liegen zwei verschieden große Lücken (Lakunen), die ein Bindegewebsstreifen (Arcus iliopectineus) voneinander trennt. Durch die laterale Muskellücke (Lacuna musculorum) ziehen der M. iliopsoas und der N. femoralis. Durch die mediale Gefäßlücke (Lacuna vasorum) verlaufen die A. und V. femoralis sowie zahlreiche Lymphgefäße. Dicht unterhalb des Leistenbandes hat die nachfolgende Schenkelfaszie (Fascia lata) eine Öffnung, den Hiatus saphenus. Über ihn mündet die große oberflächliche Beinvene, die V. saphena magna, in die tiefer gelegene Schenkelvene (V. femoralis). Hier enden zahlreiche Lymphgefäße, die von den oberflächlichen sowie tiefen Leistenlymphknoten umgeben werden.

Der Leistenkanal des Mannes ist eine schwache Stelle in der Bauchwand, weil nach der Hodenverlagerung manchmal die Verödung des Peritonealfortsatzes (Processus vaginalis peritonei) ausbleibt. So können bewegliche Teile des Darms oder des großen Netzes über den Leistenkanal bis in den Hodensack gelangen. Man spricht dann vom angeborenen, indirekten Leistenbruch (Hernia inguinalis congenita). Bei den direkten Leistenbrüchen handelt es sich um die Aussackung der Bauchwand aufgrund ihrer schwachen Ausbildung. Diese Art erworbener Brüche läßt sich von den vorherigen durch ihre Lage zu den epigastrischen Gefäßen (A. und V. epigastrica inferior) unterscheiden (Bild B, C und D). Beide Brucharten kommen am äußeren Leistenring (Annulus inguinalis superficialis) zum Vorschein und können hier eingeklemmt sein. Die Leistenbrüche sind bei Männern häufiger als bei Frauen. Umgekehrt verhalten sich die Schenkelbrüche (Herniae femorales), die über die Lacuna vasorum im Hiatus saphenus des Oberschenkels sichtbar oder tastbar werden.

Die Brüche werden häufig nach ihren Ausdehnungsmöglichkeiten und damit nach ihrer Größenentwicklung unterschieden. Durch die anatomischen Verhältnisse läßt sich ableiten, daß die indirekten Leistenbrüche eine beträchtliche Größe haben können, während die übrigen durch die Bindegewebsbarrieren keine großen Ausmaße erreichen. Dies bedeutet jedoch nicht, daß damit auch die Einklemmungen seltener wären.

1 Linea alba (weiße Linie)
2 Aponeurose der Bauchmuskeln
3 M. obliquus externus abdominis (äußerer schräger Bauchmuskel)
4 Vordere Hautäste aus dem Lendengeflecht
5 M. obliquus internus abdominis (innerer schräger Bauchmuskel)
6 Ligamentum inguinale (Leistenband)
7 Annulus inguinalis superficialis (äußerer Leistenring)
8 Funiculus spermaticus (Samenstrang)
9 Canalis inguinalis (Leistenkanal) teilweise eröffnet
10 Nodi lymphatici inguinales (Leistenlymphknoten)

Leistengegend des Mannes mit den oberflächlichen Bildungen links und Übergang zum Oberschenkel rechts (Bild A), darunter Schemata zu den Leistenbrüchen (Bild B)

A

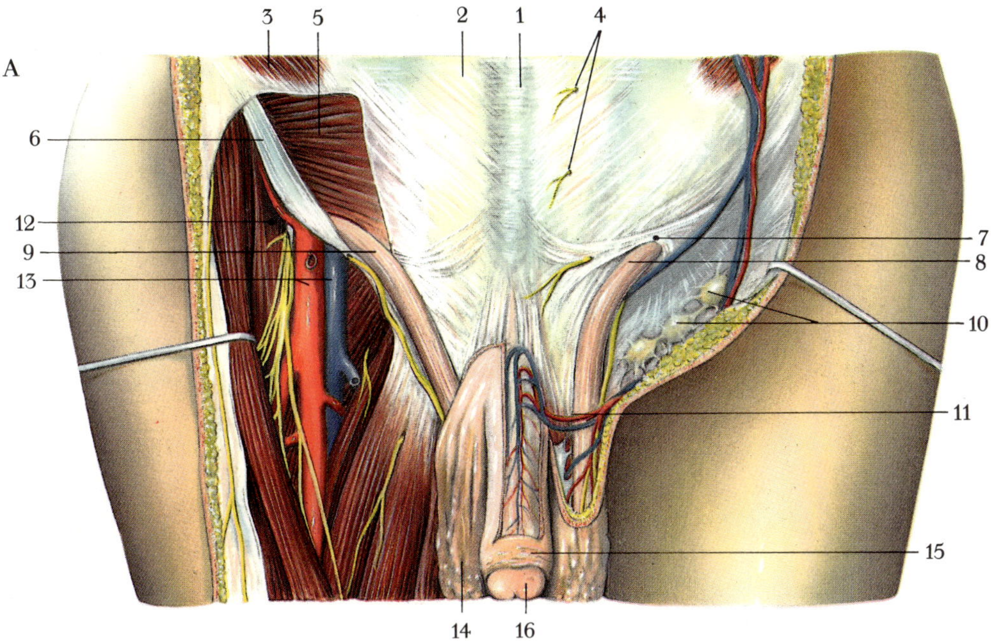

B

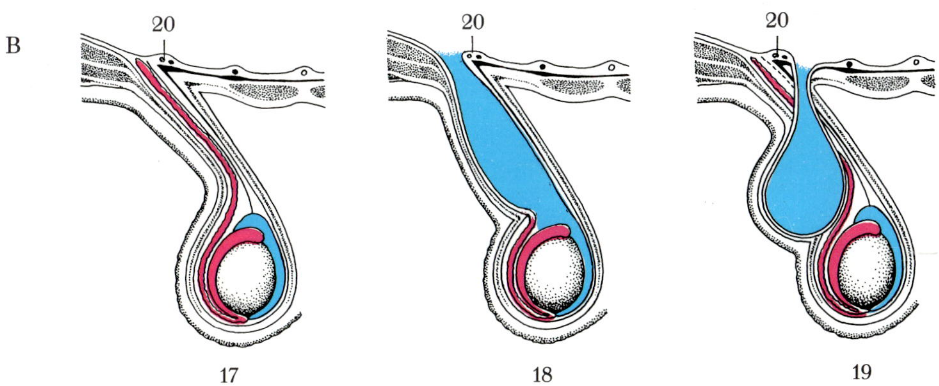

11 Oberflächliche Genitalgefäße
12 Lacuna musculorum mit M. iliopsoas und N. femoralis
13 Lacuna vasorum mit A. und V. femoralis
14 Scrotum (Hodensack)
15 Praeputium (Vorhaut)
16 Glans penis (Eichel)
17 normale Verhältnisse
18 Hernia inguinalis congenita (angeborener indirekter Leistenbruch)
19 Hernia inguinalis acquisita (erworbener direkter Leistenbruch)
20 A. et V. epigastrica inferior

Schultergegend und Achselhöhle

Die Schulter wird von dem Schlüsselbein (Clavicula), dem Schulterblatt (Scapula), dem proximalen Ende des Oberarmknochens (Humerus) und den sie bedeckenden Weichteilen gebildet. Sie kann in eine vordere, seitliche und hintere Schultergegend und in die innen gelegene Achselhöhle gegliedert werden. Als Schultergürtel bezeichnet man das Schlüsselbein und das Schulterblatt. Diese Knochen und der Arm sind durch mehrere vielachsige Gelenke verbunden. Daraus resultiert die enorme Beweglichkeit des Armes. Das Schlüsselbein bildet mit dem Brustbein das innere (Articulatio sternoclavicularis) und die Schulterhöhe (Acromion) mit dem Schlüsselbein das äußere Schlüsselbeingelenk (Articulatio acromioclavicularis). Die größere Gelenkfläche des Schulterblattes (Cavitas glenoidalis) und der Oberarmkopf (Caput humeri) gestalten das eigentliche Schultergelenk (Articulatio humeri) für seine vielfältigen Bewegungsmöglichkeiten.

Die vordere Schultergegend befindet sich unterhalb des Schlüsselbeins. In ihr verläuft oberflächlich die V. cephalica vom Arm kommend und mündet in die V. subclavia. In der Tiefe, zwischen der 1. Rippe und dem Schlüsselbein, befindet sich der Gefäß-Nerven-Strang, die V. subclavia, die A. subclavia und das Armgeflecht (Plexus brachialis). Die großen Gefäße werden hier als V. und A. axillaris bezeichnet. In dieser Gegend ordnet sich das Armgeflecht in die drei großen Faszikel (Fasciculus lateralis, medialis et posterior) um. Unterhalb des Schlüsselbeins befinden sich zahlreiche Lymphknoten, die die Lymphe auch aus der Brustdrüse aufnehmen. Die seitliche Schultergegend entspricht dem Gebiet des Deltamuskels (M. deltoideus). Er überlagert und schützt das Schultergelenk nicht nur, sondern wirkt auch auf das Gelenk selbst. Luxationen (Verrenkungen), bei denen der Oberarmkopf aus der Gelenkpfanne getreten ist, sind durch die Kantigkeit der Schulter auffällig.

Die hintere Schultergegend hat das Schulterblatt, das vollständig von kräftigen Muskeln eingehüllt ist, als Grundlage. An der Innenfläche des Schulterblattes liegen der Unterschulterblattmuskel (M. subscapularis), an der Außenfläche die Ober- und Untergrätenmuskeln (Mm. supraspinatus et infraspinatus). Die Sehnen dieser Muskeln verlaufen über die Gelenkkapsel, halten den Oberarmkopf in der Gelenkpfanne und schützen ebenfalls das Gelenk.

Die Achselhöhle (Fossa axillaris) ist ein in der Tiefe liegender, pyramidenförmiger Raum, durch den der in Fettgewebe eingebettete Gefäß-Nerven-Strang, vor Zerrungen geschützt, vom Hals zum Arm gelangt. Charakteristisch sind die zahlreichen Lymphgefäße und Lymphknoten, die die Lymphe des Armes, der Brustwand und der Brustdrüse aufnehmen. Die enge Nachbarschaft von Nerven und Lymphknoten kann bei deren Erkrankung zu Schwellungen und ausstrahlenden Schmerzen führen. Die Achselhöhle wird vorn von den Brustmuskeln, hinten von den entsprechenden Achselfalten mit ihren Muskeln, medial vom Brustkorb und dem vorderen Sägemuskel und lateral vom Oberarm begrenzt. Den unteren Abschluß bildet die Achselgrube mit der Achselfaszie (Fascia axillaris) und der Haut.

In der Achselhöhle gehen aus den drei Faszikeln des Armgeflechts die Nerven zur motorischen und sensiblen Versorgung des freien Armes hervor. Diese sind z. B. der N. radialis, N. axillaris, N. musculocutaneus, N. medianus, N. ulnaris und Nn. cutanei. Die Verbindungen der Achselhöhle zur vorderen Rumpfwand, zum Rücken und über den Hals zum Brustraum sind ebenfalls wichtig.

1 Clavicula (Schlüsselbein)
2 Costa I (1. Rippe)
3 M. pectoralis major (großer Brustmuskel)
4 M. pectoralis minor (kleiner Brustmuskel)
5 M. serratus anterior (vorderer Sägemuskel)
6 M. subscapularis
7 M. latissimus dorsi (breiter Rückenmuskel)
8 Mm. scaleni (Treppenmuskeln)
9 M. deltoideus (Deltamuskel)
10 M. biceps brachii (zweiköpfiger Oberarmmuskel)
11 Plexus brachialis (Armgeflecht)
12 A. subclavia, V. subclavia
13 V. cephalica

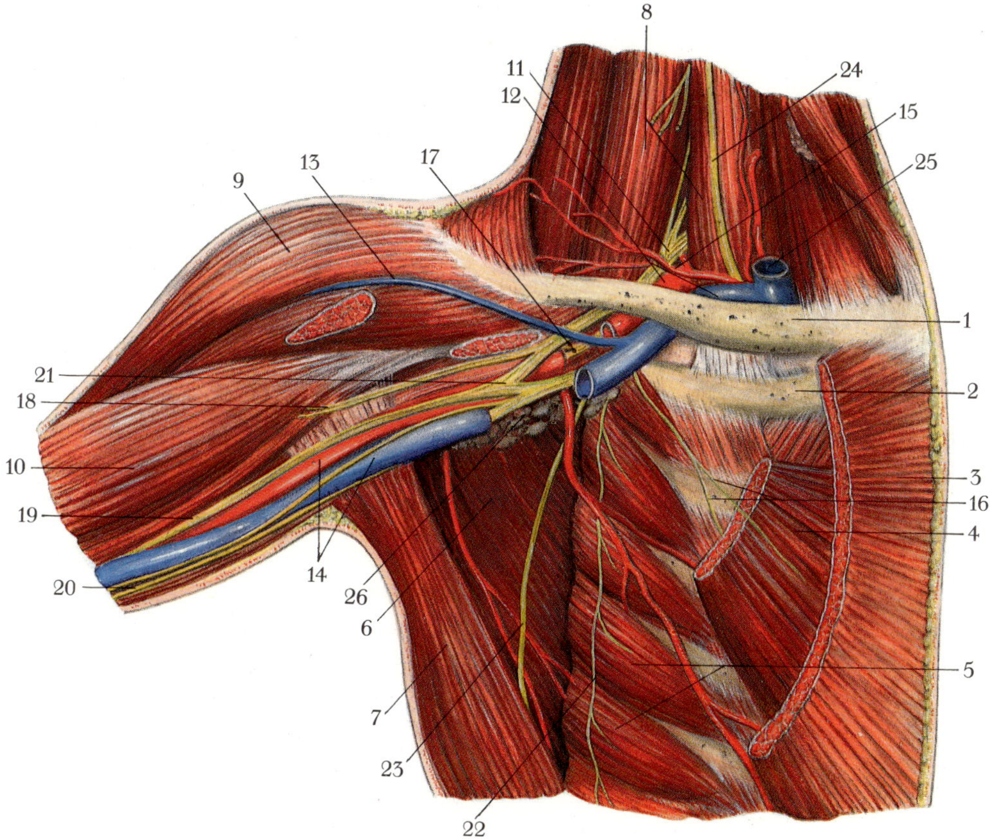

14 A. et V. axillaris
15 A. thoracoacromialis
16 Nn. pectorales
17 N. axillaris, N. radialis
18 N. musculocutaneus
19 N. medianus
20 N. ulnaris
21 Medianusgabel
22 N. thoracicus longus
23 N. thoracodorsalis
24 N. phrenicus
25 V. jugularis interna
26 axilläre Lymphknoten

Bewegungsapparat

Ellenbogen, Unterarm und Hand

Äußerlich läßt sich der Unterarm an der Ellenbeuge vom Oberarm nicht exakt trennen, weil die Muskelzüge des Oberarms auf den Unterarm übergreifen müssen, wenn diese im Ellenbogengelenk (Articulatio cubiti) wirken sollen. Andererseits müssen Unterarmmuskeln vorn bis zum Oberarm reichen, wenn sie die Beuge- und Drehbewegungen unterstützen sollen. Daraus resultiert, daß nur die Dorsalseite des Oberarms gegen den Unterarm korrekt abgeschlossen ist, und zwar am Ellenbogen (Olecranon, manchmal Ellenbogenhöcker) durch den Ansatz des dreiköpfigen Streckers (M. triceps brachii). Die gesamten Gefäß- und Nervenstränge wandern seitlich (radial), in der Mitte oder innen (ulnar), in der Tiefe der Ellenbeuge zum Unterarm. Die Ausnahme bilden die oberflächlichen Venen (Vv. intermediae cubiti) und ihr Übergang zur Kopfvene (V. cephalica) sowie zur Grundvene (V. basilica). Hinzu kommen selbstverständlich Hautnerven. Als Abnormität kann die Speichenarterie (A. radialis) oberflächlich verlaufen. Dies sollte bei den intravenösen Injektionen beachtet werden.

Die Abteilungen des Ellenbogengelenks gestatten eine Scharnierbewegung zwischen dem Oberarm und beiden Unterarmknochen, eine Drehung der Speiche (Radius) gegen den Oberarmknochen (Humerus) und gleichzeitig auch gegen die feststehende Elle (Ulna). Die Bewegung wird als Außenrollung (Supination) bezeichnet, wobei der Daumen nach außen zeigt und der Handteller nach oben weist. Umgekehrt spricht man von der Innenrollung (Pronation). Diese Kombinationen zeigen, daß die vielfältigen Handbewegungen ihren Ausgang im Ellenbogengelenk nehmen und durch die Hand ergänzt werden.

Die Muskeln formieren sich so in Beuger, Strecker, Supinatoren und Pronatoren. Daher spricht man von vorderen (volaren, zur Hohlhand zeigenden) Beugern, die innen mehr an der Elle verlaufen, und von äußeren, die mehr der Speiche anliegen (radiale Gruppe). Letztere wechseln im Handgelenk zu den Streckern, erreichen aber die Finger nicht. Die echten Strecker befinden sich auf der Rückfläche des Unterarms und gehen mit einzelnen Vertretern auf die Finger über.

Die Hand (Manus) wird in die Handwurzel (Carpus, Ossa carpi), die Mittelhand (Metacarpus, Ossa metacarpi) und die Finger (Digiti manus, Ossa digitorum) unterteilt. Die Handwurzelknochen ihrerseits liegen geordnet in zwei Reihen. Beginnt man am Daumen, gehören zur proximalen (rumpfnahen) Reihe das Kahnbein (Os scaphoideum), das Mondbein (Os lunatum), das Dreiecksbein (Os triquetrum) und das Erbsenbein (Os pisiforme). Letzteres ist als Sesambein in die Sehne des inneren Beugers eingeschlossen. In der rumpffernen (distalen) Reihe liegen das große Vieleckbein (Os trapezium), das kleine Vieleckbein (Os trapezoideum), das Kopfbein (Os capitatum) und das Hakenbein (Os hamatum). In der Gesamtheit sind sie zum Handrücken hin konvex, wodurch im Hohlhandbereich eine Längsrinne (Sulcus carpi) entsteht. Ein querverlaufendes Band (Retinaculum flexorum) schafft den Handwurzelkanal (Canalis carpi) für die Sehnen mit den Sehnenscheiden und den Gefäß-Nerven-Strang, die so bis zu den Fingern gelangen.

Die sich anschließenden Mittelhandknochen sind durch straffe Bänder miteinander verbunden, und nur der Daumen (Pollex) hat ein Sattelgelenk zum großen Vieleckbein und erhält so seine Selbständigkeit. Die Fingerknochen bestehen aus dem Grund-, Mittel- und Endglied, aber der Daumen verfügt lediglich über zwei Glieder.

Als Bewegungen sind im proximalen Handgelenk (Articulatio radiocarpea) Beugung (Palmarflexion) und Streckung (Dorsalflexion) sowie Abspreizen ulnar- und radialwärts (Ulnar- und Radialabduktion) möglich. Die Kombination ergibt das Handkreiseln (Zirkumduktion). Die Vielfältigkeit der Bewegungen kommt durch die Finger zustande. Der Daumen erhält seine Greiffunktion durch das Sattelgelenk. Die übrigen Finger haben proximal eingeschränkte Kugelgelenke für das Beugen und Strecken sowie zum Spreizen und Zusammenführen, während alle übrigen Fingergelenke Scharniergelenken entsprechen.

Linker Unterarmquerschnitt im oberen Drittel (Bild A), Bildungen der Hand von der Volarseite (Bild B) und Arterien der Hand (Bild C)

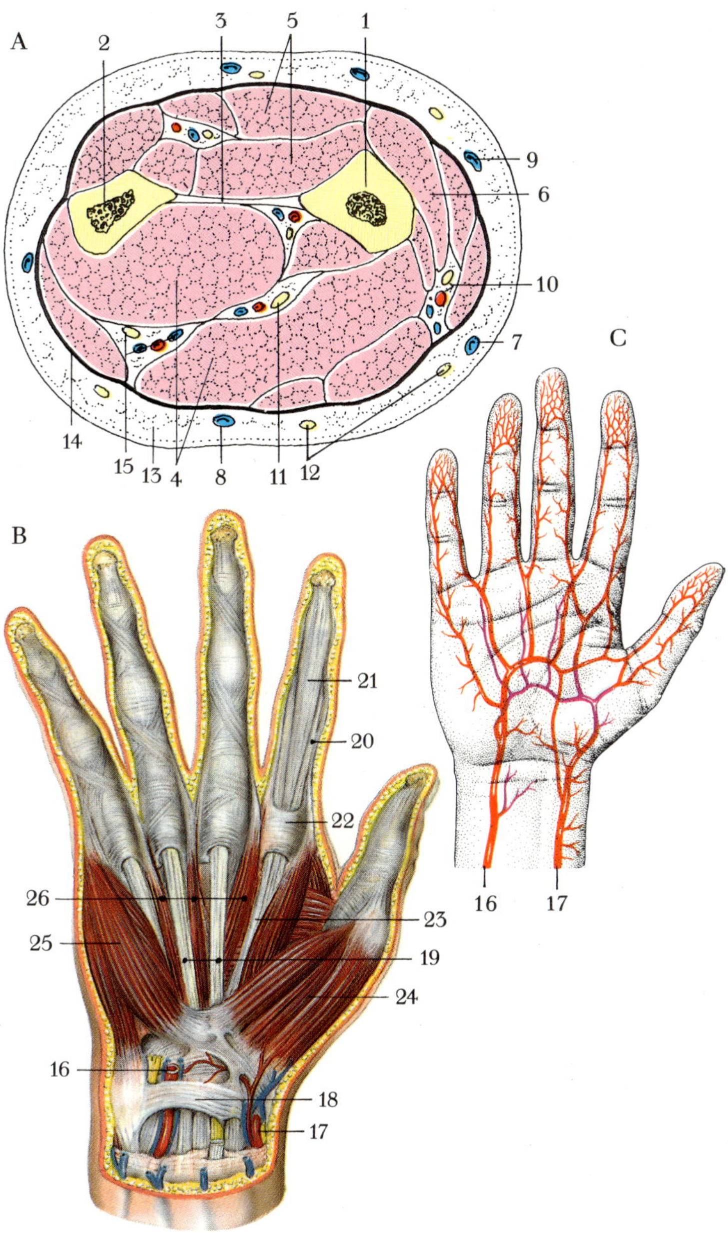

1 Radius (Speiche)
2 Ulna (Elle)
3 Membrana interossea (Zwischenknochenhaut)
4 Flexorengruppe (Beuger)
5 Extensorengruppe (Strecker)
6 radiale Muskelgruppe (Beuger im Ellenbogengelenk, Strecker im Handgelenk)
7 V. mediana antebrachii (mittlere Unterarmvene)
8 V. cephalica (Kopfvene oder Ast davon)
9 V. basilica (Grundvene oder Ast davon)
10 A. radialis (Speichenarterie) et Ramus superficialis nervi radialis (oberflächlicher Teil des Speichennervs)
11 N. medianus (Mittennerv) mit Begleitgefäßen
12 Nervi cutanei (Hautnerven)
13 Unterhautgewebe
14 Fascia antebrachii (Unterarmfaszie)
15 N. ulnaris (Ellennerv) et A. et Vv. ulnares (Ellenschlagader und Venen)
16 A. ulnaris für den oberflächlichen Hohlhandbogen
17 A. radialis in der Tiefe verschwindend für den tiefen Hohlhandbogen
18 Retinaculum flexorum (Halteband für die Beuger der Finger)
19 Sehnen der langen Beuger
20 oberflächlicher langer Beuger
21 tiefer langer Beuger
22 Hülle der Fingersehnenscheiden
23 Palma manus (Hohlhand, Handteller)
24 Thenar (Daumenballen)
25 Hypothenar (Kleinfingerballen)
26 Mm. interossei palmares (Zwischenknochenmuskeln auf der Hohlhandseite)

Bewegungsapparat

Hüfte und Gesäßgebiet

Die knöcherne Grundlage für diese Region bilden das Darmbein (Os ilii), das Sitzbein (Os ischii) und das Schambein (Os pubis) in ihrem Zusammenschluß zum Hüftbein (Os coxae). Bei der Hinzunahme des Kreuzbeins (Os sacrum) entsteht der Beckenring (Pelvis). Die ersten Knochenkerne treten zwischen dem 3. und 6. Keimlingsmonat auf. Sie wachsen in Richtung auf die spätere Hüftgelenkspfanne (Acetabulum) zu, wo sie bis zum 6. Lebensjahr Knorpelfugen aufweisen, die röntgenologisch zur Diagnostik herangezogen werden.

Das Hüftgelenk (Articulatio coxae) bietet mit seiner tiefen Pfanne, die den Oberschenkelkopf (Caput femoris) weitgehend umgreift, eine Gewähr für die Sicherung des Standbeins bei der aufrechten Haltung. Es gestattet auch die vielseitigen Bewegungen des Spielbeins im Sinne eines Kugelgelenks. Zur Verbreiterung der Gelenkpfanne weist diese zusätzlich einen faserknorpligen Ring, die Gelenklippe (Labrum acetabulare), auf (Bild A und B). Durch das starke Pfannendach und die übrigen Gelenkeinrichtungen kommen Verrenkungen (Luxation) nur beim übermäßigen Wegführen des Beines (Abduktion) vor. Bei der angeborenen Hüftgelenksverrenkung handelt es sich um die mangelhafte Pfannenbildung. Die häufigen Schenkelhalsbrüche im höheren Lebensalter beruhen auf einer Verminderung des Knochengewebes (Osteoporose) durch die schlechtere Blutversorgung des Oberschenkelkopfes. So lassen sich auch viele Gelenkkopfnekrosen erklären, bei denen ein künstliches Hüftgelenk (Endoprothese) zum Einsatz kommt. Bei Entzündungen entsteht eine Schonhaltung, wobei das Bein leicht gebeugt und abduziert sowie außenrotiert erscheint, dazu kommt ein Hohlkreuz.

Die Anlagerung der Muskulatur um das Hüftgelenk macht es unmöglich, dieses Gelenk abzutasten. Man benutzt deshalb zur Beurteilung des Gelenks den Bewegungsablauf, die Stellung des großen Rollhügels (Trochanter major) und den Winkel zwischen dem Schaft und dem Schenkelhals des Oberschenkelknochens (Kollodiaphysenwinkel oder CCD-Winkel). Dieser beträgt beim Erwachsenen etwa 120–130° (Bild B).

Die Gesäßregion entspricht etwa der Ausdehnung der äußeren oder hinteren Gesäßmuskeln, wobei der große Gesäßmuskel (M. gluteus maximus) die eigentlichen Gesäßbacken (Nates) bildet. Die gesamte Gruppe dient der Streckung im Hüftgelenk, der Balance beim aufrechten Gang und beim Treppensteigen, der Abduktion und der Außenrotation. Sie sind es auch, die das Becken beim Stand auf einem Bein in horizontaler Stellung halten (M. gluteus medius).

Die Hüft- und Gesäßgegend gilt allgemein als Ort für intramuskulär zu verabreichende Medikamente. Es sollte die ventroglutäale Injektionsstelle nach v. Hochstetter Berücksichtigung finden. Dabei wird die gespreizte Hand so angelegt, daß der Zeigefinger den vorderen oberen Darmbeinstachel (Spina iliaca anterior superior) berührt und der Mittelfinger senkrecht nach oben zum Darmbeinkamm (Crista iliaca) zeigt. Der Spalt zwischen beiden Fingern gilt als Idealstelle, wenn die Finger zusätzlich um 1 bis 2 cm nach kaudal geführt werden. Eine weitere Möglichkeit ergibt sich noch am seitlichen Oberschenkel etwa in der Mitte einer Verbindungslinie zwischen dem großen Rollhügel und der Kniescheibe (Patella), wobei der Daumen in die seitliche Längsfurche des Oberschenkels faßt. Der Einstich erfolgt so in den seitlichen Kopf des vierköpfigen Oberschenkelstreckers (M. vastus lateralis) (Bild C, D und E).

1 Vertebra lumbalis (Lendenwirbel)
2 Discus intervertebralis (Zwischenwirbelscheibe)
3 Lig. iliolumbale
4 Lig. sacroiliacum anterius
5 Lig. sacrotuberale
6 Lig. sacrospinale
7 Crista iliaca (Darmbeinkamm)
8 Ala ossis ilii (Darmbeinschaufel)
9 Spina iliaca anterior superior (oberer vorderer Darmbeinstachel)
10 Foramen obturatum (verstopftes Loch)
11 Trochanter major et minor (großer und kleiner Rollhügel)

Rechtes Hüftgelenk von vorn (Bild A), Frontalschnitt durch die Hüftregion links (Bild B), glutäale (Bild C, D) und laterale intramuskuläre Injektionsstellen (Bild E)

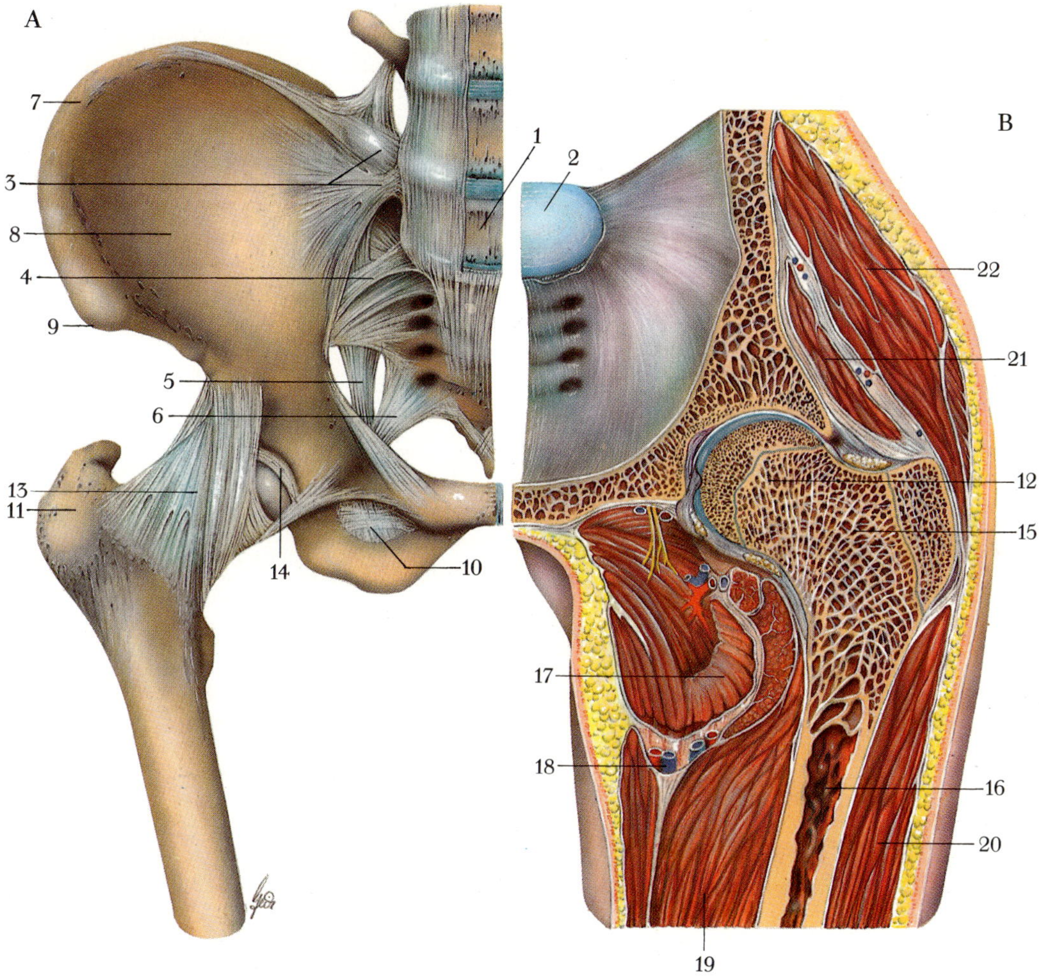

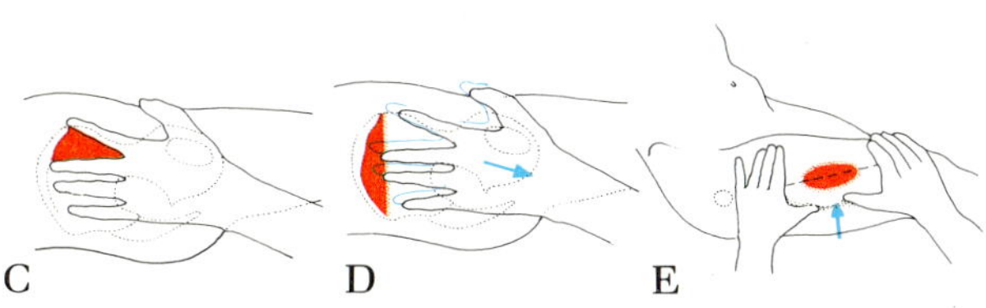

12 Caput femoris (Oberschenkelkopf)
13 Lig. iliofemorale
14 Labrum acetabulare (Gelenklippe)
15 Collum femoris (Schenkelhals)
16 Corpus femoris (Schenkelschaft)
17 Mm. adductorii (Schenkelanzieher)
18 Oberschenkelgefäße
19 M. vastus medialis (innerer Kopf des Quadrizeps)
20 M. vastus lateralis (seitlicher Kopf des Quadrizeps)
21 tiefe Gesäßmuskulatur
22 mittlerer Gesäßmuskel

Oberschenkel- und Kniegegend

Die äußere Betrachtung des Oberschenkelbereichs läßt erkennen, daß das Schenkelbein (Femur) allseitig von Muskulatur umhüllt ist und nur das seitliche obere Ende als großer Rollhügel (Trochanter major) sowie distal die gewölbten Knorren (Condyli) mit der vorn aufgelagerten Kniescheibe (Patella) gut tastbar sind. Diese Verhältnisse gestatten, das Kniegelenk gut zu lokalisieren und die angrenzenden Teile des Schienbeins (Tibia) festzulegen. Seitlich davon springt der Kopf (Caput) des Wadenbeins (Fibula) vor. Auf der Rückseite entsteht durch die Knorren und das Auseinanderweichen der Muskulatur und deren Sehnen die typische Kniekehle (Fossa poplitea).
Die tiefen Schenkelgefäße liegen proximal an der Vorderseite. Eine günstige Palpationsstelle für die Schenkelarterie (A. femoralis) ergibt sich distal vom Halbierungspunkt des Leistenbandes, wo sie etwas medial davon verläuft. Hier besteht die Möglichkeit der intraarteriellen Injektion. Ist die Arterie verletzt, muß sie sofort gegen die Eminentia iliopectinea des Hüftknochens gedrückt werden, weil sonst eine Verblutung nach maximal 5 Minuten möglich wäre. Im weiteren Verlauf spaltet sie sich in 2 große Äste, die teilweise durch den Schneidermuskel (M. sartorius) geschützt sind. Der gerade verlaufende Ast gelangt zusammen mit 2 gleichnamigen Venen durch einen Muskelschlitz, den Adduktorenkanal, von der Vorderseite des Oberschenkels in die Kniekehle und umgekehrt. Beim gebeugten Knie sind die Gebilde gut zugänglich. Die A. poplitea liegt medial, eingerahmt von den Venen, lateral der N. tibialis. Diese Ordnung wird am distalen Ende der Kniekehle aufgegeben. Vor einer Dauerunterbindung der Kniekehlenarterie wird gewarnt, weil in etwa 80 % der Fälle Unterschenkel und Fuß absterben würden.

Die Formgebung der ganzen Region ist durch die straffe Schenkelfaszie (Fascia lata) und deren zusätzliche Verstärkungen, besonders lateral (Tractus iliotibialis), bedingt. Zwischen der Haut und der Faszie liegen wichtige Unterhautbildungen, so die oberflächlichen Leistenlymphknoten mit ihren Gefäßen aus dem gesamten Bein und entsprechenden Venen, die erst unterhalb des Leistenbandes in die tiefen Anteile münden. Hier spielt die große Rosenvene (V. saphena magna) eine besondere Rolle, weil dieses Gefäß am medialen Knöchel beginnt, über die Kniekehle verläuft, medial vom Schneidermuskel über die Vorderseite des Oberschenkels zieht und erst unterhalb des Leistenbandes am Hiatus saphenus in die tiefe Schenkelvene gelangt (Krampfaderbildung, Varikosis).
Vorn und an beiden Seiten des Oberschenkels bilden die vier Anteile des M. quadriceps femoris fast die gesamte Muskelmasse, während der Schneidermuskel, eingescheidet in eine Faszie, von lateral oben nach medial unten verläuft und in der Kniegelenksgegend hinter dem medialen Kondylus liegt. Der stark entwickelte M. vastus lateralis des M. quadriceps femoris ist für intramuskuläre (i. m.) Injektionen bei Kindern der vorgeschriebene Ort und kann auch sonst dazu genutzt werden.
Die dorsal liegenden Beuger (Flexoren) werden auch als ischiokrurale Muskeln bezeichnet, weil sie am Sitzhöcker (Tuber ischiadicum) entspringen und ihren Ansatz unmittelbar unterhalb der Kniekehle am Unterschenkel haben.
Proximal sind zwischen Extensoren und Flexoren medial die Adduktoren eingekeilt und bilden den Oberschenkelinnenrand.
Die Schleimbeutel oberhalb und unterhalb der Kniescheibe treten normalerweise nicht in Erscheinung. Sie stellen Gleiteinrichtungen dar.

1 Femur (Schenkelknochen)
2 M. rectus femoris (gerader Anteil des M. quadriceps femoris)
3 M. vastus intermedius (Anteil des M. quadriceps femoris)
4 Patella (Kniescheibe)
5 Tibia (Schienbein)
6 Tuberositas tibiae (Ansatz des M. quadriceps femoris)
7 Condylus femoris (Knorren)
8 hyaliner Knorpelüberzug
9 Cavitas articularis (Gelenkhöhle)
10 Bursa suprapatellaris et infrapatellaris (Schleimbeutel oberhalb und unterhalb der Kniescheibe)
11 Corpus adiposum infrapatellare (Fettkörper)

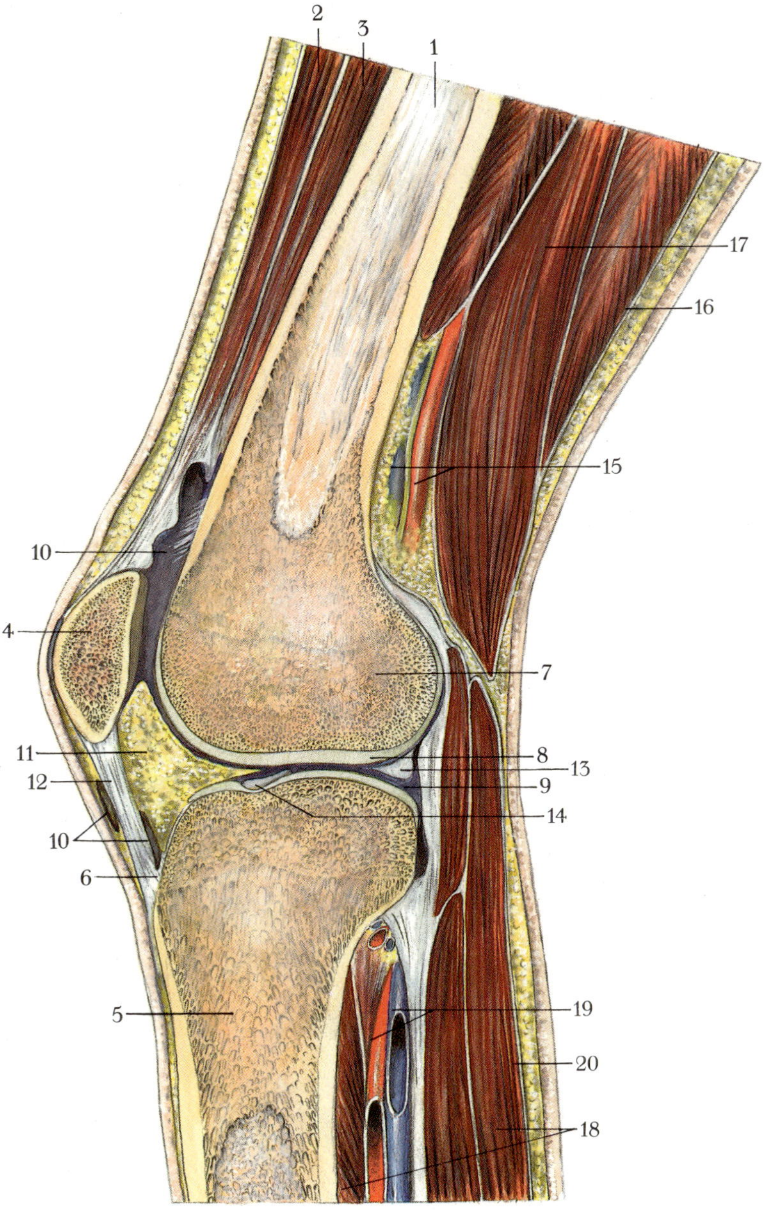

12 Lig. patellae (Kniescheibenband)
13 Meniscus lateralis (äußerer Meniskus)
14 Lig. cruciatum anterius (vorderes Kreuzband)
15 A. et V. poplitea
16 Fascia lata (Schenkelfaszie)
17 Flexoren des Oberschenkels
18 Wadenmuskeln (oberflächlich und tief)
19 A. et V. tibialis posterior
20 Fascia cruris (Unterschenkelfaszie)

Kniegelenk und Unterschenkel

Im Zentrum der Knieregion liegt das Kniegelenk (Articulatio genus). Bei diesem Scharnier- und Drehgelenk ist neben der Beugung und Streckung in der Beugestellung noch eine Drehung (Rotation) möglich.
Als Gelenkkopf dienen die nach hinten mehr gewölbten Knorren (Condyli) des Oberschenkelknochens, denen die fast ebenen Gelenkflächen des Schienbeins (Tibia) als Gelenkpfannen gegenüberstehen. Die Kontaktflächen beider Knochen sind, ebenso wie die Rückfläche des eingelagerten Sesambeins, der Kniescheibe (Patella), von hyalinem Knorpel überzogen. Aus der Großflächigkeit der Gelenkkörper, der Einlagerung der faserknorpligen Menisken, dem Hineinragen eines Fettkörpers vorn (Corpus adiposum intrapatellare) und dem Vorhandensein innerer Kreuzbänder (Ligg. cruciata) ergeben sich eine Reihe von Faktoren, die sich bei Veränderungen negativ auswirken können. Die Gelenkkapsel ist durch das mediale Kollateralband und die seitlichen Sehnenanteile des Oberschenkelstreckers (M. quadriceps) verstärkt. An allen belasteten Stellen befinden sich am Kniegelenk Schleimbeutel (Bursae).
Neben dem erwähnten Strecker umlagern die übrigen Sehnen der Oberschenkelmuskeln so das Kniegelenk, daß sie hinter dem inneren oder äußeren Knorren verlaufen. Daraus läßt sich neben der Beugung eine Innen- oder Außenrotation ableiten (Bild A). Die Menisken gelten für die Femurkondylen als transportable Gelenkpfannen. Sie übernehmen den umschriebenen Druck des Femurs und übertragen ihn großflächig auf die Gelenkflächen der Tibia, ohne daß das obere und untere Gelenk vollständig unterteilt wird (Bild B).
Dies ist besonders bei der Streckung der Fall, wo außerdem die Kollateralbänder und das vordere Kreuzband maximal gespannt sind. In der letzten Phase der Streckung folgt eine zwangsläufige Schlußrotation des Spielbeins durch eine Außenrotation der Tibia um etwa 5°. Sie wird bewirkt durch den Einfluß des Tractus iliotibialis, um die 180° des Standbeins zu erreichen. Ist die Tibia fixiert, kann eine Innenrotation des Femurs die gleiche Wirkung herbeiführen. Neugeborene erreichen wegen der Schrägstellung der Gelenkpfanne (Retroversio tibiae) keine maximale Streckung.
Beim gebeugten Knie werden die Kreuzbänder wirksam. Dabei ist die Innenrotation geringer als die Außenrotation. Es wickeln sich die Kreuzbänder umeinander. Bei der Beugung und Außenrotation verlagert sich der mediale Meniskus sehr stark auf dem Unterschenkel, obwohl er zusätzlich fest an das Kollateralband geheftet ist. Im Resultat kommt es häufig zum Ein- oder Abriß des vorderen Sichelrandes (Vorderhorn). Lang anhaltende Fehlbelastungen durch eine X- oder O-Beinstellung im Kniegelenk, aber auch Veränderungen am Knorpelüberzug können zu Instabilitäten führen (Wackelgelenk). Beim Abreißen von Kreuzbandanteilen kommt es zum sog. Schubladenphänomen.
Die Knochen des Unterschenkels, Schienbein (Tibia) und Wadenbein (Fibula), sind durch feste Bindegewebszüge (Membrana interossea cruris) miteinander verbunden (Bild C). Die vordere Muskelgruppe (Extensoren) befindet sich in einer Rinne zwischen beiden Knochen, so daß die ganze mediale Fläche des Schienbeins gut tastbar ist, zumal das Fettgewebe fehlt. Schwellungen (Ödeme) lassen sich leicht feststellen, weil nach einem Fingerdruck vorübergehend eine Delle entsteht. Das Wadenbein ist bedeckt von den Wadenmuskeln (Mm. peroneus longus et brevis). Frei bleibt proximal der Wadenbeinkopf und distal der äußere Knöchel (Malleolus lateralis). Den stärksten Verband bilden die Wadenmuskeln (Flexoren). Die oberflächlichen Anteile (M. triceps surae) ziehen zur Ferse (Achillessehne), und die tiefen Teile gelangen hinter dem inneren Knöchel zur Fußsohle.

Querschnitt durch den distalen Oberschenkel (Bild A), Aufsicht auf die Gelenkpfanne mit den Menisken (Bild B) und Querschnitt durch den proximalen Unterschenkel (Bild C)

A

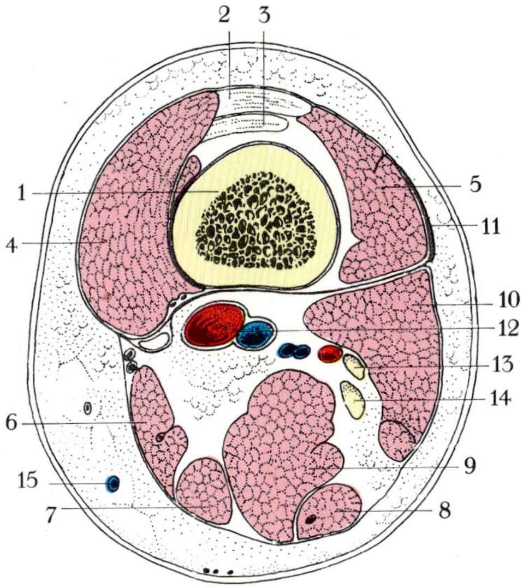

B

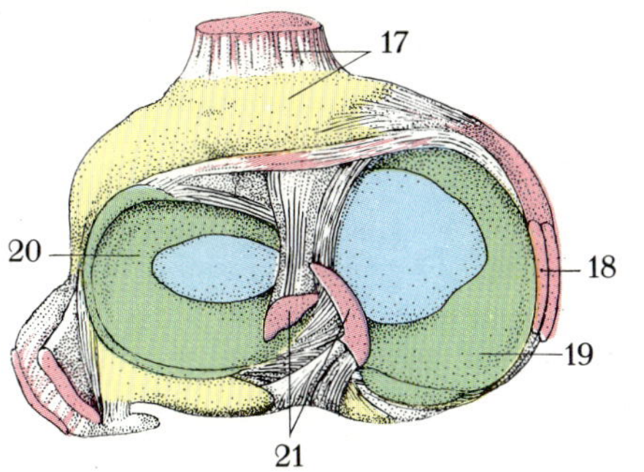

C

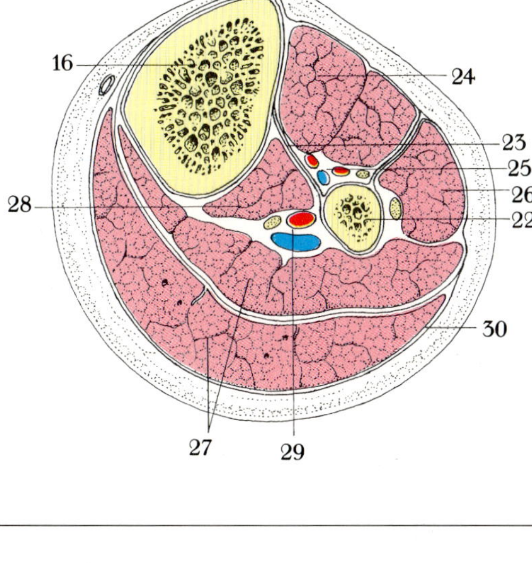

1 Femur (Schenkelbein)
2 Sehne des M. rectus femoris
3 Sehne des M. vastus intermedius
4 M. vastus medialis
5 M. vastus lateralis (2–5 sind Anteile des M. quadriceps femoris)
6 M. sartorius (Schneidermuskel)
7 M. gracilis (schlanker Muskel)
8 M. semitendinosus (halbsehniger Muskel)
9 M. semimembranosus (halbmembranöser Muskel)
10 M. biceps femoris (zweiköpfiger Oberschenkelmuskel)
11 Fascia lata (Schenkelfaszie)
12 A. et Vv. popliteae
13 N. fibularis (peroneus) communis
14 N. tibialis
15 V. saphena magna
16 Tibia (Schienbein)
17 Tuberositas tibiae mit Lig. patellae
18 Lig. collaterale tibiale
19 Meniscus medialis
20 Meniscus lateralis
21 Lig. cruciatum anterius et posterius (vorderes und hinteres Kreuzband)
22 Fibula (Wadenbein)
23 Membrana interossea cruris (Zwischenknochenmembran)
24 Extensorengruppe
25 A. et V. tibialis anterior, N. fibularis profundus
26 fibulare oder Peroneusgruppe mit N. fibularis superficialis
27 oberflächliche Wadenmuskeln
28 tiefe Wadenmuskeln
29 A. et V. tibialis posterior, N. tibialis
30 Fascia cruris (Unterschenkelfaszie)

Der Fuß und seine Teile

Der Fuß (Pes) kann in die Fußwurzel (Ossa tarsi, Tarsus), den Mittelfuß (Ossa metatarsi, Metatarsus) und die Zehen (Digiti pedis) unterteilt werden. Das Sprungbein (Talus) der Fußwurzel ist über das obere Sprunggelenk (Articulatio talocruralis) mit den beiden Unterschenkelknochen verbunden. Dabei sind die Tibia und die Fibula durch eine bandhafte Verbindung (Syndesmosis tibiofibularis) als Knöchelgabel zusammengefügt, die zangenartig die Gelenkflächen am Talus umklammert und durch die Seitenbänder verstärkt wird. Über eine quere Achse durch die Knöchel erfolgen Beugung und Streckung.

Der zweite große Knochen der Fußwurzel ist das Fersenbein (Calcaneus). Die anderen Knochen der Fußwurzel, das Kahnbein (Os naviculare), die 3 Keilbeine (Ossa cuneiformia) und das Würfelbein (Os cuboideum) sind kleiner und sind Bindeglied zu den Mittelfußknochen. Talus, Calcaneus und Os naviculare stellen die Gelenkflächen für das untere Sprunggelenk (Articulatio talotarsalis), das durch ein kräftiges Zwischenknochenband (Lig. talocalcaneum interosseum) in eine hintere Kammer (Articulatio subtalaris) und eine vordere Kammer (Articulatio talocalcaneonavicularis) geteilt wird (Bild A). In diesem gemeinsamen Gelenk erfolgen die Umwendbewegungen (Pro- und Supination) des Fußes um eine schrägverlaufende Achse. Die anderen Gelenke zwischen den Knochen der Fußwurzel und des Mittelfußes sind als straffe Gelenke (Amphiarthrosen) so gebaut, daß nur ein federndes Wackeln möglich ist. Dagegen können die Grund-, Mittel- und Endgelenke der Zehen gebeugt und gestreckt werden. In den Grundgelenken sind auch Spreizbewegungen möglich. Die große Zehe (Hallux) besitzt nur ein Grund- und Endgelenk für Scharnierbewegungen. Bau und Beweglichkeit sind dem aufrechten Stand und Gang durch ein Längs- und Quergewölbe angepaßt (Bild A). Das Längsgewölbe verläuft besonders über den Innenrand des Fußes, die Außenseite ist weit weniger gewölbt. Dagegen ist das Quergewölbe vor allem im Bereich der Basis der Mittelfußknochen und den angrenzenden Keilbeinen ausgebildet (Bild B). Die Gewölbe werden durch die Form und die Lage der Fußknochen vorbestimmt sowie durch die Wirkung von Bändern und Muskeln aufrechterhalten.

Die Muskeln greifen gestaffelt an der Fußwurzel, dem Mittelfuß und an den Zehen an. Durch die langen Extensoren erfolgt die Hebung des Vorderfußes und der Zehen (Dorsalflexion) sowie des äußeren Fußrandes (Pronation) wegen der schrägen Achse im unteren Sprunggelenk. Gegenspieler stellen die kräftigen Wadenmuskeln dar. Der M. tricpes surae setzt über die Achillessehne am Fersenbeinhökker an und ist der stärkste Beuger. Er bewirkt die Beugung (Plantarflexion) bei gleichzeitiger Hebung des inneren Fußranders (Supination). Die tiefen Muskeln unterstützen diese Funktion, sind jedoch durch ihren Verlauf teilweise Haltemuskeln zur Stabilisierung des Längsgewölbes, weil sie die Zehen erreichen. Die Wadenbeinmuskeln beteiligen sich an der Plantarflexion und an der Pronation.

Bei einem normal geformten Fuß ruht das Körpergewicht beim Stand auf der Ferse und den Köpfchen des 1. und 5. Mittelfußknochens, den Teilen der Fußsohle, die auch besonders durch Fettgewebe gepolstert sind. Ein Absinken des Längsgewölbes führt gewöhnlich zur Bildung eines Plattfußes (Pes planus), während der Spreizfuß (Pes transversoplanus) durch eine Abflachung vor allem des Quergewölbes bedingt wird. Aus dieser Ausgangslage ergeben sich die Spreiz-Plattfüße (Pes valgoplanus). Im Zehenbereich tritt häufig eine Lateralabweichung der Großzehe (Hallux valgus) auf, besonders beim weiblichen Geschlecht.

1 Tibia (Schienbein)
2 Talus (Sprungbein)
3 Calcaneus (Fersenbein)
4 Os naviculare (Kahnbein)
5 Os cuboideum (Würfelbein)
6 Os cuneiforme laterale, intermedium et mediale (Keilbeine)
7 Ossa metatarsi (Mittelfußknochen)
8 Grund-, Mittel- und Endphalanx II
9 M. tibialis anterior
10 M. triceps surae
11 M. flexor hallucis longus
12 Tendo calcaneus (Achillessehne) mit Bursa (Schleimbeutel) und Fettgewebe

Längsschnitt durch den Fuß mit dem Längsgewölbe (Bild A), Darstellung des Quergewölbes mit den aktiven Sicherungselementen (Bild B) und Fußskelett (Bild C)

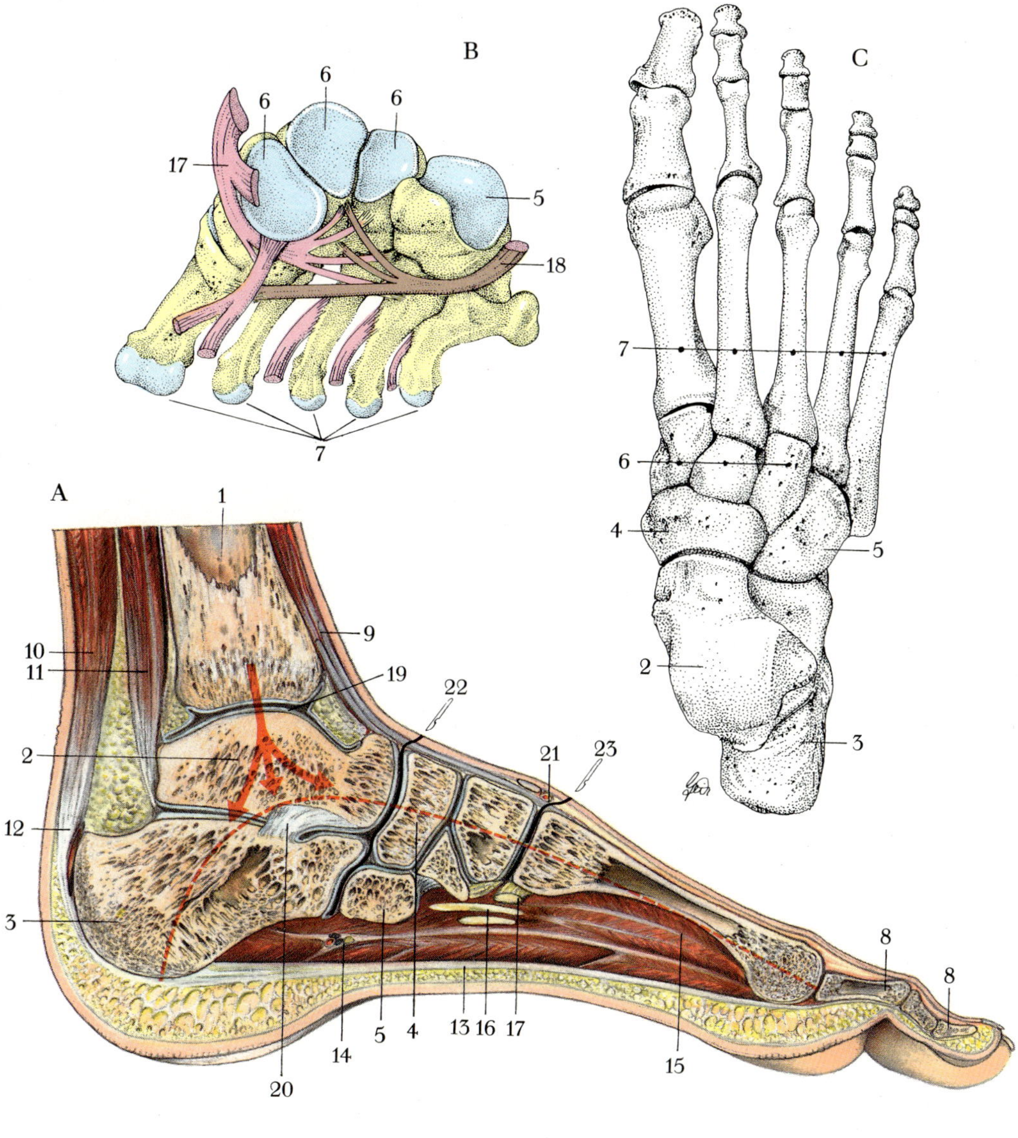

13 Aponeurosis plantaris (Sehnenplatte des Fußes)
14 A., V. et N. plantaris lateralis
15 kurze Fußsohlenmuskeln
16 Sehnen der langen Zehenbeuger
17 Sehne des M. tibialis posterior
18 Sehne des M. peroneus longus
19 Articulatio talocruralis (oberes Sprunggelenk)
20 Lig. talocalcaneum interosseum und unteres Sprunggelenk
21 A. dorsalis pedis
22 Gelenk- oder Amputationslinie nach Chopart
23 Gelenk- oder Amputationslinie nach Lisfranc

Kopf und Hals

Systematische und topographische Übersicht des Kopfes

Von der Mittellinie aus werden in der eröffneten Schädelhöhle große Teile des Gehirns sichtbar. Vom Großhirn (Telencephalon) sind es vor allem die Stirn-, Scheitel- und Hinterhauptslappen mit ihren zahlreichen Windungen (Gyri) und Furchen (Sulci). Unmittelbar darunter folgen der Balken (Corpus callosum), Teile des Gewölbes (Fornix) und das die Vorderhörner der Seitenventrikel trennende Septum pellucidum. Vom Zwischenhirn (Diencephalon) sind es die großen Kernareale des Sehhügels (Thalamus) und des unter ihm befindlichen Hypothalamus sowie die dorsal liegende Zirbeldrüse (Corpus pineale).

Der Hypothalamus enthält wichtige Kerngebiete für vegetative Funktionen und produziert Hormone, die zum Hypophysenhinterlappen (Neurohypophyse) weitergeleitet werden. Es handelt sich um Oxytocin, das die Kontraktion der glatten Uterusmuskulatur während des Geburtsvorgangs bewirkt (Wehen). Das Adiuretin sorgt vor allem für die Wasserrückresorption in der Niere und erhöht den Blutdruck.

Der Vorderlappen (Adenohypophyse) der Hirnanhangsdrüse (Hypophyse) bildet selbst Hormone, die das Wachstum fördern, auf die Keimdrüsen wirken, die Schilddrüse stimulieren und die Nebennierenrinde anregen. Diese Funktionen sind abhängig von den sogenannten »Steuerhormonen« des Hypothalamus. Direkt vor der Hirnanhangsdrüse verläuft die Sehnervenkreuzung (Chiasma opticum).

Das Mittelhirn (Mesencephalon) wird von der Hirnwasserleitung (Aquaeductus mesencephali) durchsetzt, die den III. mit dem IV. Ventrikel verbindet. Dorsal vom Aquaeductus mesencephali liegt die Vierhügelplatte (Lamina tecti), und ventral die Haube (Tegmentum).

Das Rautenhirn (Rhombencephalon) unterteilt sich ventral in die Brücke (Pons) und das verlängerte Mark (Medulla oblongata) sowie in das nach dorsal vom IV. Ventrikel gelegene Kleinhirn (Cerebellum). Letzteres gliedert sich in den unpaaren Wurm (Vermis) und in die paarigen Kleinhirnhemisphären (Hemisphaeriae cerebelli).

Im Gesichtsschädelbereich sind die Lagebeziehungen von Nasen-, Stirn- und Keilbeinhöhlen zur Schädelbasis und zu den angrenzenden Hirnarealen wichtig. Die Seitenwand der Nasenhöhle wird von den drei Nasenmuscheln (Conchae nasales) gestaltet. Ihre hinteren Öffnungen (Choanae) münden in den Nasen-Rachen-Raum, wo auch die äußere Öffnung der Ohrtrompete (Tuba auditiva) endet.

Der Gaumen trennt Nasen- und Mundhöhle. Die Zunge füllt fast vollständig die Mundhöhle (Cavitas oris propria) aus. Nach kaudal folgt der Mundboden (Diaphragma oris). Am Übergang von der Mundhöhle zum Rachenraum befinden sich die Zungenmandel (Tonsilla lingualis) und die paarigen Gaumenmandeln (Tonsillae palatinae), die Anteile des lymphatischen Rachenringes sind. Die Rachenmandel (Tonsilla pharyngealis) liegt an der Grenze des Nasen-Rachen-Raumes. Der Rachen oder Schlund (Pharynx) besitzt drei Abschnitte, den Nasenanteil (Pars nasalis), den Mundabschnitt (Pars oralis) und den Bereich oberhalb des Kehlkopfeingangs (Pars laryngea).

1 Telencephalon (Großhirn)
2 Corpus callosum (Balken)
3 Septum pellucidum (durchscheinende Trennwand)
4 Fornix (Gewölbe)
5 Thalamus (Sehhügel)
6 Hypothalamus
7 Chiasma opticum (Sehnervenkreuzung)
8 Hypophyse (Hirnanhangsdrüse)
9 Corpus pineale (Zirbeldrüse)
10 Lamina tecti (Vierhügelplatte)
11 Aquaeductus mesencephali (Hirnwasserleitung)
12 Tegmentum (Haube)
13 Ventriculus IV
14 Cerebellum (Kleinhirn)

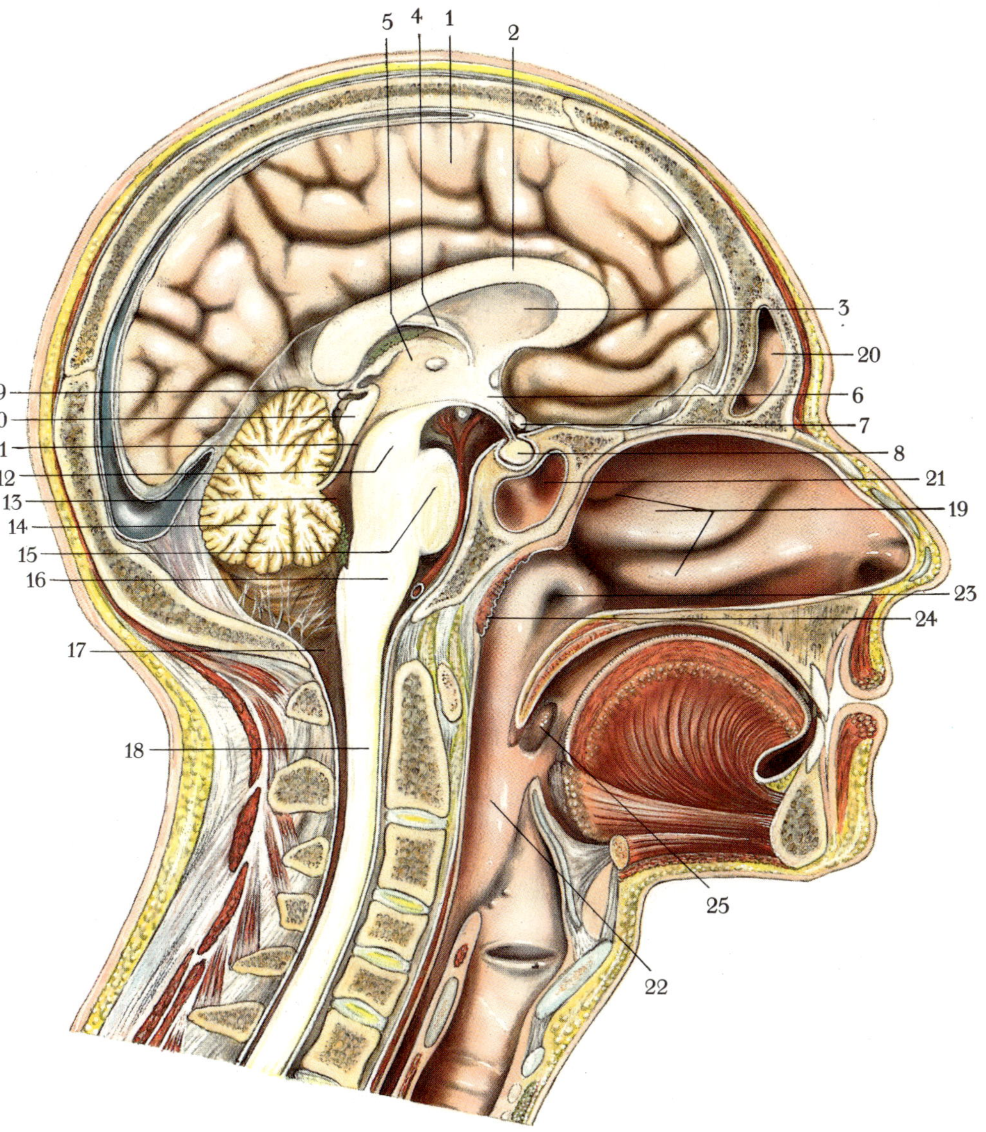

15 Pons (Brücke)
16 Medulla oblongata (verlängertes Rückenmark)
17 Cisterna cerebellomedullaris
18 Medulla spinalis (Rückenmark)
19 Concha nasalis superior, medius et inferior (Nasenmuscheln)
20 Sinus frontalis (Stirnhöhle)
21 Sinus sphenoidalis (Keilbeinhöhle)
22 Pharynx (Rachen)
23 Ostium pharyngeum tubae auditivae (Öffnung der Ohrtrompete)
24 Tonsilla pharyngealis (Rachenmandel)
25 Tonsilla palatina

Kopf und Hals

Schädel und oberflächliches Kopfgebiet

Die 22 Knochen des menschlichen Schädels (Ossa cranii) sind beim Erwachsenen bis auf den Unterkiefer (Mandibula) durch Nähte (Suturae) fest miteinander verbunden.
Zum Gehirnschädel (Neurocranium) zählen die Knochen der Hirnkapsel mit dem Schädeldach (Calvaria) und der Schädelbasis (Norma basilaris oder Basis cranii). Die Knochen des Gesichtsschädels (Viszerokranium) bilden die Grundlage für das Gesicht mit den Augenhöhlen (Orbitae), der Nase und den Nasennebenhöhlen (Cavitas nasi, Sinus paranasales) sowie der Mundhöhle (Cavitas oris) mit den Zähnen (Dentes).
Die Bauweise des Schädels ist äußerst kompliziert. Allein an der Gestaltung der Augenhöhle sind 7 Knochen beteiligt. 3 Öffnungen verbinden die Augenhöhle mit der Schädelhöhle (Cavitas cranii) bzw. der Flügelgaumengrube (Fossa pterygopalatina) in der tiefen Gesichtsgegend. Die knöcherne Nasenhöhle wird vom Nasenbein (Os nasale), dem Oberkieferknochen (Maxilla) sowie dem Siebbein (Os ethmoidale) aber auch vom Pflugscharbein (Vomer) und dem Gaumenbein (Os palatinum) begrenzt. Diese Anordnung ermöglicht, daß der Oberkieferknochen und das Gaumenbein einerseits den Boden der Nasenhöhlen und andererseits das Dach der Mundhöhle, den harten Gaumen (Palatum durum) bilden. Seitlich und vorn besitzt der Oberkieferknochen seinen nach unten gerichteten zahntragenden Fortsatz (Processus alveolaris). Da sich die Frontzähne der beiden Kiefer nicht völlig kongruent gegenüberstehen, kommt es zum natürlichen Scherenbiß. Seitlich vom Oberkieferknochen sind das Jochbein (Os zygomaticum), das Schläfenbein (Os temporale) und der Jochbogen (Arcus zygomaticus) an der Gestaltung der individuellen Gesichtsform mitbestimmend. Über eine gedachte senkrechte Linie, die beim Blick geradeaus durch die Pupille geht, etwa in der Mitte das Ober- und Unterlid durchquert und bis zur Stirn und zum Unterkiefer verlängert wird, lassen sich drei typische sensible Austrittsstellen des Drillingsnervs (N. trigeminus) bestimmen.
Am äußeren Kopfbereich unterscheidet man 2 Muskelgruppen: die mimischen Muskeln und die eigentliche Kaumuskulatur. Die die Mimik prägenden Muskeln besitzen keine Faszie, setzen mit zarten Fasern an der Haut bzw. an der Schleimhaut an und gestalten so das Mienenspiel des Gesichts. Diese Muskeln gruppieren sich um die knöchernen und knorpeligen Anteile der Öffnungen des Gesichts. Ihre motorische Innervation übernimmt der Gesichtsnerv (N. facialis). Die Kaumuskeln wirken auf das Kiefergelenk (Articulatio temporomandibularis) in Form des Mundschlusses und der Mahlbewegungen. Sie werden versorgt durch Äste des Unterkiefernerven (Teile des N. mandibularis aus dem N. trigeminus).
Unmittelbar vor dem Ohr liegt die Ohrspeicheldrüse (Glandula parotidea) mit ihrem Ausführungsgang (Ductus parotideus). Dieser verläuft horizontal unter dem Jochbogen, durchbricht dann den Wangenmuskel (M. buccinator) und mündet gegenüber dem 2. oberen Molaren in den Mundvorhof (Vestibulum oris). Die derbe Bindegewebshülle der Drüse wird bei Entzündungen des Organs in schmerzhafte Spannung versetzt, z. B. beim Ziegenpeter (Mumps). Durch das Drüsengewebe verläuft außerdem der Gesichtsnerv, der sich am Vorderrand der Drüse radiär für die mimischen Muskeln aufzweigt. Die oberflächliche Gesichtsgegend entspricht hauptsächlich der Ausbreitung der A. und V. facialis.

1 Os frontale (Stirnbein)
2 Os parietale (Scheitelbein)
3 Foramen supraorbitale (Oberaugenhöhlenloch) mit Ästen des N. frontalis
4 Os temporale (Schläfenbein)
5 Os lacrimale (Tränenbein)
6 Os nasale (Nasenbein)
7 Os zygomaticum (Jochbein)
8 Arcus zygomaticus (Jochbogen)
9 Foramen infraorbitale mit dem gleichnamigen Nerven
10 Maxilla (Oberkieferknochen)
11 Mandibula (Unterkieferknochen)
12 Foramen mentale (Kinnloch) mit dem gleichnamigen Nerven
13 M. frontalis (Stirnmuskel)

Frontalansicht des Kopfes mit den Skelettelementen und den sensiblen Endästen des N. trigeminus auf der rechten Seite, links Zusammenfassung der oberflächlichen Bildungen

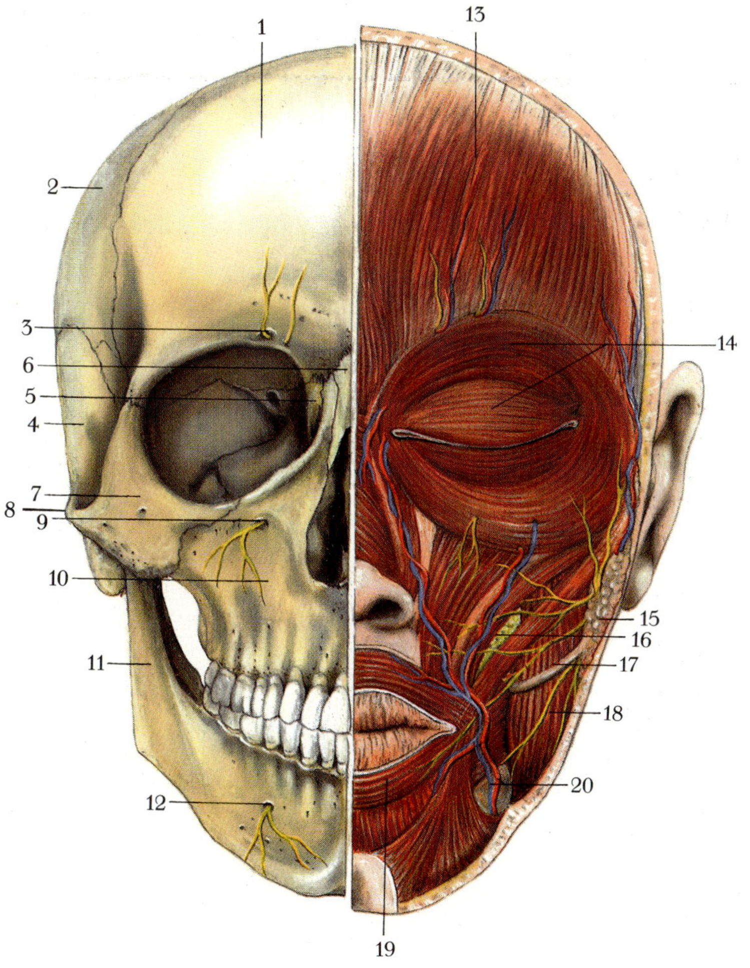

14 M. orbicularis oculi (Ringmuskel des Auges)
15 Glandula parotidea (Ohrspeicheldrüse) und N. facialis (Gesichtsnerv)
16 Corpus adiposum buccae (Wangenfettpfropf)
17 Ductus parotideus (Ausführungsgang der Ohrspeicheldrüse)
18 M. masseter (Kaumuskel)
19 M. orbicularis oris (Ringmuskel des Mundes)
20 A. und V. facialis (Gesichtsgefäße)

Kopf und Hals

Mundgegend

Der Mund kann außen zum Lippenspalt (Rima oris) geschlossen werden. Weicht die Oberlippe von der Unterlippe (Labium superius et inferius), erkennt man den Mundvorhof (Vestibulum oris) als Spalt zwischen den Innenflächen der Lippen, der Wange (Bucca) und den Außenflächen der Zähne (Dentes) sowie des Zahnfleisches (Gingiva). Die Lippengrundlage ist der Mundschließer (M. orbicularis oris). Das Lippenrot entsteht durch die durchschimmernden Kapillarschlingen. Bei Abflußstauungen kommt es zur Blaufärbung (Zyanose).
Das Wangengebiet enthält den Wangenmuskel (M. buccinator) und den Wangenfettpfropf (Corpus adiposum buccae). Dorsal davon liegen die eigentlichen Kaumuskeln. In der Wangenschleimhaut sind reichlich kleine Schleimdrüsen. Über einen besonderen Gang (Ductus parotideus) mündet hier die Ohrspeicheldrüse (Glandula parotidea) gegenüber dem zweiten oberen Mahlzahn.
Die Mundhöhle (Cavitas oris propria) wird bei geschlossenem Mund fast vollständig von der Zunge (Lingua) ausgefüllt (Bild A). Die Zunge unterteilt man in Zungenwurzel (Radix), Zungenkörper (Corpus), Zungenrücken (Dorsum) und Zungenspitze (Apex). Ihre hohe Beweglichkeit kommt durch die dreidimensionale Muskelanordnung zustande, wobei einstrahlende Systeme mitwirken. Die Zunge dient der Bewegung und Formung des Bissens, der Lautbildung und mit ihren Geschmacksknospen als zusätzliches Sinnesorgan. Die Lokalisation der Geschmacksqualitäten für süß, sauer, salzig und bitter hält sich an eine typische Anordnung (Bild B).
Die Zungenunterseite (Regio sublingualis) ist leicht verschieblich und hält den Zungenkörper nur am Zungenbändchen (Frenulum). Seitlich davon mündet der gemeinsame Ausführungsgang (Ductus submandibularis) der Unterzungen- und Unterkieferspeicheldrüse (Glandula sublingualis et submandibularis).
Die Zungenwurzel besitzt dorsal eine lymphatische Ansammlung, die Zungenmandel (Tonsilla lingualis). Seitlich zwischen dem vorderen und hinteren Gaumenbogen befinden sich die paarigen Gaumenmandeln (Tonsillae palatinae), die mit dem weichen Gaumen an der Schlundenge (Isthmus faucium) beteiligt sind. Hier liegt oben in der Mittellinie das Zäpfchen (Uvula). Nach vorn ist der gesamte Gaumen (Palatum) als Mundhöhlendach sichtbar. Die vorderen zwei Drittel nimmt der harte Gaumen (Palatum durum) ein, das hintere Drittel der weiche Gaumen (Palatum molle).
Die bereits genannten lymphatischen Anteile werden unter Hinzuziehung der Rachenmandel (Tonsilla pharyngealis), die oberhalb der Mundöffnung des Rachens liegt, zum lymphatischen Rachenring zusammengefaßt (Waldeyer-Rachenring), der Abwehrfunktionen hat.
Bei der Nasenatmung wird durch die Lage der Zunge, die Gaumenbögen und das Zäpfchen die Mundhöhle nach hinten geschlossen. Bei der Mundatmung ist das Zäpfchen verkürzt, der weiche Gaumen nach oben geschlagen, so daß er die Rachenwand hinten berührt und der Nasenraum verschlossen ist. Beim Würgereiz bleiben die Schlundenge und der Rachen selbst weit offen.
Beim Schluckakt wird der Kehlkopf angehoben und nach vorn unter die Zunge gebracht. Dadurch senkt sich der Kehldeckel (Epiglottis) und verschließt den Kehlkopfeingang. Parallel dazu dichtet der weiche Gaumen den Rachenraum nach oben ab, und die Schlundschnürer des Rachens befördern durch geordnete Kontraktion (peristaltische Folge) den Inhalt in die Speiseröhre.

1 Labium superius (Oberlippe)
2 Labium inferius (Unterlippe)
3 Vestibulum oris (Mundvorhof)
4 Bucca (Wange)
5 Gingiva (Zahnfleisch)
6 Cavitas oris propria (Mundhöhle)
7 Apex linguae (Zungenspitze)
8 Dorsum linguae (Zungenrücken)
9 Palatum durum (harter Gaumen)
10 Äste des N. palatinus (Gaumennerv)
11 Palatum molle (weicher Gaumen)

Einblick in den Mundvorhof und in die Mundhöhle (Bild A) sowie Verteilungsschema der Geschmacksempfindung (Bild B)

A

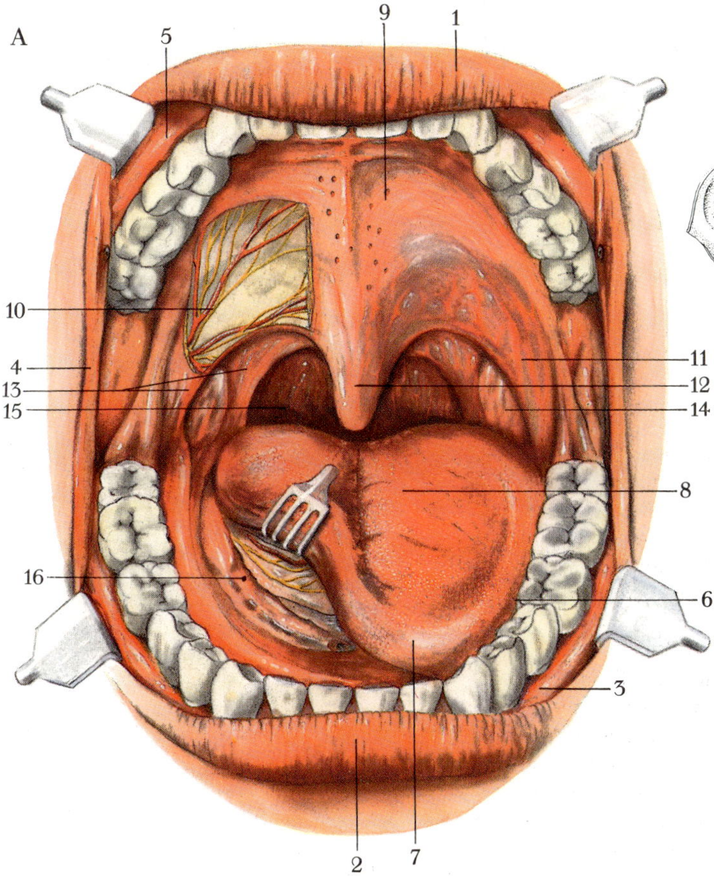

B

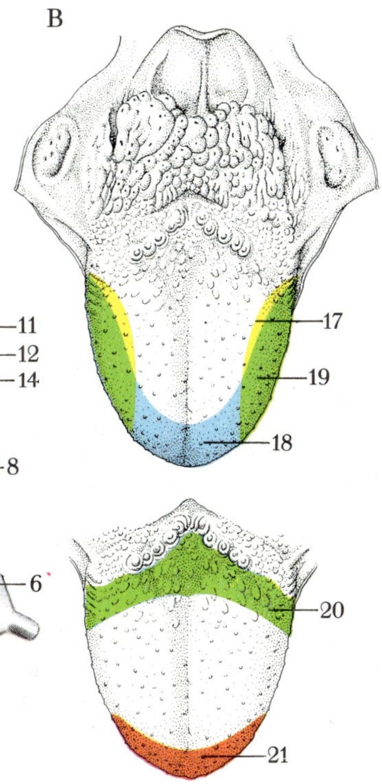

12 Uvula palatina (Zäpfchen)
13 Gaumenbögen
14 Tonsilla palatina (Gaumenmandel)
15 Isthmus faucium (Schlundenge)
16 Glandula sublingualis (Unterzungenspeicheldrüse)
17 sauer
18 salzig
19 sauer und salzig
20 bitter
21 süß

Kopf und Hals

Zähne, Gebiß und Zahnformel

Den Zahn (Dens) unterteilt man in die Zahnkrone (Corona), die in der Mundhöhle sichtbar ist, in den Zahnhals (Collum oder Cervix), an dem das Zahnfleisch (Gingiva) ansetzt, sowie in die Zahnwurzel (Radix), die in den Zahnfächern (Alveoli dentales) des zahntragenden Teiles von Ober- und Unterkiefer (Maxilla et Mandibula) liegt. Der Raum zwischen der Zahnwurzel und dem Knochen wird durch Bindegewebsstrukturen (Periodontium) ausgefüllt, die teilweise gerichtet sind und den Verfestigungen, aber auch dem Abfangen des Kaudrucks dienen.

Die Zahnkrone hat außen den Schmelz (Enamelum), die härteste Substanz des menschlichen Körpers. Das Wurzelgebiet hingegen wird außen vom Zement (Cementum) überzogen. Innen befindet sich an allen Anteilen das Zahnbein (Dentinum, Dentin), das gleichzeitig die Zahnhöhle (Cavitas dentis) begrenzt. Das hier vorhandene lockere Bindegewebe mit Nerven und Gefäßen heißt Pulpa (Pulpa dentis). Diese setzt sich nach unten in den Wurzelkanal fort (Bild A).

Das menschliche Gebiß ist durch die verschiedenen Zahnformen gekennzeichnet, die sich zu einer Funktionseinheit lückenlos zusammenschließen. Es treten dabei zwei Zahngenerationen mit einem einmaligen Wechsel auf. Die Zähne vor dem Zahnwechsel (etwa ab 5. Lebensjahr) sind die 20 Milchzähne (Dentes decidui). Die späteren 32 werden als bleibende oder permanente Zähne (Dentes permanentes) bezeichnet. Aufgrund ihrer Bauweise und ihrer Funktion werden sie eingeteilt in die meißelförmig gestalteten Schneidezähne (Incisivi = I) für den Abbiß, in die mit längeren Wurzeln versehenen und stärker herausragenden Eckzähne (Canini = C) zum Festhalten und Reißen, in die an den breiten Kronen erkennbaren Backenzähne (Praemolares = P), zum Zerreißen und Quetschen der Nahrung und schließlich in die Mahlzähne (Molares = M) hauptsächlich für das Kauen.

Diese vielfältigen Aufgaben sind erst durch den großen Bewegungsumfang des Kiefergelenks (Articulatio temporomandibularis) möglich, das sowohl den Öffnungs- und Schließmechanismus als auch die Mahlbewegungen gestattet. Beim Zahnschluß (Okklusion) berühren beide Zahnreihen durch den Kieferschluß einander, wobei normalerweise die Schneidekanten der oberen Schneidezähne vor denen der unteren liegen (Scherenbiß, Eugnathie). Die hier vorkommenden Fehlbildungen müssen kieferorthopädisch behandelt werden.

Trotz individueller Schwankungen bei den Durchbruchzeiten lassen sich folgende Mittelwerte angeben:

Milchgebiß		*Bleibendes Gebiß*	
Zahn	Monat	Zahn	Jahr
1. I	6.–9.	1. M	6.–7.
2. I	8.–12.	1. I	7.–8.
1. M	14.–16.	2. I	8.–9.
C	15.–20.	1. P	9.–11.
2. M	20.–29.	C	11.–13.
		2. P	11.–13.
		2. M	12.–14.
		3. M	14.–30.

Entsprechend internationaler Festlegungen gilt bei der Zahnbestimmung, daß die erste Zahl die Kieferhälfte kennzeichnet. Man beginnt bei der rechten Oberkieferhälfte mit der Zahl 1 und geht über die nächsten Abschnitte so, daß die rechte Unterkieferhälfte die Zahl 4 erhält. Die zweite Zahl markiert den Zahn selbst (Bild B). Beim Milchgebiß steht als Zahl für die rechte Oberkieferhälfte die 5, es folgt wieder die linke Oberkieferhälfte, jetzt mit der 6 usw. Beim Einzelzahn sind es die Zahlen 1–5 (Bild C und D).

1 Corona dentis (Zahnkrone)
2 Collum oder Cervix dentis (Zahnhals)
3 Radix dentis (Zahnwurzel)
4 Cavitas dentis (Zahnhöhle) mit der Pulpa dentis
5 Canalis radicis dentis (Wurzelkanal)
6 Akzessorischer Seitenkanal
7 Enamelum (Schmelz) mit spezifischer Streifung
8 Dentinum (Zahnbein)
9 Cementum, Substantia ossea (Geflechtknochen)
10 Lig. periodontale (gerichtetes Halteband)
11 Periodontium (Bindegewebsapparat der Zahnwurzel)

Längsschnitt eines Backenzahnes (Bild A), isolierte Zahnreihen beim Erwachsenen (Bild B), freigelegte Zahnreihen von der Seite beim 6jährigen Kind (Bild C, D)

A

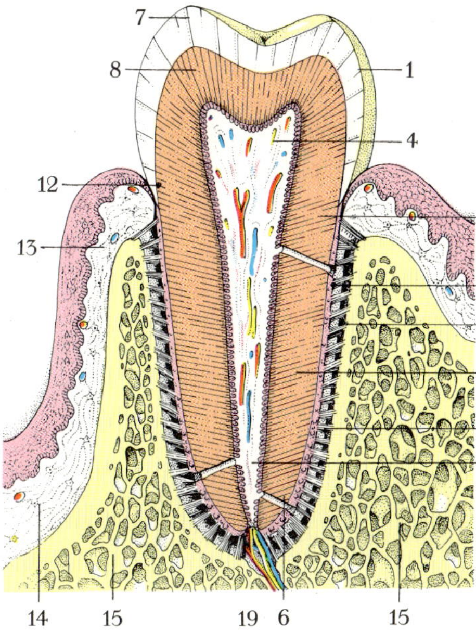

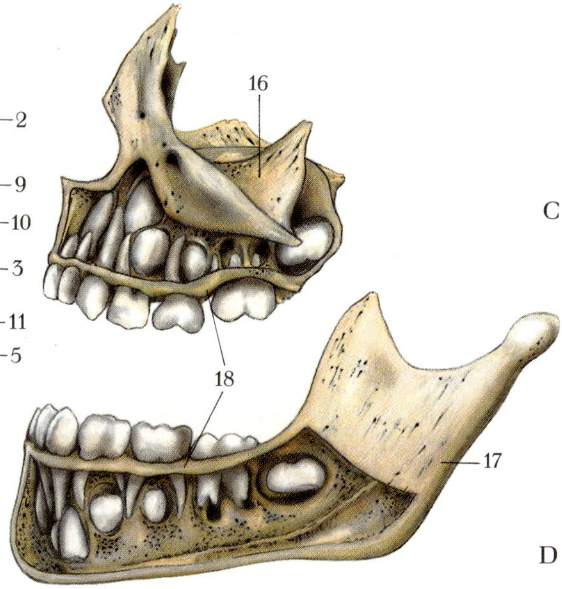

C

D

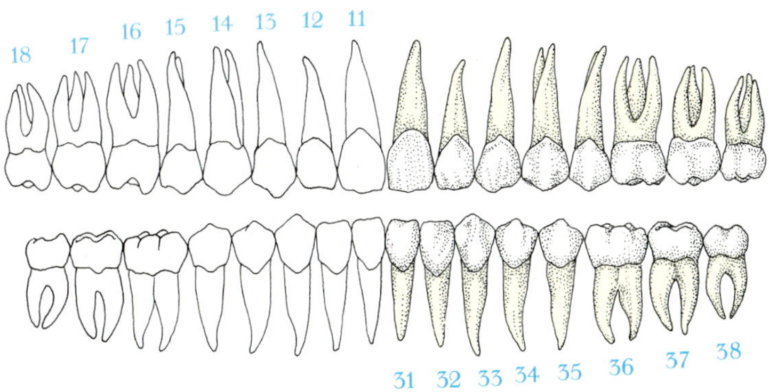

B

12 dentogingivaler Verschluß
13 Gingiva (Zahnfleisch)
14 Mundschleimhaut
15 Kieferknochen
16 Maxilla (Oberkiefer)
17 Mandibula (Unterkiefer)
18 Processus alveolaris (zahntragender Fortsatz)
19 Nerven und Gefäße als Teil der Pulpa dentis

Kopf und Hals

Vordere Schädelgrube, Augenhöhle, Nasenhöhle und tiefe Gesichtsgegend

Wird vom Kopf parallel zum Stirnbein ein Schnittpräparat angefertigt (Frontalschnitt), erkennt man oben die Schädelhöhle im Bereich der vorderen Schädelgrube (Fossa cranii anterior). Die harte Hirnhaut (Dura mater encephali) kleidet die Innenfläche der Schädelhöhle aus und enthält die venösen Blutleiter (Sinus durae matris). Die weiche Hirnhaut gliedert sich in ein äußeres Blatt, das den Windungen aufliegt (Arachnoidea mater encephali) und ein inneres Blatt (Pia mater encephali), das sich in die Furchen einsenkt. So entsteht zwischen der Pia mater und der Arachnoidea der Subarachnoidalspalt oder -raum (Cavitas subarachnoidea), der Hirnflüssigkeit (Liquor cerebrospinalis) enthält. Die vordere Schädelgrube besitzt eine Reihe von Besonderheiten. So ist der Boden nahe der Mittellinie in einem umschriebenen Bezirk siebartig unterbrochen (Lamina cribrosa) und stellt eine direkte Verbindung zur Nasenhöhle (Cavitas nasi) her. Weiterhin bestehen seitlich und nach vorn Beziehungen zur benachbarten Stirnhöhle (Sinus frontalis) und zur Augenhöhle (Orbita).

Die mediale Wand der Augenhöhle ist gleichzeitig die laterale Begrenzung der Nasenhöhle und wird von den dünnen Knochenlamellen des Siebbeins (Os ethmoidale) gebildet, die auch die Siebbeinzellen enthalten. Den Boden der Augenhöhle bildet das Dach der Kieferhöhle (Sinus maxillaris), das ebenfalls sehr dünn ist. Durch diese dünnen Knochenlamellen besteht die Gefahr, daß infektiöse Prozesse der Nasennebenhöhlen in die Augenhöhle durchbrechen können.

Stabil gestaltet sich die laterale Wand durch das Jochbein (Os zygomaticum) und das sich anschließende Keilbein (Os sphenoidale) mit seinem großen Flügel (Ala major).

An der Bildung der Nasenhöhle ist das Siebbein beteiligt, das mit seiner median gelegenen Lamina perpendicularis die Grundlage für die Nasenscheidewand (Septum nasi) liefert. Es schließt sich nach hinten das Pflugscharbein (Vomer) an, während von unten der Gaumenfortsatz des Oberkiefers eine Leiste (Crista nasalis) entgegenschickt. Nach dieser knöchernen Vorgabe folgt nach vorn der entsprechende knorplige Anteil (Cartilago septi nasi). Das komplizierte Aufeinandertreffen schließt noch ein, daß nur der Nasenrücken von den Nasenbeinen (Ossa nasalia) und den entsprechenden Knorpeln gestaltet wird. Die Nasenhöhle beginnt mit den Nasenlöchern (Nares) und endet hinten mit den Choanen (Choanae) im Schlund (Pharynx). Seitlich münden unter der oberen und mittleren Nasenmuschel die Nasennebenhöhlen. Unterhalb der unteren Muschel endet der Tränen-Nasen-Gang (Ductus nasolacrimalis) aus der Augenhöhle. Die Anordnungen der Nasenmuscheln erzeugen den oberen, mittleren und unteren Nasengang (Meatus nasi superior, medius et inferior).

Das äußere Bild der Wange wird durch den M. buccinator und einen Fettgewebskörper (Corpus adiposum buccae) geformt. Die Reduktion des letzteren läßt das Gesicht hohlwangig erscheinen. Innen und hinter der Wangengegend folgt die tiefe Gesichtsgegend, die sich innen vom Unterkieferast und Jochbogen ausdehnt und hauptsächlich von den Kaumuskeln eingenommen wird. Hier zweigt sich die Oberkieferarterie (A. maxillaris) auf, und ein Venenplexus besitzt Verbindungen zum Schädelraum. Außerdem enthält sie den Stamm des Unterkiefernerven (N. mandibularis).

1 Sinus sagittalis superior (oberer venöser Blutleiter)
2 Dura mater encephali (harte Hirnhaut)
3 Lobus frontalis (Stirnlappen)
4 Boden der vorderen Schädelgrube
5 Orbita (Augenhöhle)
6 Sinus frontalis (Stirnhöhle)
7 Cellulae oder Sinus ethmoidales (Siebbeinzellen)
8 Sinus maxillaris (Kieferhöhle)
9 Cavitas nasi (Nasenhöhle)
10 Concha nasalis superior et media (obere und mittlere Nasenmuschel)

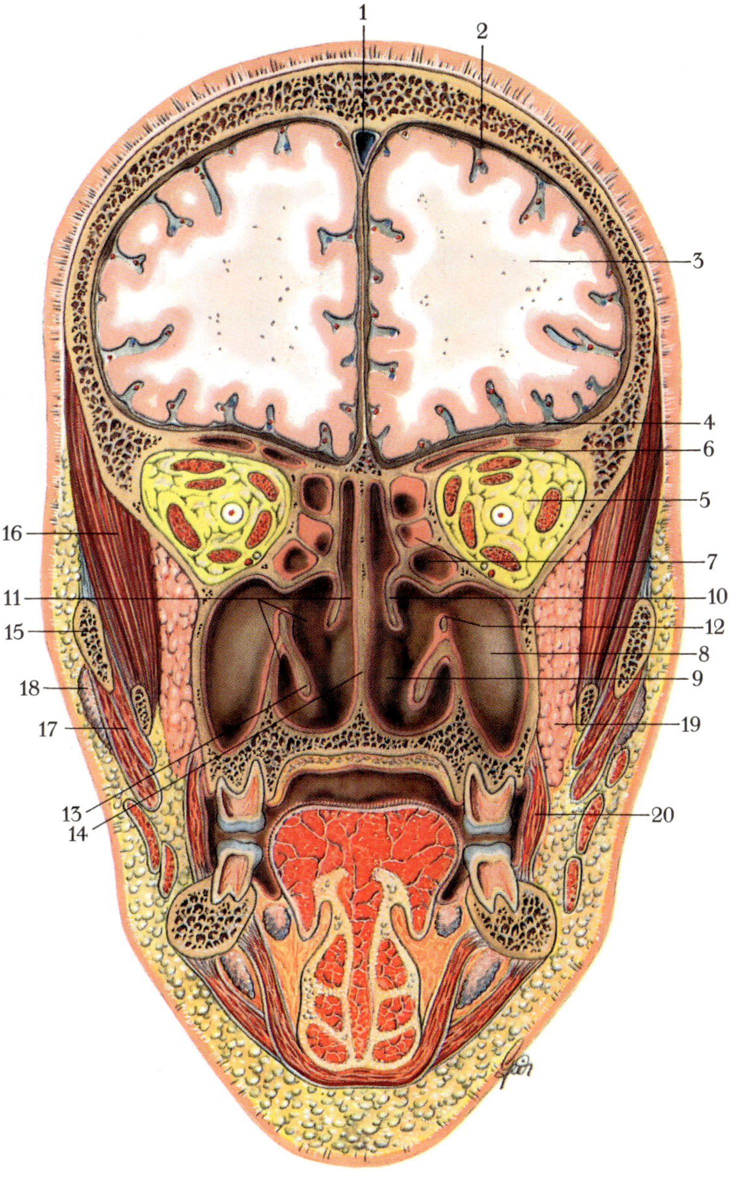

11 Meatus nasi superior, medius et inferior (oberer, mittlerer und unterer Nasengang)
12 Hiatus semilunaris mit der Einmündungsstelle der Kieferhöhle
13 Concha nasalis inferior (untere Nasenmuschel)
14 Septum nasi (Nasenscheidewand)
15 Arcus zygomaticus (Jochbogen)
16 M. temporalis (Schläfenmuskel)
17 M. masseter (Kaumuskel)
18 Glandula parotidea (Ohrspeicheldrüse)
19 Corpus adiposum buccae (Wangenfettpfropf)
20 M. buccinator (Wangenmuskel)

Kopf und Hals

Entwicklung, Lage, Ausdehnung und Umgebung der Nasennebenhöhlen

Die paarig angelegten Räume entwickeln sich erst nach der Geburt. Das stärkste Wachstum vollzieht sich nach dem Durchbruch der bleibenden Zähne bis zur Pubertät mit großen individuellen Schwankungen. Sie sind mit mehrreihigem Flimmerepithel mit vielen Becherzellen und kleinen Drüsen ausgekleidet. Es bildet einen Schleimfilm an der Oberfläche der Schleimhaut, durch den die Flüssigkeit für die Anfeuchtung der Atemluft geliefert wird. Die vorhandenen Härchen (Kinozilien) des Flimmerepithels schlagen zwar in Richtung der Choanen, fangen aber gewöhnlich die Staubpartikel im oberen Schlund ab. Von dort aus können sie verschluckt oder durch einen heftigen Ausatmungsstoß aus der Nase herausgeschleudert werden (schneuzen oder niesen). Eine Reizung oder Entzündung der ganzen Räume führt zur Absonderung von großen Mengen eines dünnflüssigen Sekrets, wie es beim Schnupfen der Fall ist.

Alle Nebenhöhlen der Nase (Sinus paranasales) stehen an bestimmten Stellen über Öffnungen in der seitlichen Nasenhöhlenwand mit der Nasenhaupthöhle in Verbindung. So befindet sich die Keilbeinhöhle (Sinus sphenoidalis) im Keilbeinkörper in der Umgebung der Hirnanhangsdrüse und mündet über einen Gang (Recessus sphenoethmoidalis) hinter der oberen Nasenmuschel (Concha nasalis superior).

Die Siebbeinzellen (Cellulae oder Sinus ethmoidales) bestehen aus unvollständig getrennten Kammern, die lateral an die Augenhöhle, kranial an die vordere Schädelgrube bzw. die Stirnhöhle und kaudal an die Kieferhöhle grenzen. Die vorderen und mittleren Anteile münden in den mittleren Nasengang, wobei die größte Siebbeinzelle (Bulla ethmoidalis) diesen mitgestaltet. Die hinteren gelangen über den oberen Nasengang in die Nasenhöhle.

Die Kieferhöhle (Sinus maxillaris) ist normalerweise die größte Nebenhöhle. Obwohl der Knochen selbst eine weite Öffnung besitzt, wird diese durch die Nasenseitenwand und die große Siebbeinzelle unter der mittleren Muschel eingeengt. Damit liegt der Ausgang der Kieferhöhle unter ihrem Dach, was für den Sekretabfluß ungünstig ist. Der Kranke muß sich auf die gesunde Seite legen, um so die Öffnung tiefer zu bringen. Der Boden der Kieferhöhle ergibt sich aus dem seitlichen Gaumen und dem Zahnbogen. Hier dehnt sie sich bis zu den Wurzeln der Prämolaren aus und umkreist sie manchmal, so daß bei Entzündungen der Schleimhaut Zahnschmerzen ausgelöst werden können. Umgekehrt gibt es die Möglichkeit, daß bei Zahnextraktionen die Kieferhöhle mit eröffnet wird. Diese tiefen Anteile bedingen, daß der Boden der Nasenhöhle höher liegt, als der tiefste Punkt der Nebenhöhle. Therapeutisch durchsticht man deshalb zum Sekretabfluß die Nasenbegrenzungsanteile des Oberkiefers direkt über dem Nasenboden im unteren Nasengang, aber hinter der Mündung des Tränengangs (Ductus nasolacrimalis).

Die Stirnhöhle (Sinus frontalis) besitzt die größte Variabilität, weil sie in die Stirnschuppe, aber auch in den Boden der vorderen Schädelgrube über den Augenbrauen weit hineinragen kann. Die Scheidewand (Septum) zwischen den beiden Stirnhöhlen ist in den meisten Fällen zu einer Seite hin verlagert. Die Stirnhöhlen münden über ein System zwischen den Siebbeinzellen (Ductus nasofrontalis) im Hiatus semilunaris, und nur ganz selten gibt es eine separate Öffnung.

1 Os frontale (Stirnbein)
2 Os nasale (Nasenbein)
3 Os lacrimale (Tränenbein)
4 Maxilla (Oberkieferknochen)
5 Processus alveolaris maxillae (Zahnfortsatz des Oberkiefers)
6 Zahnfleisch (Gingiva)
7 Apertura piriformis (knöcherne Nasenöffnung)
8 Sinus maxillaris (Kieferhöhle)
9 Cellulae oder Sinus ethmoidales (Siebbeinzellen)
10 Sinus frontalis (Stirnhöhle)
11 Crista galli (Hahnenkamm, Teil des Siebbeins)
12 Sinus sphenoidalis (Keilbeinhöhle)
13 tiefe Gesichtsgegend

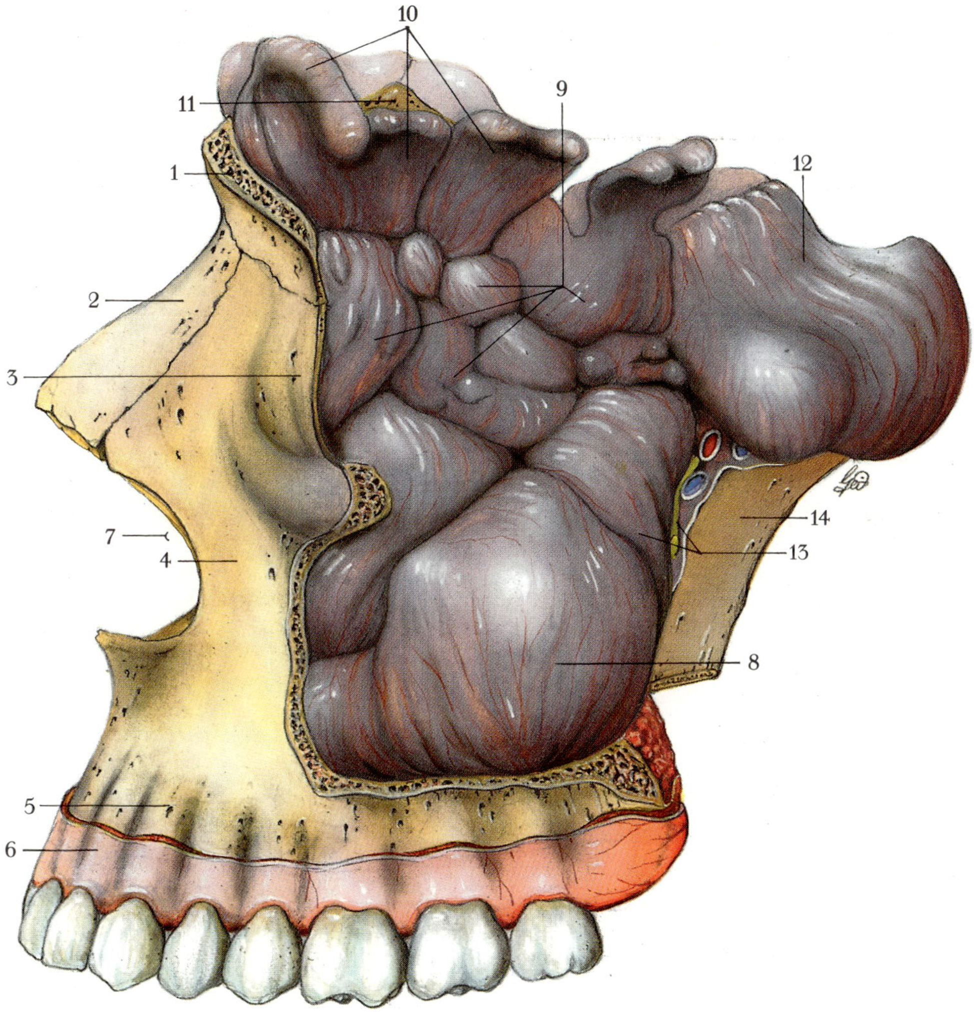

14 Processus pterygoideus ossis sphenoidalis (Flügelfortsatz des Keilbeins)

Kopf und Hals

Zuordnung der Organe im Kopfbereich im Horizontalschnitt

In unterschiedlicher Abwandlung wird diese Schnittführung bei den bildgebenden Verfahren gewählt. So können die Räume des Gesichtsschädels (Viscerocranium) und des sich anschließenden Gehirnschädels (Neurocranium) unter Differenzierung der Strukturen erfaßt werden. Im Bereich des Gesichtsschädels verläuft gewöhnlich in der Medianlinie die Nasenscheidewand (Septum nasi) mit ihren knorpligen und knöchernen Teilen. Lateral davon befinden sich die rechte und linke Nasenhöhle (Cavitas nasi). Diese erfahren von der Seite her eine Einengung durch die Nasenmuscheln (Conchae nasales). Im Gebiet zwischen der Nasenhöhlen- und Augenhöhlenwand dehnen sich die Siebbeinzellen (Cellulae ethmoidales) aus, die zu den Nasennebenhöhlen (Sinus paranasales) zählen.
Lateral von der Augenhöhle ist hinter dem Jochbein (Os zygomaticum) einer der Kaumuskeln, der Schläfenmuskel (M. temporalis) zu erkennen. Gleichzeitig fällt dorsal die kräftige Knochenhaut (Periost, hier Pericranium genannt) auf. Außen folgt die gut auf dem Knochen verschiebliche Kopfschwarte. Sie bildet eine funktionelle Einheit aus Kopfhaut, subkutanem Fettgewebe und einer Sehnenplatte (Galea aponeurotica) mit teilweise senkrecht einstrahlenden Bindegewebszügen in die Unterhaut (Subkutis). Durch diesen Verbund bleiben subkutane Eiterungen und Blutungen auf kleine Gebiete beschränkt (Beulen).
Der Schädelknochen selbst besteht aus einer äußeren, kompakten Schicht (Lamina externa) als kompaktes Knochengewebe. Nach innen folgt die Bälkchenstruktur (Diploë) und darauf wieder Kompakta als innere Schicht (Lamina interna) (früher Lamina vitrea, Glashaut). Letztere besitzt Vertiefungen (Sulci arteriosi), in denen die Arterien der harten Hirnhaut verlaufen.
In der Augenhöhle machen der Augapfel (Bulbus oculi) und das Fettgewebe (Corpus adiposum orbitae) den größten Teil des Inhalts aus. Medial und lateral des Fettkörpers stellen sich zwei gerade Augenmuskeln dar. Durch sechs Augenmuskeln kann der Bulbus fast wie der Kopf eines Kugelgelenkes in der Orbita bewegt werden.
Der Sehnerv (N. opticus) ist im echten Sinne kein Nerv, sondern bereits eine Leitungsbahn. Er gelangt nach einem leicht s-förmigen Verlauf durch seinen Kanal (Canalis opticus) aus der Augenhöhle an die Grenze zwischen vorderer und mittlerer Schädelgrube (Fossa cranii anterior et media). Dort bildet er mit Sehnerven der anderen Seite die Sehnervenkreuzung (Chiasma opticum), in der die inneren (nasalen) Sehnervenfasern zur Gegenseite überwechseln. Hypophysentumoren können durch den Druck auf den Sehnerven an dieser Stelle zur Beeinträchtigung des äußeren (temporalen) Gesichtsfeldes führen (Scheuklappenphänomen). Der sich anschließende Tractus opticus jeder Seite besitzt somit Leitungsbahnen aus beiden Augen. Die Augenarterie (A. ophthalmica) entspringt aus der inneren Halsschlagader (A. carotis interna) und gelangt über den Canalis opticus zur Augenhöhle.
Die Hirnhäute (Meninges) setzen sich gut ab, wobei die harte Hirnhaut (Dura mater) dem Knochen direkt anliegt. Es folgen die Spinnwebenhaut (Arachnoidea mater encephali) und die weiche gefäß- und nervenführende Hirnhaut (Pia mater encephali). Die angeschnittenen Hirnteile betreffen Hirnrinde, Sehhügel (Thalamus) und die innere Kapsel. Vom Ventrikelsystem sind Teile der Seitenventrikel und der III. Ventrikel sichtbar.

1 Cavitas nasi (Nasenhöhle)
2 Cellulae ethmoidales (Siebbeinzellen)
3 M. rectus medialis et lateralis (gerader innerer und äußerer Augenmuskel)
4 Corpus adiposum orbitae (retrobulbäres Fettgewebe)
5 N. opticus (Sehnerv)
6 M. temporalis (Schläfenmuskel)
7 Chiasma opticum (Sehnervenkreuzung)
8 A. carotis interna (innere Halsschlagader)
9 A. ophthalmica (Augenarterie)
10 Recessus infundibuli (Trichter) und III. Ventrikel

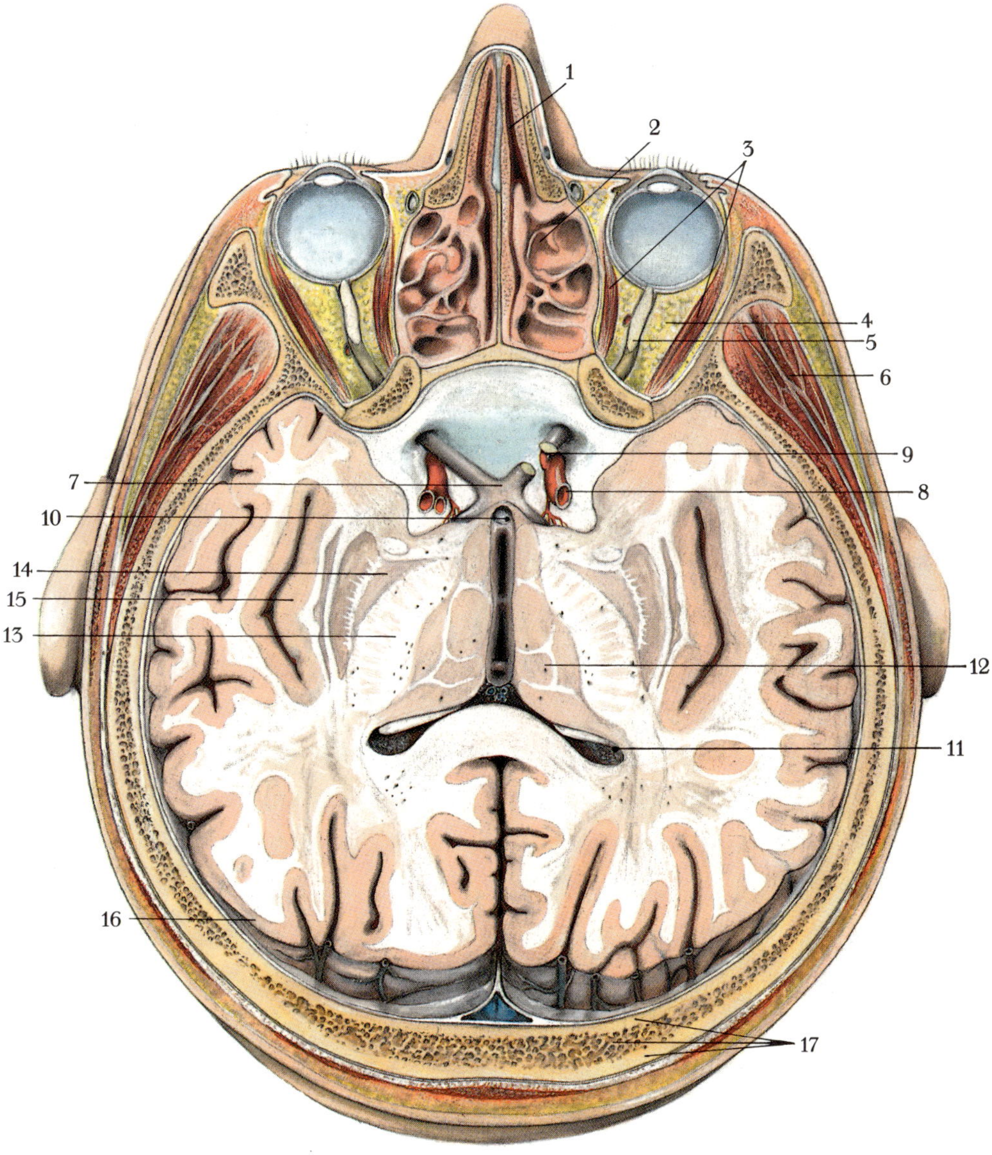

11 Ventriculus lateralis (Seitenventrikel)
12 Thalamus (Sehhügel)
13 Capsula interna (Innere Kapsel)
14 Nucleus lentiformis (Linsenkern)
15 Insula (Insel)
16 Leptomeninx (Arachnoidea und Pia mater encephali, weiche Hirnhaut)
17 Schädelknochen mit Lamina externa, Diploë und Lamina interna

Hirnteile im Frontalschnitt

Zum Endhirn (Telencephalon, Cerebrum) gehören die paarigen Hirnhälften (Hemisphaeria) mit der Hirnrinde (Cortex cerebri, Pallium) und den im Innern gelegenen Basalganglien (Nuclei basales). Die Regionen werden nach ihrer funktionellen Wertigkeit differenziert.
Die Ursprungsfelder der willkürlichen motorischen Projektionsbahnen, die Endgebiete der willkürlichen Empfindungsbahnen und die der Sinnesorgane (Sensorik) heißen Primärzentren. Daran schließen sich Sekundärfelder in der näheren Umgebung an. Das Primärgebiet für die Körpermotorik liegt im Stirnhirn (Lobus frontalis) nahe der Zentralfurche (Sulcus centralis) als Gyrus praecentralis. Das Sekundärgebiet grenzt daran, davor und auch darunter (motorisches Sprachzentrum). Die Körperfühlsphäre befindet sich hinter der Zentralfurche schon im Scheitellappen (Lobus parietalis) und ist ähnlich aufgeschlüsselt. Der Schläfenlappen (Lobus temporalis) enthält das primäre und übergreifend auch das sekundäre Hörzentrum. Die gleiche Anordnung betrifft das Sehzentrum im Hinterhauptslappen (Lobus occipitalis).
Von großer Wichtigkeit sind die Verbindungsbahnen in Form der Kommissurenfasern, die gleiche Teile der rechten und der linken Seite miteinander verbinden, z.B. der Balken (Corpus callosum). Andere Systeme nennt man Assoziationsbahnen, weil sie verschiedene Bezirke der gleichen Seite vereinen. Die Projektionsbahnen verlaufen zwischen Hirnrinde und tiefer gelegenen Zentren, unabhängig davon, ob es sich um zuführende (afferente) oder wegführende (efferente) Fasern handelt. Als Beispiel kann die innere Kapsel gelten. Von vorn nach hinten angeordnet, verlaufen hier afferente Verbindungen, efferente Bahnen zu den Hirnnervenkernen, Bahnen für die Motorik von Arm und Bein, die Hör- und die Sehbahn. Da die Bahnen später zur Gegenseite kreuzen, muß bei einer Schädigung der inneren Kapsel (Blutung) die Halbseitenlähmung an der Gegenseite auftreten.
Die Basalganglien können als Kerngebiete des Großhirns definiert werden, die in die auf- und absteigenden Systeme der Hirnrinde eingeschlossen sind. Es handelt sich um den Schweifkern (Nucleus caudatus), die Schale des Linsenkerns (Putamen), die Vormauer (Claustrum) und den Mandelkern (Corpus amygdaloideum). Der Schweifkern bewirkt beispielsweise die Muskelruhespannung (Bild A).
Im Zentrum des Zwischenhirns stehen der Sehhügel (Thalamus) und der Hypothalamus. Der erstere gilt als Tor zum Bewußtsein, weil in ihm die Mehrzahl der aufsteigenden Bahnen endet, bevor sie zur Großhirnrinde umgeschaltet werden (Berührungs- und Schmerzempfindung). Andererseits beeinflußt er die absteigenden Systeme der Basalganglien. Der Hypothalamus enthält vor allem übergeordnete Kerne des vegetativen Nervensystems, so zur Regulation der Fortpflanzungsorgane, der Nahrungsaufnahme und der Wasserausscheidung. Er produziert als Teil des neuroendokrinen Systems Steuerhormone (Releasing factors) und Hormone (Oxytocin, Adiuretin).
Der Hirnstamm umfaßt in der Klinik alle Teile vom Zwischenhirn abwärts, so das Mittelhirn (Mesencephalon), die Brücke (Pons) und das verlängerte Mark (Medulla ablongata). Das Mittelhirn unterteilt man in das Dach (Tectum mesencephali) mit der Vierhügelplatte (Lamina tecti), deren obere zwei Hügel (Colliculi rostrales) sich in das optische System einschalten, die unteren zwei Hügel (Colliculi caudales) sind in die zentrale Hörbahn eingebaut. Unter dem Dach durchzieht die Hirnwasserleitung (Aquaeductus mesenphali) das Gebiet und verbindet den III. mit dem IV. Ventrikel. Es folgt darunter die Haube (Tegmentum mesencephali). Ihr roter Kern (Nucleus ruber) dient der Motorik. Den Übergang schaffen die Hirnschenkel (Pedunculi cerebri). Die Rautengrube (Fossa rhomboidea) bildet den Anschluß an das Kleinhirn (Cerebellum), das für die Aufrechterhaltung des Gleichgewichts und die koordinierten Muskelbewegungen verantwortlich ist. Im verlängerten Mark liegen die vegetativen Zentren für den Kreislauf, die Atmung und den Stoffwechsel. Hier kreuzt die Pyramidenseitenstrangbahn zur Gegenseite (Bild B).

Frontalschnitt durch Teile des End- und Mittelhirns (Bild A) sowie durch das Mittelhirn mit Aufsicht auf die übrigen Teile (Bild B)

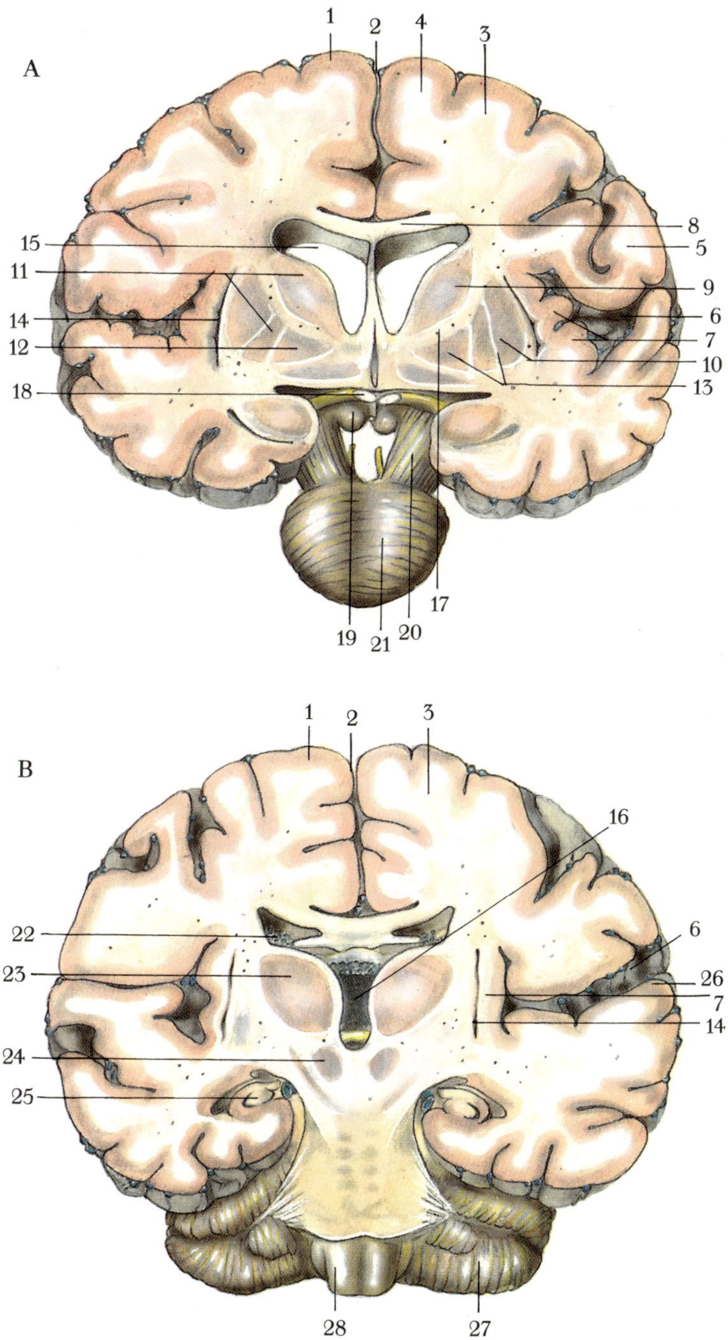

1 Cortex cerebri (Großhirnrinde)
2 Fissura longitudinalis cerebri (Längsfurche des Großhirns)
3 Substantia alba (weiße Substanz, Nervenbahnen)
4 Gyrus frontalis superior (obere Stirnwindung)
5 Gyrus frontalis inferior (untere Stirnwindung)
6 Sulcus lateralis (seitliche Furche)
7 Gyri insulae (Inselwindungen)
8 Corpus callosum (Balken)
9 Nucleus caudatus (Schweifkern des Großhirns)
10 Putamen (Schale des Linsenkerns, Großhirnkern)
11 Striatum (Zusammenfassung von Schweifkern und Schale des Linsenkerns)
12 Globus pallidus (inneres Kerngebiet des Linsenkerns, Zwischenhirnkern)
13 Nucleus lentiformis (Linsenkern)
14 Claustrum (Vormauer)
15 Cornu frontale ventriculi lateralis (Vorderhorn des Seitenventrikels)
16 Ventriculus tertius (III. Ventrikel)
17 Capsula interna (innere Kapsel)
18 Tractus opticus (Sehbahn)
19 Corpus mamillare
20 Pedunculus cerebri (Hirnschenkel)
21 Pons (Brücke)
22 Plexus choroideus (Adergeflecht zur Hirnwasserbildung)
23 Thalamus (Sehhügel)
24 Nucleus ruber (roter Kern, Mittelhirnteil)
25 Hippocampus (Ammonshorn, Teil des Urhirns)
26 Gyrus temporalis superior (obere Schläfenwindung)
27 Hemisphaerium cerebelli (Kleinhirnhemisphäre)
28 Medulla oblongata (verlängertes Mark)

Kopf und Hals

Hirnteile der Basalfläche des Gehirns, Hirnnervenkerne und Austrittsstellen der Hirnnerven

An der Basalseite des Gehirns lassen sich die drei Schädelgruben unterscheiden. Vorn werden die unteren Anteile der Stirnlappen sichtbar. Medial liegt der Riechkolben (Bulbus olfactorius, Fortsetzung des I. Hirnnerven) als Riechbahn der geraden Windung (Gyrus rectus) des Stirnlappens direkt an. Die Fortsetzung nennt man Tractus olfactorius. Dieser verschwindet mit in der seitlichen Rinne zwischen Stirn- und Schläfenlappen.

In der Mittellinie fällt die Sehnervenkreuzung (Chiasma opticum, II. Hirnnerv) auf, die hinter sich den Hirnanhangsstiel (Infundibulum) erkennen läßt. Daraus resultiert, daß bei Hypophysentumoren Sehstörungen auftreten können. Nach hinten schließen sich die Mamillarkörper (Corpora mamillaria) an. Seitlich davon erscheint bereits der Augenmuskelnerv (N. oculomotorius, III. Hirnnerv). Weiter nach lateral wird das ganze Gebiet von den Schläfenlappen eingenommen.

Am auffälligsten ist die quere Brücke (Pons) an der Hirnbasis. Sie wird eingerahmt von den Austrittsstellen der Hirnnerven. Rostral (vorn) ist es der N. trochlearis (IV) für den oberen schrägen Augenmuskel. Seitlich in der Brücke selbst bricht der Drillingsnerv (N. trigeminus, V) als sensibler Kopfnerv mit einem motorischen Ast für die Kaumuskeln durch. Kaudal von der Brücke sind es von innen zählend der N. abducens (VI) für den äußeren geraden Augenmuskel. Ihm folgt der motorische Gesichtsnerv (N. facialis VII) mit seinem Anteil für die Drüsensekretion (N. intermedius, XIII oder VIIb). Zu dieser Gruppe gehört noch der Gleichgewichts- und Hörnerv (N. vestibulocochlearis VIII). In Richtung auf das verlängerte Mark (Medulla oblongata) findet man hier noch die Vagusgruppe mit dem Zungen-Schlund-Nerv (N. glossopharyngeus (IX), N. vagus (X) und, schon weit aus dem Rückenmarksbereich mit kommend, den Beinerv (N. accessorius XI). Das verlängerte Mark entläßt zwischen Pyramide und Olive den motorischen Zungennerv (N. hypoglossus, XII). Die Nerven IV, VI, VII (ohne Intermedius), XI und XII sind nur motorisch, während die Nerven V, IX, X außerdem sensible Anteile besitzen. Vegetative (parasympathische) Funktionen haben die Nerven III, XIII (oder VIIb), IX und X. Die Nerven I und II sind bereits Nervenbahnen. Die Geschmacksempfindung ist geknüpft an den N. intermedius (VIIb oder XIII). Die enge Beziehung zu den Arterienästen ist bei allen von Wichtigkeit (Bild A und B). Die Ursprungs- bzw. Endkerngebiete der XII. bzw. XIII. Hirnnervenpaare (Nn. craniales) verteilen sich vom Mittelhirn (Mesencephalon) bis zum verlängerten Mark. Aus dieser Tatsache und aus ihrer Lage zur Mittellinie lassen sich bestimmte klinische Symptome auf begrenzte Hirnbezirke einengen. Nahe der Mittellinie befinden sich die willkürmotorischen (somatomotorischen) Ursprungskerne der Nerven III, IV, VI und XII. Lateral davon folgen nur in Höhe des vierten Ventrikels die eingeweidemotorischen (viszeromotorischen) Kerne der Nerven V, VII, IX, X und XI. Die »spezielle Viszeromotorik« drückt sich in der Handhabung unserer Kopf-, Schlund- und Kehlkopfmuskulatur aus. Weiter lateral sieht man die parasympathischen oder sekretorischen Kerne. Die Endkerne der sensiblen aufsteigenden Fasern erstrecken sich über den ganzen Seitenbereich. Kerngebiete der Sinnesorgane (Gehör und Gleichgewicht) stellen basal den Abschluß seitlich dar (Bild C).

1 Gyrus rectus (gerade Hirnwindung)
2 Bulbus olfactorius mit Nn. olfactorii (I) (Riechkolben und Riechnerven)
3 Tractus olfactorius (Riechbahn)
4 N. opticus (II) (Sehnerv)
5 Chiasma opticum (Sehnervenkreuzung)
6 Infundibulum (Trichter oder Stiel der Hirnanhangsdrüse)
7 Corpus mamillare
8 A. carotis interna (innere Halsarterie)
9 Sulcus lateralis und Lobus temporalis (Schläfenlappen)
10 N. oculomotorius (III) (Augennerv)

Hirnnervenaustritte und Arterienäste an der Hirnbasis (Bild A, B) sowie die Lage der Ursprungs- bzw. Endkerne (Bild C)

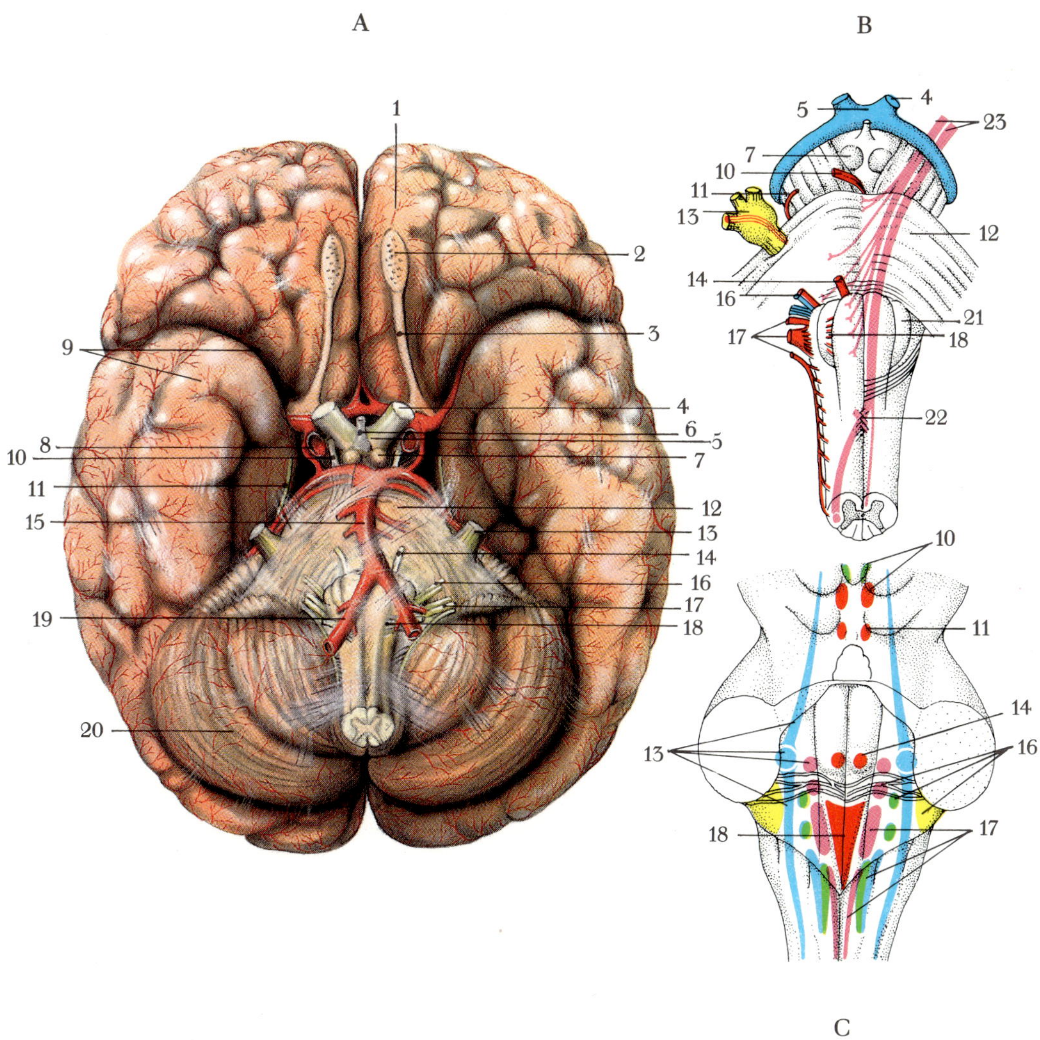

11 N. trochlearis (IV) (Rollnerv)
12 Pons (Brücke)
13 N. trigeminus (V) (Drillingsnerv)
14 N. abducens (VI)
15 A. basilaris
16 Fazialisgruppe (VII mit N. intermedius [XIII] und VIII)
17 Vagusgruppe (IX, X, XI)
18 N. hypoglossus (XII)
19 A. vertebralis (Wirbelsäulenarterie)
20 Cerebellum (Kleinhirn)
21 Olive
22 Pyramide
23 Verlauf der motorischen Bahnen

Kopf und Hals

Arterien der harten Hirnhaut, Hirnarterien und Hirnkammersystem

Die harte Hirnhaut (Dura mater encephali), die einerseits das innere Periost der Schädelknochen darstellt und andererseits die feste äußere Hirnhaut bildet, wird hauptsächlich von der A. meningea media aus der A. carotis externa versorgt. Sie gelangt über das Foramen spinosum an der Schädelbasis an die Innenfläche und befindet sich da zwischen der harten Hirnhaut und den Knochen des Schädeldaches (Calvaria). Blutungen aus dieser Arterie können nach Schädeltraumen zu epiduralen Hämatomen führen, weil sich das Blut zwischen Dura und Knochen ansammelt. Stunden später kann es so zu Hirndruckerscheinungen kommen.
Die arterielle Versorgung des Gehirns erfolgt aus zwei unterschiedlichen Gefäßzuflüssen. Die innere Halsarterie (A. carotis interna) entstammt der gemeinsamen Halsschlagader (A. carotis communis). Sie erreicht über das Felsenbein die Schädelhöhle und gibt an der vorderen basalen Fläche des Gehirns die große mittlere Hirnarterie (A. cerebri media) und die kleinere vordere Hirnarterie (A. cerebri anterior) ab. Der zweite Gefäßstrom wird von der in der Halswirbelsäule aufsteigenden Wirbelarterie (A. vertebralis) gebildet. Diese passiert das große Hinterhauptsloch (Foramen magnum). Oberhalb davon vereinigt sie sich mit dem Gefäß der anderen Seite zur A. basilaris, aus der vor allem für jede Seite eine hintere Hirnarterie (A. cerebri posterior) entsteht. Eine Gefäßverbindung (Anastomose) vorn zwischen der rechten und linken A. cerebri anterior verbindet beide Seiten. Das Stromgebiet der gleichen Seite wird vereinigt durch die A. communicans posterior aus der A. basilaris zur A. cerebri media. So entsteht an der Hirnbasis ein arterieller Gefäßring, der Circulus arteriosus cerebri, der den enormen Blutbedarf sichert.
Im Inneren verschiedener Hirnanteile befinden sich Hirnkammern (Ventrikel), die das Hirnwasser (Liquor cerebrospinalis) bilden und enthalten. Die paarigen Seitenventrikel (Ventriculi laterales) dehnen sich als Vorderhorn (Cornu frontale) in den Stirnlappen, als zentraler Anteil (Pars centralis) in den Scheitellappen, als Hinterhorn (Cornu occipitale) in den Hinterhauptslappen und als Unterhorn (Cornu temporale) in den Schläfenlappen aus. Vorn verbindet das Foramen interventriculare beide Seitenventrikel und schafft den Anschluß zum III. Ventrikel des Zwischenhirns.
Über den im Mittelhirn verlaufenden engen Kanal (Aquaeductus mesencephali) besteht eine Kommunikation zum IV. Ventrikel. Letzterer liegt im Rautenhirn (Rhombencephalon) umgeben vom Kleinhirn (Cerebellum), der Brücke (Pons) bis zum verlängerten Mark (Medulla oblongata). Er hat zwei laterale und eine mediane Öffnung, über die der in den Hirnventrikeln gebildete Liquor in die Cavitas subarachnoidea des Rückenmarks abfließt.
Unterhalb des Kleinhirns kommt es zur Bildung der Cisterna cerebellomedullaris, einer klinisch wichtigen Punktionsstelle des Liquorraumes. Größe und Ausdehnung der Ventrikel und Zisternen unterliegen individuellen Schwankungen. Bei krankhaften Vergrößerungen sowie bei Verlegungen des Liquorabflusses wird die umgebende Hirnsubstanz verdrängt, und es bildet sich ein innerer Wasserkopf (Hydrocephalus internus) aus.

1 Os parietale (Scheitelbein)
2 Os frontale (Stirnbein)
3 Maxilla (Oberkiefer)
4 Os zygomaticum (Jochbein)
5 Arcus zygomaticus (Jochbogen)
6 Meatus acusticus externus (äußerer Gehörgang)
7 Processus mastoideus (Warzenfortsatz)
8 Os occipitale (Hinterhauptsbein)
9 Cornu frontale (Vorderhorn)
10 Pars centralis (zentraler Anteil)
11 Cornu occipitale (Hinterhorn)
12 Cornu temporale (Unterhorn)
13 Foramen interventriculare
14 Ventriculus III

Schädel mit durchscheinend gezeichneter harter Hirnhaut von links zur Topographie der Hirnhaut- und Hirnarterien sowie des Ventrikelsystems

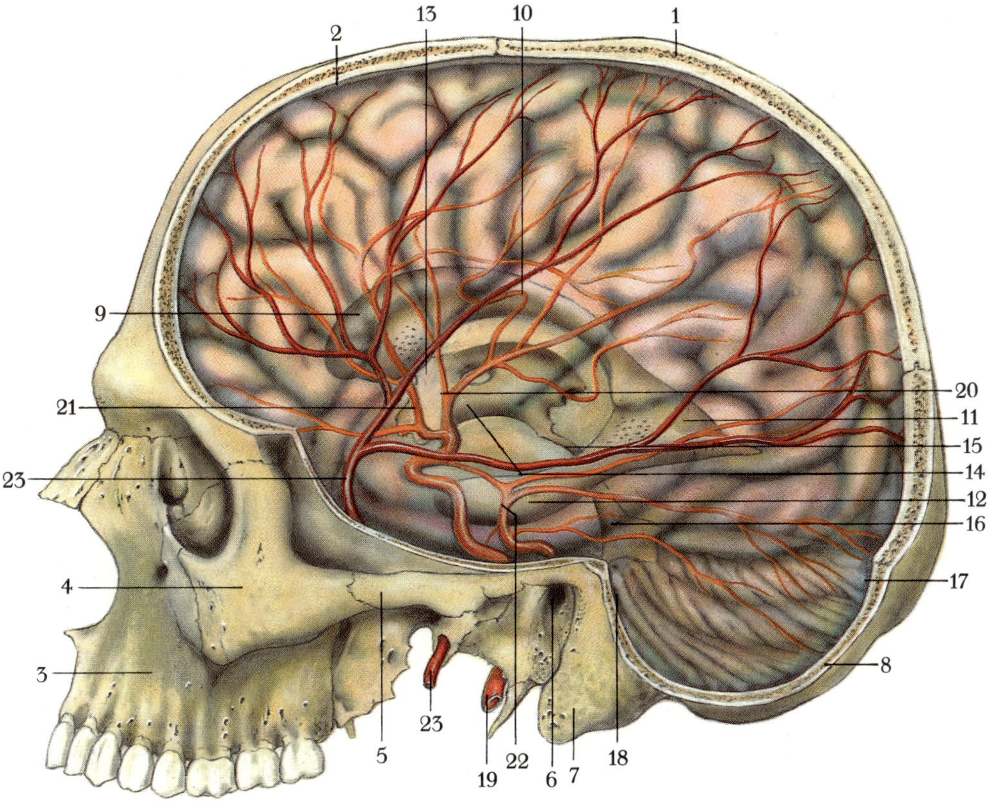

15 Aquaeductus mesencephali (Wasserleitung)
16 Ventriculus IV
17 Cavitas subarachnoidea (Raum zwischen den weichen Hirnhäuten)
18 Cisterna cerebellomedullaris (Erweiterung zwischen den weichen Hirnhäuten)
19 A. carotis interna
20 A. cerebri media
21 A. cerebri anterior
22 A. cerebri posterior
23 A. meningea media

Lage des Augapfels, seiner äußeren Muskeln und der Tränendrüse

Der vordere Teil der Augenhöhle (Orbita) wird fast vollständig vom Augapfel (Bulbus oculi) beansprucht. In seiner äußeren Wand (Tunica fibrosa bulbi) enden die Sehnen der äußeren Augenmuskeln, die den Augapfel in allen Richtungen des Raumes bewegen können und so das Sehorgan in die entsprechende Blickrichtung bringen. Zum Beispiel wird durch die Kontraktion des M. rectus medialis der Blick in die nasale (innere) Richtung der einen Seite gelenkt, dadurch muß sich sein Gegenspieler (Antagonist), der M. rectus lateralis der anderen Seite ebenfalls verkürzen, d. h. mit ihm korrespondieren, daß dieses Auge in die temporale (seitliche) Richtung gleichweit wandert, damit beide Augen den Gegenstand räumlich gleichsinnig erfassen.
Die äußeren Augenmuskeln entspringen von einer Bindegewebsmanschette in der hinteren Augenhöhle nahe dem Canalis opticus. Als Hauptnerv gilt der N. oculomotorius (III. Hirnnerv). Ausnahmen sind der M. rectus lateralis (N. abducens, VI. Hirnnerv) und der M. obliquus superior (N. trochlearis, IV. Hirnnerv). Alle diese Hirnnerven verlaufen durch die obere Augenhöhlenspalte (Fissura orbitalis superior) in die Orbita und werden begleitet vom sensiblen Augennerv (N. ophthalmicus, 1. Ast des N. trigeminus).
Beim binokulären plastischen Sehen bilden die beiden Augäpfel eine funktionelle Einheit. Durch eine feinfasrige Gliederung der Muskeln und durch die zahlreichen motorischen Endplatten wird die notwendige abgestimmte und sehr differenzierte Bewegung erst möglich. Die Drehung um eine quere Achse ergibt die Blickhebung oder die Blicksenkung. Dabei wirken bei der erstgenannten Bewegung die Mm. rectus superior und obliquus inferior zusammen, während die letztgenannte durch die Mm. rectus inferior und obliquus superior erreicht wird. Bei den Bewegungen um eine vertikale Achse kommt das eine Auge in eine Adduktion (nasalwärts, nach innen) und das der Gegenseite in eine Abduktion (temporalwärts, seitwärts) im Zusammenspiel der Mm. rectus medialis und lateralis. Bei der Rotation einwärts sind es die Mm. rectus superior und obliquus superior. Umgekehrt kontrahieren sich bei der Rotation auswärts die Mm. rectus inferior und obliquus inferior.
Durch eine Verklebung der Ursprungsfaszien kann das angeborene Schielen (Strabismus) entstehen. Beim Einwärtsschielen (Strabismus convergens) handelt es sich um die Lähmung des M. rectus lateralis und umgekehrt beim Auswärtsschielen (Strabismus divergens) um die Funktionsuntüchtigkeit des M. rectus medialis. Beim Ausfall eines Nerven kommt es zusätzlich zur Veränderung der Blickrichtung.
Im oberen seitlichen Teil der Augenhöhle liegt hinter dem Vorderrand die Tränendrüse (Glandula lacrimalis). Ihr Sekret wird durch den reflektorischen Lidschlag über die Vorderfläche des Augapfels verteilt. Bei vermehrtem Tränenfluß gelangt das Sekret über den medialen Augenwinkel durch den Tränennasengang (Ductus nasolacrimalis) in den unteren Teil der Nasenhöhle oder läuft über das Gesicht.
Das Heben der Augenlider stellt eine Voraussetzung für den Lichteintritt dar. Es erfolgt durch den Lidheber (M. levator palpebrae superioris), aber auch durch eingestreute glatte Muskelzellen des Oberlids.

1 Os frontale mit Sinus frontalis (Stirnbein mit Stirnhöhle)
2 Fossa cranii anterior (vordere Schädelgrube)
3 Canalis opticus (Sehnervenkanal)
4 Os nasale (Nasenbein)
5 Apertura piriformis (Eingang zur Nasenhöhle)
6 Maxilla (Oberkiefer)
7 Processus alveolaris der Maxilla mit Oberkieferzähnen
8 Sinus maxillaris (Kieferhöhle, eröffnet)
9 Bulbus oculi (Augapfel)
10 Tunica fibrosa bulbi (äußere Wand des Augapfels)

Das linke Auge in der Augenhöhle und die Lage der Tränendrüse

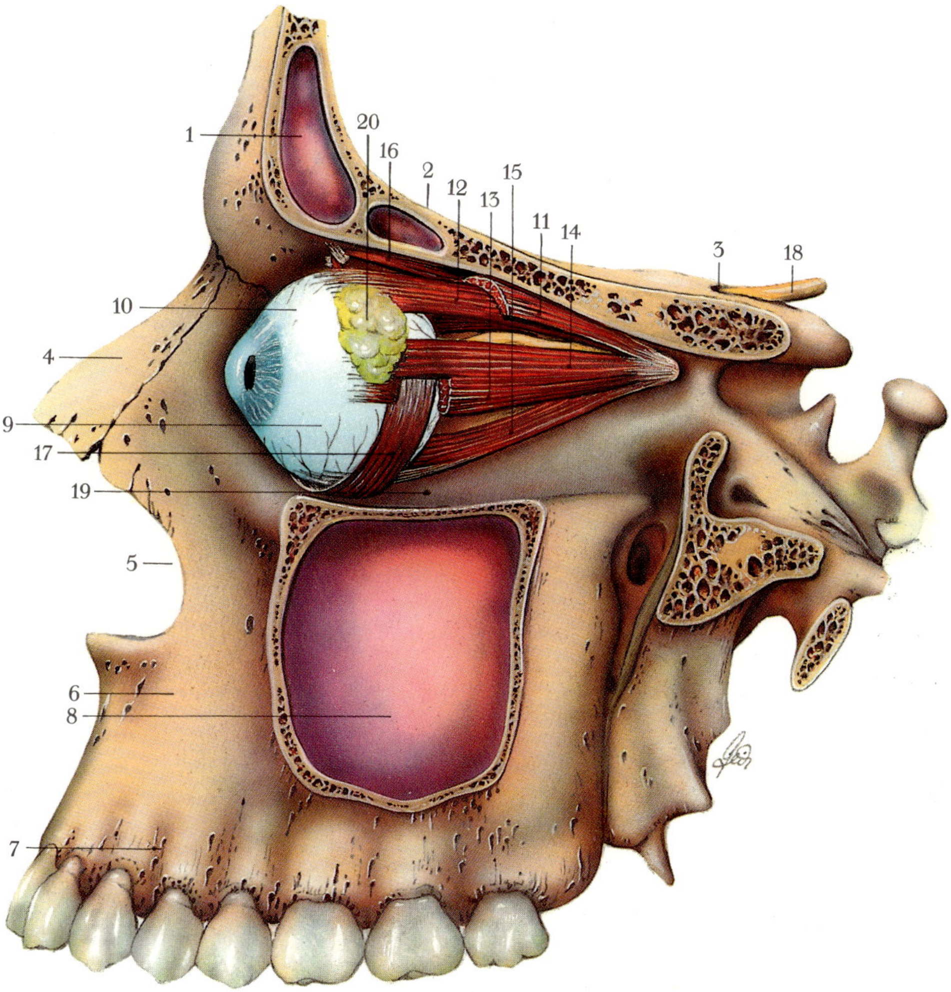

11 M. levator palpebrae superioris (Lidheber, durchtrennt)
12 M. rectus superior (oberer gerader Augenmuskel)
13 M. rectus medialis (innerer gerader Augenmuskel)
14 M. rectus lateralis (seitlicher gerader Augenmuskel)
15 M. rectus inferior (unterer gerader Augenmuskel)
16 M. obliquus superior (oberer schräger Augenmuskel)
17 M. obliquus inferior (unterer schräger Augenmuskel)
18 N. opticus (Sehnerv)
19 Boden der Augenhöhle
20 Glandula lacrimalis (Tränendrüse)

Anteile des Augapfels und ihre Funktion

Der Augapfel (Bulbus oculi) besitzt eine fast kugelige Form. Sein Aufbau erfolgt in mehreren Schichten. Die äußere Augenhaut (Tunica fibrosa) besteht aus der weißen oder harten Augen- bzw. Lederhaut (Sclera) und der Hornhaut (Cornea). Daran schließt sich die mittlere Augenhaut (Tunica vasculosa) als gefäß- und nervenreicher, aber auch stark pigmentierter Abschnitt an. Sie enthält die Aderhaut (Choroidea), den Strahlenkörper (Corpus ciliare) und die Regenbogenhaut (Iris). Als besondere Bildung ist zwischen Iris und Glaskörper die bikonvexe Linse (Lens) eingesetzt. Die innere Augenhaut (Tunica interna) unterteilt sich in das Pigmentepithel außen und die Netzhaut (Retina) innen (Bild A).

Die Lederhaut wird volkstümlich als »das Weiße im Auge« bezeichnet und betrifft etwa 5/6 der äußeren Hülle. Sie ist gefäßarm. Die Gelbfärbung im höheren Alter ist durch verfärbte Fetteinlagerung bedingt. Bei Lebererkrankungen kommt es ebenfalls zur Gelbfärbung.

Die Hornhaut ist eine vorn liegende mehr ovale durchsichtige Platte, die aus mehreren Schichten besteht. Sie geht an ihrem Rand systematisch in die Sklera über. Das Hornhautepithel mit mehreren Lagen übernimmt den Schutz gegen äußere Einflüsse. Durch die zahlreichen Nervenendigungen ist die Hornhaut sehr empfindlich. Bis auf die schmale Randzone gibt es keine Blutgefäße. Nach Verletzungen kann eine Trübung eintreten.

Die Aderhaut liegt außen auf der Netzhaut und ist mit deren Pigmentschicht fest verankert. Dadurch können die äußeren Netzhautschichten versorgt werden. Der Strahlenkörper legt sich von der Seite an den Linsenrand und setzt hier an.

Im Innern befindet sich der glatte Strahlenmuskel (M. ciliaris), der durch abgestufte Kontraktionen die stärkere Wölbung der Linse in ihrer Ruhelage zuläßt, wodurch das Nahsehen möglich wird (Akkommodation). Im Gegensatz führt seine Erschlaffung zum Zug auf die Linse und zu deren Abflachung für die Ferneinstellung. Die Versorgung geschieht über den parasympathischen Anteil des N. oculomotorius.

Die Regenbogenhaut ist eine pigmentierte Blende, die das Sehloch (Pupille) frei läßt und hinter der Hornhaut bzw. vor der Linse liegt. Sie setzt am Strahlenkörper an. In der Regenbogenhaut liegen die zwei inneren glatten Augenmuskeln. Der Pupillenschließer (M. sphincter pupillae) wird parasympathisch über den N. oculomotorius und der Pupillenerweiterer (M. dilator pupillae) sympathisch über den Halssympathikus versorgt. Sie gestalten in Abhängigkeit von den Lichtverhältnissen das Pupillenspiel. Bei der Gabe von Atropin zur Pupillenerweiterung kommt es zur Lähmung der parasympathischen Anteile einschließlich der Akkommodation.

Die Regenbogenhaut teilt den Raum zwischen der Linse und der Hornhaut in eine vordere und eine hintere Augenkammer. Über den freien Rand an der Pupille stehen beide Kammern miteinander in Verbindung.

Der Gefäßreichtum am Strahlenkörper sorgt für die Bildung des Kammerwassers, das den intrabulbären Druck erzeugt (Augendruck etwa 15–22 mm Hg). Das Kammerwasser fließt am Regenbogen-Hornhaut-Winkel (Iridokornealwinkel) in den Schlemm-Kanal ab. Abflußstörungen führen zum Augenüberdruck (grüner Star oder Glaukom).

Die bikonvexe durchsichtige Linse hängt am Strahlenkörper in der hinteren Augenkammer und bricht das einfallende Licht. Auch sie ist ohne Gefäße und Nerven. Im Alter läßt ihre Elastizität nach (Alterssichtigkeit, die durch Sammellinsen behoben wird). Die Linsentrübung nennt man grauen Star (Katarakt).

Der hinter der Linse liegende Glaskörper füllt den Innenraum mit seiner Flüssigkeit aus.

Die Netzhaut beginnt außen mit den Sinnesepithelzellen als Stäbchen (Hell-Dunkel-Sehen) und Zapfen (Farben und Form-Sehen). Über zwei weitere Nervenzellschichten, die ihnen folgen, gelangen die Erregungen zum N. opticus.

Mit dem Augenspiegel läßt sich der Augenhintergrund direkt betrachten. Am Sehnerveneintritt (Discus n. optici) erkennt man die beginnenden Gefäßaufzweigungen. Seitlich davon erscheint ein gefäßreicher gelber Fleck (Macula lutea), die Stelle des schärfsten Sehens (Bild B).

Augapfel von der Seite zur Darstellung der Schichten gefenstert (Grundschema von Rohen, 1971 verändert) (Bild A) und Augenspiegelbild (Bild B)

A

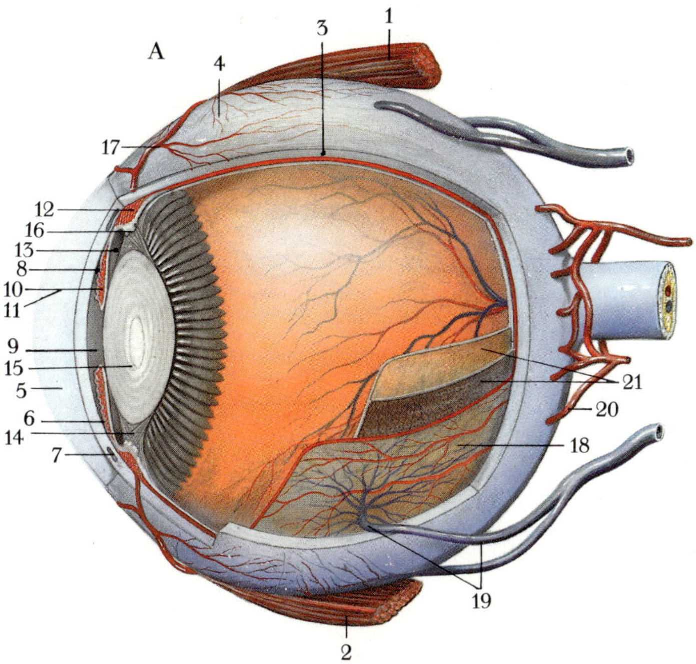

B

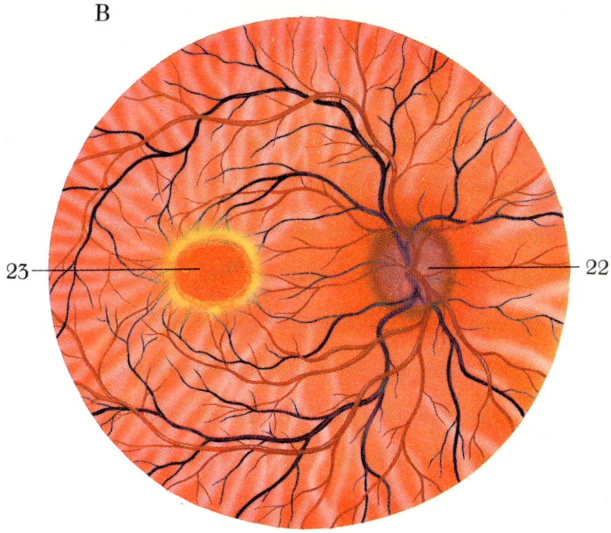

1 M. rectus superior (oberer gerader Muskel)
2 M. rectus inferior (unterer gerader Muskel)
3 Tunica fibrosa bulbi (äußere Augenhaut)
4 Sclera (weiße Augenhaut, Lederhaut)
5 Cornea (Hornhaut)
6 Angulus iridocornealis (Kammerwinkel)
7 Sinus venosus sclerae (Kammerwasserkanal, Schlemm-Kanal)
8 Camera bulbi anterior (vordere Augenkammer)
9 Pupilla (Pupille, Sehloch)
10–20 Anteile der Tunica vasculosa bulbi (mittlere Augenhaut)
10 M. sphincter pupillae (Verengerer, Schließer der Pupille)
11 M. dilator pupillae (Erweiterer der Pupille)
12 M. ciliaris (Muskel des Strahlenkörpers)
13 Camera bulbi posterior (hintere Augenkammer)
14 Zonula ciliaris (Strahlenbändchen, Halteapparat der Linse)
15 Lens (Linse)
16 Processus ciliares (Strahlenfortsätze)
17 Aa. ciliares anteriores
18 Choroidea (Aderhaut)
19 V. vorticosa (Wirbelvene)
20 Aa. ciliares posteriores breves
21 Retina (Netzhaut, Tunica interna bulbi oder innere Augenhaut) mit Pigmentepithel
22 Discus nervi optici (Austrittsstelle des N. opticus) mit A. centralis retinae und gleichnamige Vene
23 Macula lutea (gelber Fleck), Fovea centralis (Stelle schärfsten Sehens)

Kopf und Hals

Ohrmuschel mit äußerem Gehörgang und Mittelohr

Das Gehörorgan wird in das äußere Ohr (Auris externa), das Mittelohr (Auris media) und das Innenohr (Auris interna) unterteilt. Die Ohrmuschel (Auricula) und der äußere Gehörgang (Meatus acusticus externus) bilden die Teile des äußeren Ohres. Form, Größe und Beschaffenheit der Ohrmuschel sind gebunden an die Ausbildung des elastischen Ohrknorpels, der mit der dünnen Hautschicht verbunden ist. Das Ohrläppchen enthält nur Fettgewebe. Die Ohrmuschel setzt sich in den leicht gebogen verlaufenden äußeren Gehörgang fort, der beim Erwachsenen etwa 36 mm lang ist. Das laterale Drittel wird durch eine Knorpelrinne verstärkt, während die inneren zwei Drittel bereits im Schläfenbein liegen. Die Längsachse geht von hinten unten (außen) nach vorn oben (innen). Deshalb muß die Ohrmuschel nach hinten oben gezogen werden, um das Trommelfell spiegeln zu können. Die Haut ist zart und mit der Unterlage fest verankert. Im lateralen Teil kommen vereinzelt Haare, Talgdrüsen und Ohrschmalzdrüsen vor.

Die untere Wand des äußeren Gehörgangs ist nur dünn von der Gelenkpfanne (Fossa mandibularis) des Kiefergelenks getrennt. Der äußere Gehörgang endet mit dem Trommelfell (Membrana tympani). Letzteres markiert die Grenze zwischen dem äußeren Ohr und dem Mittelohr. Das Trommelfell ist eine zarte, schräg zur Achse des Gehörgangs stehende Membran, die an ihrer Außenseite von einer feinen Hautschicht und innen von Schleimhaut bedeckt ist. Die Mitte des Trommelfells wird durch den mit ihm verwachsenen Hammergriff etwas nach innen gezogen. Der Hammer (Malleus) gehört zusammen mit dem Amboß (Incus) und dem Steigbügel (Stapes) zu einer Reihe von Gehörknöchelchen (Ossicula auditus). So entsteht eine gelenkig verbundene Kette mit zwei kleinen Muskeln, dem Trommelfellspanner (M. tensor tympani) und dem Steigbügelmuskel (M. stapedius), die die Bewegungen der Gehörknöchelchen regulieren. Hammer, Amboß und Steigbügel befinden sich in der Paukenhöhle (Cavum tympani, Cavitas tympanica). Dieser kleine, luftgefüllte, mit Schleimhaut ausgekleidete Raum im Schläfenbein ist verbunden mit den lufthaltigen Kammern des Warzenfortsatzes (Cellulae mastoideae). Außerdem mündet an der vorderen Wand der Paukenhöhle die Ohrtrompete (Tuba auditiva). Sie besitzt einen anfangs knöchernen Abschnitt, der sich danach knorplig fortsetzt. Die Gesamtlänge der Ohrtrompete wird mit ungefähr 4 cm angegeben. Die Öffnung endet im Nasen-Rachen-Raum. Die Ohrtrompete dient der Belüftung der Paukenhöhle, damit der Druck im äußeren Ohr gleich dem im Mittelohrraum ist. Bei jedem Schlucken öffnet sich die Lichtung der Ohrtrompete für diese Funktion. Daraus erklärt sich auch, daß sie den häufigsten Infektionsweg für die Entzündungen der Schleimhaut in der Paukenhöhle (Mittelohrentzündung, Otitis media) darstellt. Eine Komplikation der Mittelohrentzündung ergibt sich dann, wenn die Zellen des Warzenfortsatzes mit entzündet sind, weil der Einbruch in den Schädelraum möglich ist (Hirnhautentzündung, Meningitis). Schwellungen der Tubenschleimhaut bei vielen Nasen- und Rachenerkrankungen verhindern die Kommunikation des Luftstromes zwischen dem Rachenraum und der Paukenhöhle. Es entsteht ein Unterdruck, das Trommelfell ist nach innen gezogen, seine Schwingungsfähigkeit wird vermindert, wodurch es zur reversiblen Schwerhörigkeit kommen kann.

1 Auricula (Ohrmuschel)
2 Lobulus auriculae (Ohrläppchen)
3 Porus acusticus externus (Öffnung des äußeren Gehörgangs)
4 Meatus acusticus externus (äußerer Gehörgang)
5 knorpliger Anteil des äußeren Gehörgangs
6 knöcherner Anteil des äußeren Gehörgangs
7 Glandulae ceruminosae (Ohrschmalzdrüsen)
8 Membrana tympani (Trommelfell)
9 Malleus (Hammer)
10 Incus (Amboß)

Rechtes äußeres Ohr und Mittelohr im Schnitt

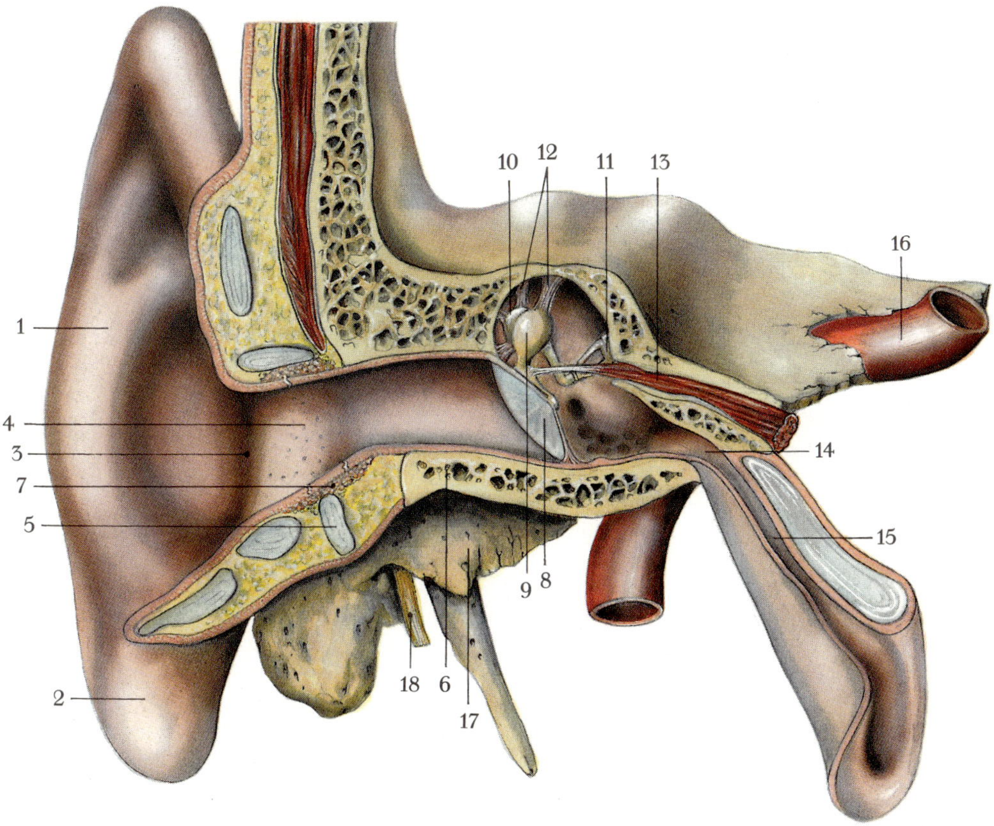

11 Stapes (Steigbügel) in der Fenestra vestibuli (ovales Fenster)
12 Bänder zu den Gehörknöchelchen
13 M. tensor tympani (Trommelfellspanner)
14 Tuba auditiva (Ohrtrompete, knöcherner Anteil)
15 Tuba auditiva (knorpliger Anteil)
16 A. carotis interna
17 Fossa mandibularis (Kiefergelenkspfanne)
18 N. facialis (VII. Hirnnerv, Gesichtsnerv)

Funktionelle Erläuterungen am Gehör- und Gleichgewichtsorgan

In der mit Schleimhaut ausgekleideten Paukenhöhle (Cavitas tympanica oder Cavum tympani) erfolgt die Weiterleitung der Schwingungen beim Hörvorgang. Das Trommelfell (Membrana tympani) mit seinem Durchmesser von etwa 1 cm ist fest in das umgebende Knochengewebe eingelassen und so gespannt. Hinzu kommt, daß der Hammerhandgriff mit dem Trommelfell verwachsen ist, und diese Stelle zum Trommelfellnabel (Umbo) einzieht (Bild A, B). Wenn der Hammergriff die Schwingungen des Trommelfells übernimmt, leitet er diese auf den Amboß weiter. Von hier erreichen sie den Steigbügel, der mit seiner Basisplatte im ovalen Fenster, der Verbindung zum Innenohr, hängt (Bild B, C). Der Effekt dieser Weitergabe besteht darin, daß die Schwingungsamplitude durch die feste Verankerung der Gehörknöchelchenkette verringert wird, und sich der Schalldruck damit erhöht. Einen weiteren Faktor für diesen Vorgang stellen die Größenverhältnisse zwischen Trommelfell und ovalem Fenster dar (etwa $50:4\,mm^2$). Bei einer Verkalkung von Bandzügen kommt es zur Otosklerose, einer Mittelohrschwerhörigkeit, bei der die Schwingungsweiterleitung behindert ist. Indirekt können Schleimhautveränderungen zu pathologischen Zuständen führen, weil alle Bildungen einschließlich der Gehörknöchelchen und deren Bänder von Schleimhaut überzogen sind.
Das Innenohr (Auris interna) besteht aus vorgebildeten Knochenkanälen des Felsenbeins. Den vorderen Abschnitt dieses knöchernen Labyrinths nimmt als Schallaufnahmeapparat die Schnecke (Cochlea) mit ihren Windungen ein. Im knöchernen Labyrinth befindet sich, in Flüssigkeit (Perilymphe) eingebettet, das häutige Labyrinth. Während der Perilymphraum der Knochenwand anliegt, befindet sich in seinem Innern ein weiterer geschlossener Raum, das endolymphatische Gangsystem für das Gleichgewichts- und Hörorgan (Bild D, F).
Die Schwingungen des Steigbügels werden über das ovale Fenster auf die Perilymphe übertragen und geben den Abdruck der Welle an den Endolymphraum weiter. Dort liegen die Haare der Sinneszellen des Gehörnerven in bestimmter Anordnung. Den Gang im Endolymphraum, in dem die Sinneszellen des Hörorgans vorkommen, nennt man Corti-Organ. Durch die Bewegungen der Sinneshaare erfolgt eine Erregungsbildung, die die Nervenzellansammlung (Ganglion cochleare) erreicht. Die Erregung wird dann über den Hörnerven weitergeleitet. Er verläßt das Felsenbein und gelangt zu Kerngebieten in Höhe des IV. Ventrikels im Rautenhirn. Hier erfolgen Umschaltungen und Verbindungen zur Gegenseite und die Weiterführung der Impulse zum Mittelhirn, aber auch zum Kleinhirn (akustisch-optische Reflexbahn). Der Hauptteil erreicht als Hörstrahlung über das Mittelhirn die Schläfenlappenrinde (Hörzentrum).
Das Gleichgewichtsorgan oder der Vestibularapparat besteht aus dem Sacculus und Utriculus sowie aus den von letzterem ausgehenden drei Bogengängen (Ductus semicirculares), die schräg zur horizontalen, frontalen und vertikalen Ebene ausgerichtet sind (Bild E). Auch dieses mit Endolymphe gefüllte System besitzt Sinneszellen für den Gleichgewichtssinn sowie für die Dreh- und Linearbeschleunigung.

1 Membrana tympani (Trommelfell)
2 Malleus (Hammer)
3 Incus (Amboß)
4 Stapes (Steigbügel)
5 Basisplatte des Steigbügels
6 Fenestra vestibuli (ovales Fenster)
7 Pars petrosa (Felsenbein)
8 Bänder der Gehörknöchelchen
9 Cavitas tympanica (Paukenhöhle)
10 Cochlea (Schnecke, teilweise eröffnet)
11 N. cochlearis (Hörnerv)
12 N. vestibularis (Gleichgewichtsnerv)

Mittelohr im Felsenbein (Bild A, B), seine isolierten Teile (Bild C), Darstellung des Innenohrs im Felsenbein (Bild D, E ,F)

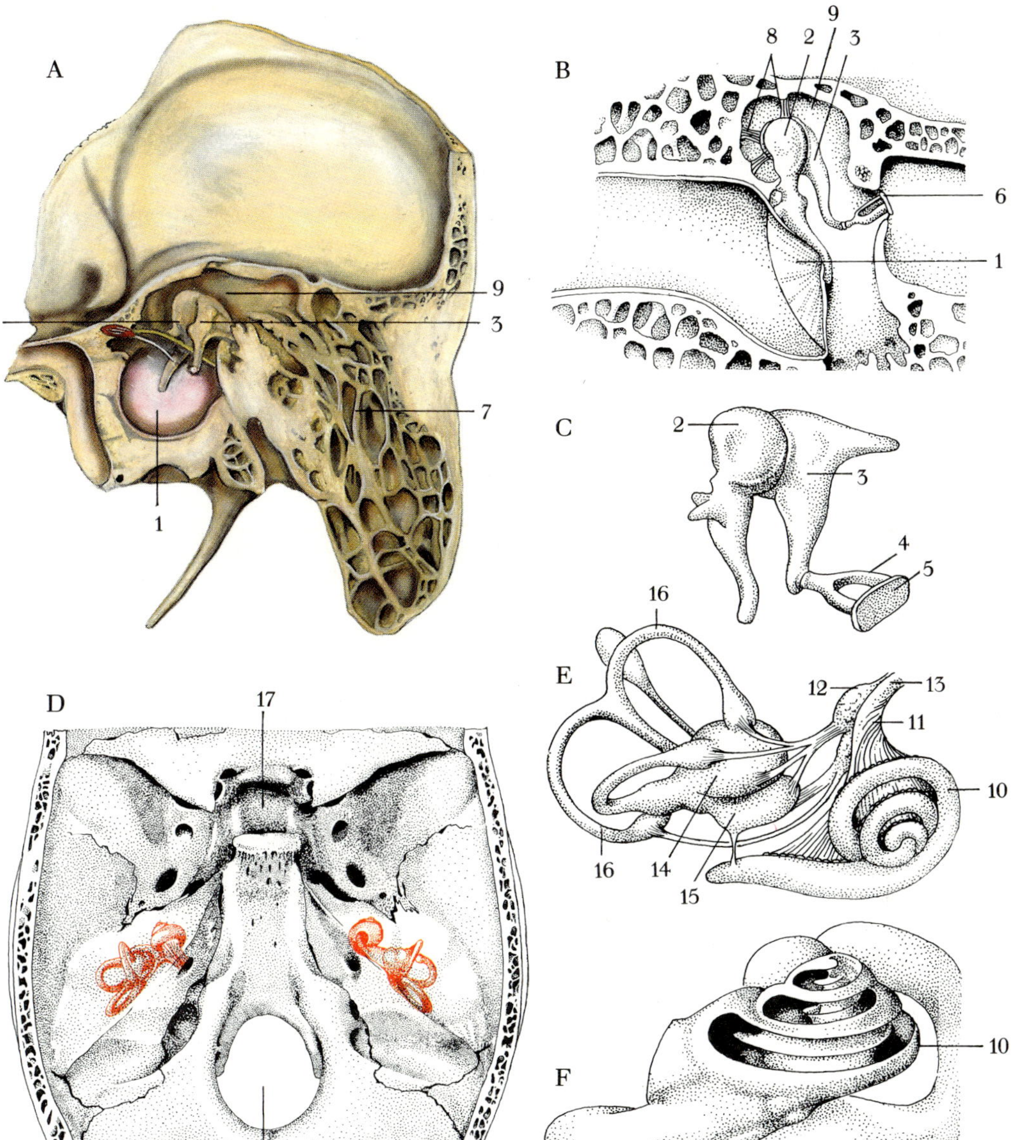

13 N. vestibulocochlearis (Gleichgewichts- und Hörnerv, VIII. Hirnnerv)
14 Utriculus
15 Sacculus
16 Ductus semicirculares (3 zueinander senkrecht stehende Bogengänge)
17 Fossa hypophysialis (Grube für die Hirnanhangsdrüse)
18 Foramen magnum (großes Hinterhauptsloch)

Kopf und Hals

Halsgebiet von vorn

Der Hals (Collum) gilt als Verbindungsstück zwischen Kopf und Rumpf, ist durch die Wirbelsäule sehr beweglich und enthält neben den Halseingeweiden das Rückenmark. Die Grenzen des Halses sind kranial der Unterrand des Unterkiefers und die Schädelbasis, kaudal der Oberrand des Brustbeins und des Schlüsselbeins, die Schulterhöhe (Acromion) und von da entlang einer Verbindungslinie zum 7. Halswirbeldorn (Vertebra prominens).
Im mittleren Abschnitt ist der Hals beim Lebenden zylindrisch, seine Länge und Beschaffenheit sind vom allgemeinen Körperbautyp, aber auch vom Geschlecht abhängig. Besonders auffällig sind die Unterschiede zwischen den Leptosomen und den Pyknikern. Kopfwärts nimmt der sagittale Durchmesser nahe dem Unterkieferrand plötzlich enorm zu. Zum Brustkorb hin fällt der breitbasige transversale Übergang auf.
Die dünne Haut des Halses ist gut verschieblich und läßt das Muskelrelief durchscheinen. Bei körperlichen Anstrengungen schwellen die oberflächlichen Venen kurzzeitig an. Das dauernde Hervortreten der Venen deutet auf eine Einflußstauung in das rechte Herz hin. Die Längsfalten des Halses erzeugt der Hautmuskel des Halses (Platysma). Diese können im Alter konstant bleiben.
Das vordere Halsgebiet wird durch die beiden Kopfwender (Mm. sternocleidomastoidei) eingerahmt, die von der oberflächlichen Halsfaszie eingescheidet sind. Am Vorderrand des Kopfwenders, etwas oberhalb der Mitte, läßt sich die Pulsation der Halsschlagader (A. carotis communis) fühlen, manchmal sogar sehen. An dieser Stelle teilt sie sich in die A. carotis externa für das Kopf-Halsgebiet und in die A. carotis interna, die ohne Astabgabe über den Karotiskanal (Canalis caroticus) in den Schädelraum zur Hirnversorgung zieht. Sie wird umhüllt von einer Bindegewebsscheide (Vagina carotica), in die auch die V. jugularis interna und der N. vagus (X. Hirnnerv) einbezogen sind. Diese Bindegewebsscheide wird durch den M. omohyoideus gespannt und hält das Lumen der Vene zum besseren Rückfluß des Hirnblutes offen. Sie gehört zur mittleren Halsfaszie (Lamina praetrachealis), die den Eingeweideschlauch mit seinen Organen mit mehreren Lamellen umhüllt. Das gilt auch für die Zungenbeinmuskeln, die das Zungenbein in Muskelschlingen halten. Diese Anordnung bedingt, daß es keine echte Barriere zwischen Mundboden und dem Mittelfell (Mediastinum) im Thorakalraum gibt, was für die Ausbreitung von krankhaften Zuständen wichtig ist.
Der Eingeweideschlauch enthält den Kehlkopf (Larynx), die Luftröhre (Trachea), die Speiseröhre (Oesophagus) und die Schilddrüse (Glandula thyroidea) mit den Epithelkörperchen (Glandulae parathyroideae). Die Schilddrüse gliedert sich in einen rechten und einen linken Lappen, die vom Kopfwender normal verdeckt bleiben, sowie in ein enges Mittelstück (Isthmus), das beim Erwachsenen in Höhe der 2. bis 3. Trachealspange vor der Trachea verläuft. Im hinteren Bereich der Schilddrüsenlappen sind am oberen und unteren Pol die Epithelkörperchen fest eingelagert.
Die Schilddrüse produziert in Abhängigkeit vom Hypophysenvorderlappen Hormone zur Stimulierung von Stoffwechsel und Wachstum (z. B. Thyroxin). Bei der Überfunktion des Organs (Hyperthyreose, Basedow-Krankheit) kommt es zur krankhaften Steigerung des Stoffwechsels (Abmagerung, Temperaturerhöhung und Pulsbeschleunigung). Die Kropfbildung (Struma) setzt nicht immer eine Überfunktion voraus. Die Unterfunktion (Hypothyreose) bewirkt eine Verlangsamung des Stoffwechsels, des Wachstums, der geistigen Ansprechbarkeit und eine Aufschwemmung des Unterhautgewebes. Sie wird durch Iodmangel erzeugt.
Ein weiteres Schilddrüsenhormon, das Calcitonin, senkt den Blutcalciumspiegel und fördert die Knochenbildung.
Gelegentlich gibt es einen zusätzlichen Lappen (Lobus pyramidalis) in Richtung zum Mundboden.
Die Epithelkörperchen bilden das Parathormon, das sowohl den Calcium-, aber auch den Phosphatstoffwechsel reguliert, dabei allerdings den Knochenabbau anregt.

Der Halsbereich von vorn mit den tieferen Bildungen rechts und denen des Mundbodens links

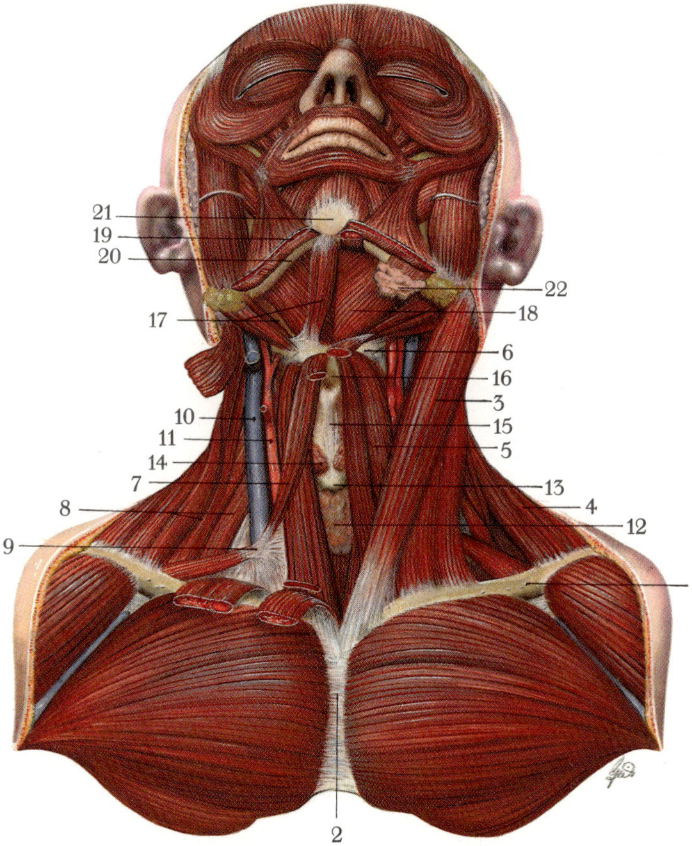

1 Clavicula (Schlüsselbein)
2 Sternum (Brustbein)
3 M. sternocleidomastoideus (Kopfwender)
4 M. trapezius (Trapezmuskel)
5 Mm. infrahyoidei (untere oder kaudale Zungenbeinmuskulatur)
6 Os hyoideum (Zungenbein)
7 M. omohyoideus (Teil der unteren Zungenbeinmuskeln)
8 Mm. scaleni (Treppenmuskeln)
9 Vagina carotica (Einscheidung des Gefäß-Nerven-Stranges)
10 V. jugularis interna (innere Drosselvene)
11 A. carotis communis (gemeinsame Hals-Kopf-Schlagader)
12 Isthmus glandulae thyroideae (enger Abschnitt der Schilddrüse)
13 Cartilago cricoidea (Ringknorpel)
14 M. cricothyroideus
15 Cartilago thyroidea (Schildknorpel)
16 Membrana thyrohyoidea (Band zwischen Schildknorpel und Zungenbein)
17 Mm. suprahyoidei (obere oder kraniale Zungenbeinmuskeln)
18 Diaphragma oris (Mundboden)
19 Platysma (Hautmuskel des Halses, durchtrennt)
20 Mandibula (Unterkiefer)
21 Protuberantia mentalis (Kinn)
22 Glandula submandibularis (Unterkieferspeicheldrüse)

Seitliche Halsgegend

Unter diesem Begriff wird eine Region zusammengefaßt, die oben schmal zwischen dem Hinterrand des Kopfwenders (M. sternocleidomastoideus) und dem Vorderrand des Trapezmuskels (M. trapezius) an der Schädelbasis beginnt, sich entlang der Muskelränder nach unten verbreitert und das Schlüsselbein als Abschluß aufweist. Häufig erfolgt eine weitere Unterteilung in ein kaudal gelegenes Dreieck (Trigonum omoclaviculare), das durch den schrägen Verlauf des M. omohyoideus vorgegeben wird. Das ganze Gebiet ist gekennzeichnet durch die dort verlaufenden Anteile des Hals- und Armgeflechts, durch Gefäßverzweigungen, Lymphknoten und in der Tiefe liegende Muskulatur. Letztere stellt den Übergang zur Nackengegend (Regio cervicalis posterior) her.
Bei der Betrachtung des Halses von der Seite erkennt man die Ausdehnung des Kopfwenders besonders gut. Es wird verständlich, daß er bei beidseitiger Inanspruchnahme das Hinterhaupt senkt und dadurch das Kinn mit dem Kopf anhebt, aber auch nach vorn führt. Bleibt das Hinterhaupt unbeweglich, hebt er mit den Brustkorb und hilft bei der Einatmung (Atemhilfsmuskel). Dies kann man bei Schwerkranken deutlich sehen. Bei einseitiger Kontraktion wandert das Gesicht zur Gegenseite, das Kinn wird angehoben oder die Schiefhaltung des Kopfes herbeigeführt. Auf diese Weise entsteht bei krankhaften Veränderungen der Schiefhals (Caput obstipum). Die Nerven des Kopfwenders kommen sowohl aus dem XI. Hirnnerven (N. accessorius) als auch aus dem Halsgeflecht (Plexus cervicalis).
Die reliefbildenden Teile der vorderen Halsregion sind von der Seite her ebenfalls auffällig und gut zu verfolgen. Dazu gehört die Markierung durch den Unterkieferrand, tiefer davon folgt weiter hinten liegend das Zungenbein, wodurch die Abwicklung des Halses zum Kiefer hin zustande kommt. Es schließt sich der Schildknorpel an, der beim männlichen Erwachsenen etwas vorsteht (Adamsapfel). Hier läßt sich am besten der Schluckakt studieren, bei dem der Eingeweideschlauch gehoben und gesenkt sowie vor- und zurückgeführt wird.
Die Muskelschlingen, in denen das Zungenbein hängt, haben nach oben gerade Züge, aber auch einen vorderen und einen hinteren Strang, wodurch die vorher genannten Bewegungen erfolgen können. Die unteren Zungenbeinmuskeln fixieren das Zungenbein und damit den Eingeweideschlauch in der entsprechenden Höhe und bringen andererseits den ganzen Trakt wieder kaudalwärts in seine Ruhelage. Dieses Zusammenspiel wird durch den Schluckreflex ausgelöst. Die motorische Innervation der Zungenbeinmuskeln geschieht durch das Halsgeflecht.
Wird der Hinterrand des Kopfwenders halbiert, erhält man die Stelle, an der sich die sensiblen Anteile des Halsgeflechts befinden (Punctum nervosum), um das Halsgebiet und die Brustwand bis zur Höhe der 2. oder 3. Rippe zu versorgen. Nahe der genannten Stelle liegt aber auch der Zwerchfellnerv (N. phrenicus) mit motorischen und sensiblen Qualitäten.
Unterhalb des Punctum nervosum folgt das Armgeflecht (Plexus brachialis) mit seinen Anteilen aus den Halssegmenten. Dieser oberhalb des Schlüsselbeins befindliche Abschnitt (Pars supraclavicularis) gibt bereits die Nervenäste für den Schultergürtel ab. Drückt man die Treppenmuskeln auseinander, sind in der Tiefe die prävertebralen Muskeln (u. a. M. longus colli) zu erkennen, die vor der Halswirbelsäule verlaufen und vom Eingeweideschlauch durch das tiefe Blatt der Halsfaszie (Lamina praevertebralis) getrennt werden. Hier befinden sich außerdem der Grenzstrang (Truncus sympathicus), aber auch die Anfangsteile des Hals- und Armgeflechts.
Dorsal von der seitlichen Halsgegend folgt die stark ausgebildete Nackenmuskulatur. Sie dient der Bewegung der Halswirbelsäule in drei Ebenen und ist an fast allen Bewegungen des Kopfes beteiligt, so auch der Drehung des Kopfes in den Gelenken zwischen 1. und 2. Halswirbel (Atlas und Axis). Die oberflächlich gelegene Muskulatur gehört zur dorsalen Rumpf-Gliedmaßen-Gruppe und wird vom Armgeflecht versorgt.

Das Halsgebiet von der Seite betrachtet mit dem Übergang zum Kopf und Rumpf

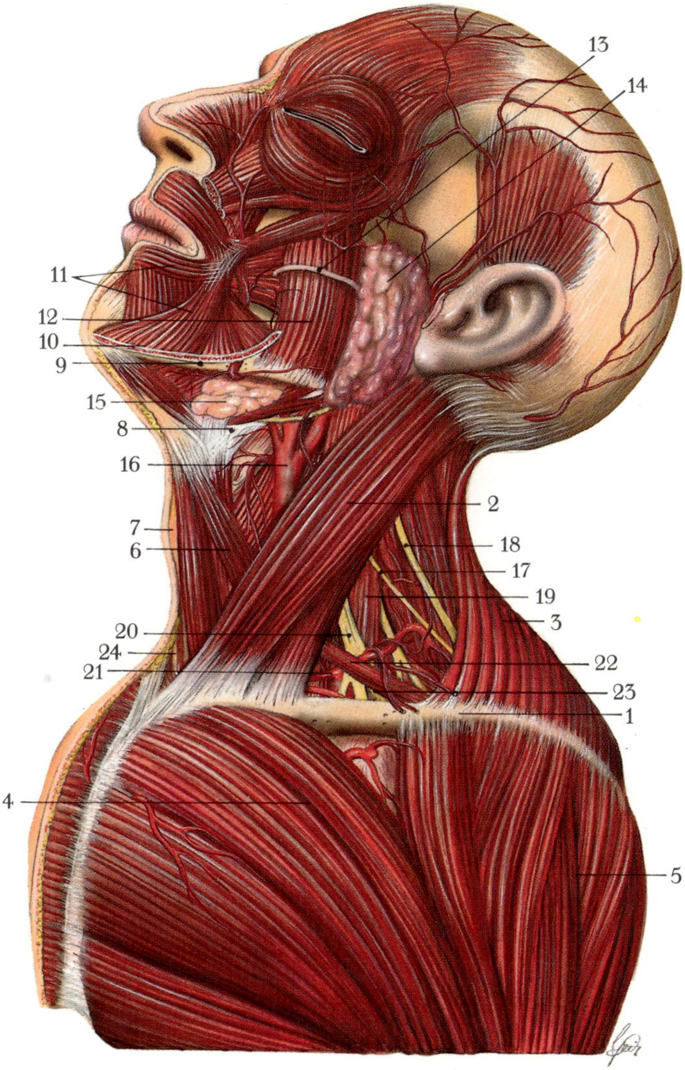

1 Clavicula (Schlüsselbein)
2 M. sternocleidomastoideus (Kopfwender)
3 M. trapezius (Trapezmuskel)
4 M. pectoralis major (großer Brustmuskel)
5 M. deltoideus (Deltamuskel)
6 Mm. infrahyoidei (untere Zungenbeinmuskeln)
7 Prominentia laryngea (Teil des Schildknorpels, Adamsapfel)
8 Os hyoideum (Zungenbein)
9 Basis mandibulae (Unterkieferrand)
10 Platysma (Hautmuskel des Halses, durchtrennt)
11 mimische Muskeln
12 M. masseter (Kaumuskel)
13 Ductus parotideus (Ausführungsgang der Ohrspeicheldrüse)
14 Glandula parotidea (Ohrspeicheldrüse)
15 Glandula submandibularis (Unterkieferspeicheldrüse) im Trigonum submandibulare
16 A. carotis communis und deren Aufteilung im Trigonum caroticum
17 Äste des Plexus cervicalis (Halsgeflecht)
18 N. accessorius (XI. Hirnnerv)
19 M. scalenus anterior (vorderer Treppenmuskel, durchtrennt)
20 Plexus brachialis (Armgeflecht)
21 Äste aus der A. subclavia
22 M. omohyoideus (Teil der unteren Zungenbeinmuskeln)
23 Fossa supraclavicularis major (Einsenkung oberhalb des Schlüsselbeins)
24 Fossa jugularis (Drosselgrube)

Kopf und Hals

Kehlkopf und Luftröhre als Teile der unteren Luftwege

Alle Anteile des Atemtrakts vom Kehlkopf (Larynx) abwärts gehören zu den unteren Luftwegen. Das Kehlkopfskelett beginnt äußerlich mit dem Zungenbein (Os hyoideum) und nimmt den oberen, vorderen Teil des Halses ein, so daß die Stimmritze beim Erwachsenen etwa in Höhe des 5. Halswirbels liegt, aber beim Greis tiefer sinkt. Der Hochstand beim Säugling ist ein Grund dafür, daß das Atmen und das Schlucken gleichzeitig möglich wird. Beim Mann springt der Schildknorpel (Cartilago thyroidea) als Adamsapfel (Prominentia laryngea) vor. Hinten berührt der Rachen (Pharynx) die Kehlkopfwand. Unterhalb des Kehlkopfeingangs ist es die dort entstandene Speiseröhre (Oesophagus) (Bild A). Die Seitenflächen besitzen enge Beziehungen zu den Schilddrüsenlappen.

Die hyalinknorpligen Teile des Kehlkopfs beginnen oben mit dem Schildknorpel. Nach ihm folgt der Ringknorpel (Cartilago cricoidea), dem die Stellknorpel (Cartilagines arytenoideae) aufgesetzt sind. Diese Skelettelemente werden durch feste, breite Bandzüge (Membrana thyrohyoidea bzw. Ligamentum cricothyroideum) und Gelenke miteinander verbunden. In den Gelenken zwischen dem Schild- und Ringknorpel regeln Kippbewegungen die Spannung der Stimmbänder. Über die Stellknorpelgelenke erfolgt die Weiteneinstellung der Stimmritze. Die hier angreifenden inneren Kehlkopfmuskeln bilden die Grundlage des Stimmbandes (Lig. oder M. vocalis) und sorgen mit verschiedenen anderen Faserrichtungen für die abgestufte Engstellung beim Sprechen (Phonationsstellung) (Bild D, E). Da es nur einen einzigen Öffner (Posticus, M. cricoarythenoideus posterior) für die Atemstellung (Bild B, C) gibt, droht bei dessen beidseitiger Lähmung der Erstickungstod, wenn nicht die Luftwege durch ärztliche Eingriffe (Intubation bzw. Tracheotomie) offen gehalten werden. Gleiches können Zustände bei Entzündungen, Schwellungen oder Verlegungen hervorrufen.

Innen vom Zungenbein liegt der elastische Kehlkopfknorpel (Epiglottis), der mit seinem unteren Teil am Schildknorpel eine Verankerung hat. Bei der Ein- und Ausatmung (In- und Expiration) steht er vertikal und hält die Verbindung zum Nasen-Rachen-Raum offen. Mit dem Einsetzen des reflektorisch ablaufenden Schluckakts legt er sich nach hinten über den Kehlkopfeingang. Gleichzeitig wandert der ganze Kehlkopf unter leichter Anhebung nach vorn unter den Zungengrund. Damit ist der Atemtrakt abgedichtet. Parallel dazu verschließt der weiche Gaumen im Zusammenwirken mit den oberen Schlundschnürern die Verbindung zum Nasenraum. Jetzt kann der Bissen oder beim sogenannten Leerschlucken der Speichel aktiv über den Schlund in die Speiseröhre befördert werden. Eine Zungenverlagerung und die Schlundschnürer bewirken diesen Vorgang.

An das Stimmband, das hinter dem Schildknorpel liegt, schließt sich ein kurzer konischer Abschnitt bis zum Unterrand des Ringknorpels an, der dann in die Luftröhre (Trachea) übergeht. Sie setzt sich vorn und seitlich aus aufeinanderfolgenden hyalinen Knorpelspangen zusammen, die hinten offen sind. Durch dekkungsgleiche Bandzüge sind die Voraussetzungen für ein versteiftes Atemrohr gegeben. Die Hinterwand der Luftröhre besteht aus dem membranösen Teil, der glatte Muskulatur, elastische Netze und Bindegewebe enthält. Die Schleimhaut ist mit der Knorpelhaut fest verwachsen, besitzt eine zweireihige Flimmerzellschicht mit Becherzellen und schlägt mit ihren Flimmern rachenwärts. Die Luftröhre beginnt am 6. oder 7. Halswirbel und teilt sich in Höhe des 4. oder 5. Brustwirbels in die beiden Hauptbronchien.

1 Choanae (Öffnung der Nasenhöhlen zum Rachenraum)
2 Concha nasalis inferior (untere Nasenmuschel)
3 Tonsilla pharyngealis (Rachenmandel)
4 Ostium pharyngeum tubae auditivae (Rachenöffnung der Ohrtrompete)
5 Palatum molle (weicher Gaumen)
6 Uvula palatina (Zäpfchen)
7 Pars oralis pharyngis
8 Tonsilla palatina (Gaumenmandel)
9 Lingua (Zunge)
10 Isthmus faucium (Schlundenge)

Nasen-Rachen-Raum und Kehlkopf von hinten (Bild A), Kehlkopfspiegelbild bei ruhiger (Bild B) und forcierter Atmung (Bild C) sowie bei normaler (Bild D) und Flüstersprache (Bild E)

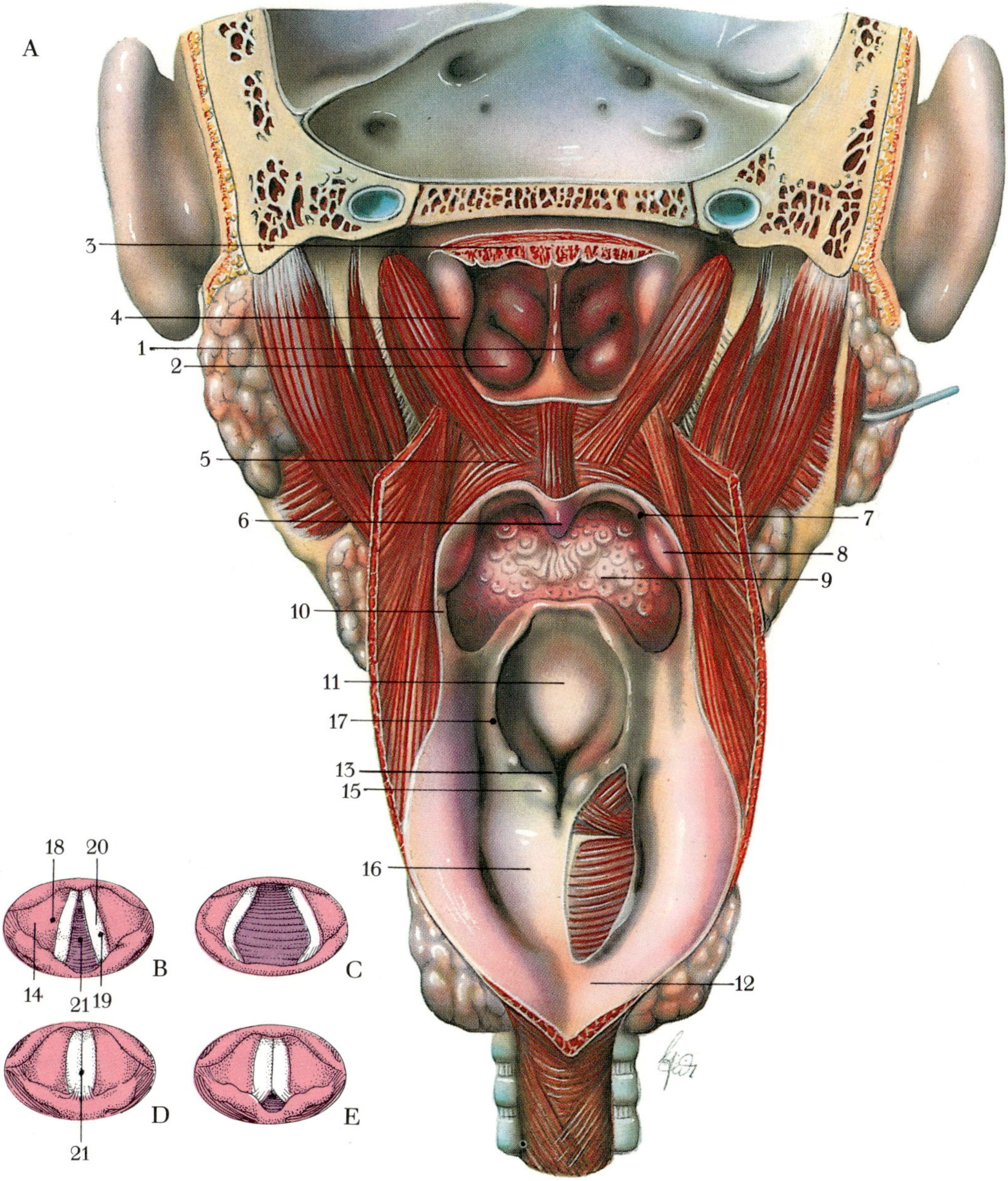

11 Epiglottis (Kehldeckel)
12 Oesophagus (Speiseröhre)
13 Aditus laryngis (Kehlkopfeingang)
14 Vestibulum laryngis (Kehlkopfvorhof)
15 Cartilago arytenoidea (Stellknorpel, durchschimmernd)
16 Cartilago cricoidea (Ringknorpel, durchschimmernd)
17 Plica aryepiglottica
18 Plica vestibularis (falsche Stimmfalte)
19 Plica vocalis (Stimmfalte)
20 Ventriculus laryngis (Innenraum des Kehlkopfes)
21 Rima glottidis (Stimmritze)

Rumpf

Übersicht der inneren Organe von ventral

Nach der Wegnahme der Brust- und Bauchwand ist die Unterteilung des Rumpfes in die Brust- und Bauchhöhle (Cavitas thoracis et abdominalis) durch das Zwerchfell (Diaphragma) gut sichtbar. Kranial vom Zwerchfell befinden sich die Brusteingeweide. Der sehnige Mittelteil (Centrum tendineum) des Zwerchfells ist mit der Basalfläche des Herzbeutels (Perikard) verwachsen. Die Brusthöhle gliedert sich in die paarigen Pleurahöhlen mit den Lungen (Pulmones) und den zwischen ihnen liegenden Mittelfellraum (Mediastinum).
Im oberen vorderen Abschnitt des Mediastinum befindet sich das Bries (Thymus). Rechts dahinter verläuft die obere Hohlvene (V. cava superior), die aus dem Zusammenfluß der beiden Schlüsselbein- und Drosselvenen (Venae brachiocephalicae) hervorgegangen ist. Dorsal davon folgt der Aortenbogen (Arcus aortae) mit dem Truncus brachiocephalicus, der linken gemeinsamen Halsschlagader (A. carotis communis sinistra) und der linken Schlüsselbeinarterie (A. subclavia sinistra). Die Luftröhre (Trachea) bildet die Grenze zum dorsalen Mediastinum. Das Herz und die großen Gefäße füllen somit fast das gesamte ventrale Mediastinum aus, wobei nur ein kleiner Teil des Herzens der vorderen Brustwand direkt anliegt.
In den Pleurahöhlen ragen die Lungenspitzen über die Schlüsselbeine (Claviculae) hinaus nach oben. Abwärts verläuft die rechte Pleuragrenze fast in der Mittellinie hinter dem Brustbein (Sternum). Im Gegensatz dazu weicht die linke Pleura bereits zwischen der 4. und 6. Rippe wegen des Herzens bogenförmig zur Seite hin ab. Zieht man eine senkrechte Linie von der Mitte des Schlüsselbeins über den Brustkorb nach unten (Medioklavikularlinie), so sind hier beide Seiten in Höhe der 7. Rippe mit ihrer Pleurabegrenzung wieder gleich. In ihrem weiteren Verlauf schneidet die untere Pleuragrenze eine gedachte senkrechte Linie, die in der Achselhöhle beginnt (mittlere Axillarlinie), in Höhe der 9. Rippe. Für die klinische Untersuchung sind diese Orientierungen wichtig, weil sich bei einer mittleren Atemstellung die Unterränder der Lungen selbst ein bis zwei Rippen oberhalb der unteren Pleuragrenze befinden. So können krankhafte Flüssigkeitsansammlungen im Pleuraraum (Pleuraexsudat) die Verschieblichkeit der unteren Lungenanteile stark beeinträchtigen. Die Projektion der Lungenlappen (Lobi) auf die Rippen ergibt, daß der rechte Oberlappen der 4. oder 5. Rippe folgt, während der Mittellappen vor der Axillarlinie erst beginnt und sich zwischen der 4. und 7. Rippe ausdehnt. Auf der linken Seite verhält sich der Oberlappen so, daß er dorsal zwar die 4. Rippe als Grenze hat, aber vorn dann bis zur 7. Rippe reicht, weil der Mittellappen fehlt.
Im rechten Oberbauch ist beim Erwachsenen die Leber in Höhe des 4. Interkostalraumes in einem umschriebenen Bezirk mit der rechten Zwerchfellkuppel verwachsen. An der Mitte des rechten Leberlappens (Lobus dexter) ragt die Gallenblase (Vesica fellea, Vesica biliaris) am Unterrand hervor. Tastbar sind der linke Leberlappen (Lobus sinister) und der Pförtneranteil (Pars pylorica) des Magens, weil diese im epigastrischen Winkel der vorderen Bauchwand anliegen. Dagegen wird die Milz durch den Verlauf der 9. bis 11. Rippe linksseitig vollkommen verdeckt. Die Dünndarmschlingen füllen einen großen Teil des Unterbauches aus und Dickdarmanteile umrahmen diese. In der Regel befindet sich der Leerdarm (Jejunum) mehr links oben und der Krummdarm (Ileum) rechts unten, wo er mit der Dickdarmklappe (Valva ileocaecalis) in den Blinddarm (Caecum) mündet. Vom Caecum geht nach unten der etwa fingerlange und bleistiftdicke Wurmfortsatz (Appendix vermiformis) ab, der bei einer Entzündung (Appendicitis) häufig chirurgisch entfernt wird. Unmittelbar über der Symphyse erscheint die Harnblase im gefüllten Zustand und kann dort bei krankhaften Zuständen punktiert werden.

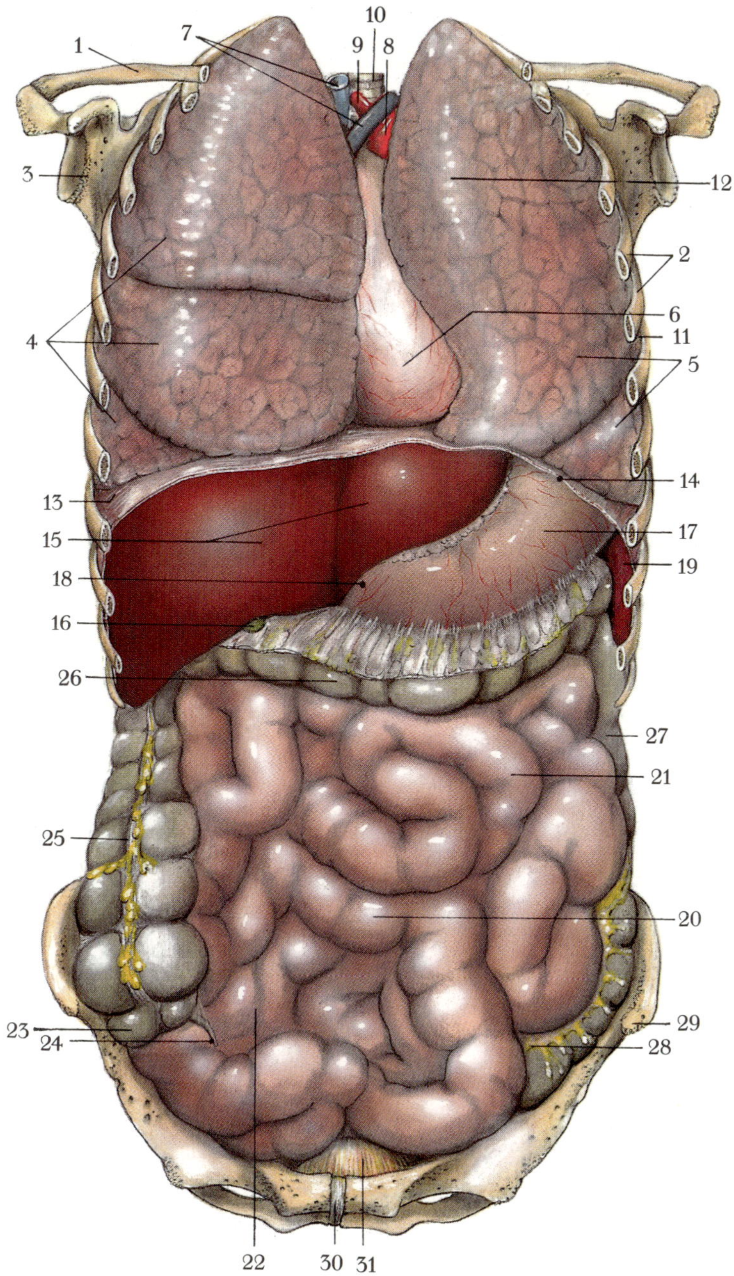

1 Clavicula (Schlüsselbein)
2 Costae (Rippen)
3 Scapula (Schulterblatt)
4 Pulmo dexter (rechte Lunge)
5 Pulmo sinister (linke Lunge)
6 Herz im Perikard
7 Vv. brachiocephalicae
8 Arcus aortae (Aortenbogen)
9 Truncus brachiocephalicus
10 Trachea (Luftröhre)
11 Pleura parietalis (Rippenfell)
12 Pleura visceralis (Lungenfell)
13 Cavitas pleuralis (Pleuraspalt)
14 Diaphragma (Zwerchfell)
15 Lobus dexter et sinister hepatis (rechter und linker Leberlappen)
16 Vesica biliaris oder fellea (Gallenblase)
17 Corpus ventriculi (Magenkörper)
18 Pars pylorica (Pförtnerteil)
19 Splen oder Lien (Milz)
20 Intestinum tenue (Dünndarm)
21 Jejunum (Leerdarm)
22 Ileum (Krummdarm)
23 Caecum (Blinddarm)
24 Appendix vermiformis (Wurmfortsatz)
25 Colon ascendens (aufsteigender Dickdarm)
26 Colon transversum (querverlaufender Dickdarm)
27 Colon descendens (absteigender Dickdarm)
28 Colon sigmoideum (Sigma)
29 Spina iliaca anterior superior (Darmbeinstachel)
30 Symphysis pubica (Schamfuge)
31 Vesica urinaria (Harnblase)

Beschreibung der inneren Organe von dorsal

Erst nach Entfernung der deckenden Weichteile und den stabilisierenden Skelettelementen des Rückens werden die Grenzen des Brust-, Bauch-, Becken- und Retroperitonealraumes sowie die Lage der Organe von dorsal sichtbar. Kranial überragen die Lungenspitzen die Schlüsselbeine um 2 bis 4 cm. Dadurch ist eine Verletzungsgefahr des Pleuraraumes und der Lunge vom Hals her möglich. Die Grenze zwischen dem Ober- und Unterlappen zieht rechts neben der Wirbelsäule etwa entlang der 5. Rippe, links eine Rippe höher. Der Mittellappen erscheint seitlich vor der Axillarlinie rechts. Die unteren Pleuragrenzen drängen sich hinter die Nebennieren und die oberen Nierenabschnitte, die sich im Retroperitonealraum befinden. Die Differenz zwischen der unteren Pleura- und Lungengrenze beträgt 2 bis 3 Querfingerbreiten. Durch Abklopfen der Körperoberfläche (Perkussion) zwischen der Ein- und Ausatmungsstellung kann die Verschieblichkeit der Lungengrenzen ermittelt werden. Aus der Ausdehnung des Pleuraraumes erklärt sich, daß bei Verletzungen in dieser Region mehrere Körperhöhlen gleichzeitig betroffen sein können.

Die einander zugekehrten parietalen Pleuraflächen (Pleura mediastinalis) begrenzen beiderseits den Mediastinalraum, in dem dorsal die Speiseröhre (Oesophagus), die Brustaorta (Aorta thoracica) mit ihren Ästen, Venen, Nerven, Lymphknoten, aber auch der Milchbrustgang (D. thoracicus) verlaufen. Auffällig ist, daß die Speiseröhre in ihrem oberen Abschnitt durch den Aortenboten mehr nach rechts gedrängt wird, obwohl ihr Zwerchfelldurchtritt dann wieder mehr links liegt. Bei der Passage von Kontrastmittel lassen sich röntgenologisch verschiedene Rückschlüsse auf die Nachbarorgane und den Oesophagus selbst ziehen. Die vorn im Mediastinum gelegenen Organe, so z. B. die Luftröhre (Trachea), werden fast völlig verdeckt.

Im Bauchraum sind die nach dorsal reichenden Organe, Leber und Milz zu erkennen. Dem rechten Leberlappen legen sich die rechte Nebenniere, Niere und der Pankreaskopf an. Das seitlich vom Rippenbogen verdeckte Leberfeld wird von oben durch die untere Pleuragrenze eingeengt. Weiter kaudal folgen unterhalb der rechten Dickdarmkrümmung (Flexura coli dextra) der aufsteigende Dickdarm (Colon ascendens) mit dem Blinddarm (Caecum) und seinem kleinen Wurmfortsatz (Appendix vermiformis). Diese Organe haben Kontakt zur seitlichen Bauchwand und der rechten Darmbeinschaufel. Linksseitig ist die Milz zwar teilweise von der unteren Pleuragrenze verdeckt, aber man erkennt ihre Ausdehnung zwischen der 9. und 11. Rippe. Daraus leitet sich ab, daß sie bei tiefer Einatmung unterhalb des Rippenbogens tastbar wird, wenn sie pathologisch vergrößert ist. Zwischen den Milzunterrand und die linke Niere schiebt sich die linke Dickdarmkrümmung (Flexura coli sinistra), nach kaudal folgt der absteigende Dickdarm (Colon descendens). Der sich anschließende s-förmige Dickdarm (Colon sigmoideum) wird größtenteils von der linken Darmbeinschaufel verdeckt. Das vorn intraperitoneal gelegene Querkolon (Colon transversum) kommt dorsal nicht zur Darstellung. Dagegen ist der Mastdarm (Rectum) nach Entfernung des Kreuzbeins in seinem ganzen Verlauf sichtbar. In das Feld, das seitlich von den Dickdarmanteilen, kranial von der sich nach retroperitoneal verlagerten Bauchspeicheldrüse sowie von der rechten und linken Niere begrenzt wird, projizieren sich Teile des Dünndarms (Intestinum tenue) nach dorsal. Dabei spielen die in der Nachbarschaft der Bauchspeicheldrüse gelegenen Abschnitte des Zwölffingerdarms (Duodenum) gegenüber den Jejunum- und Ileumschlingen eine besondere Rolle.

Außerdem erkennt man die beiden Harnleiter, wie sie sich aus der Einengung des Nierenbeckens entwickeln und damit ihre erste Enge erhalten. Sie ziehen anschließend über die hintere Bauchwand und gelangen in ihren Beckenabschnitt. Beim Mann münden sie verdeckt durch die Samenbläschen dorsal in die Harnblase.

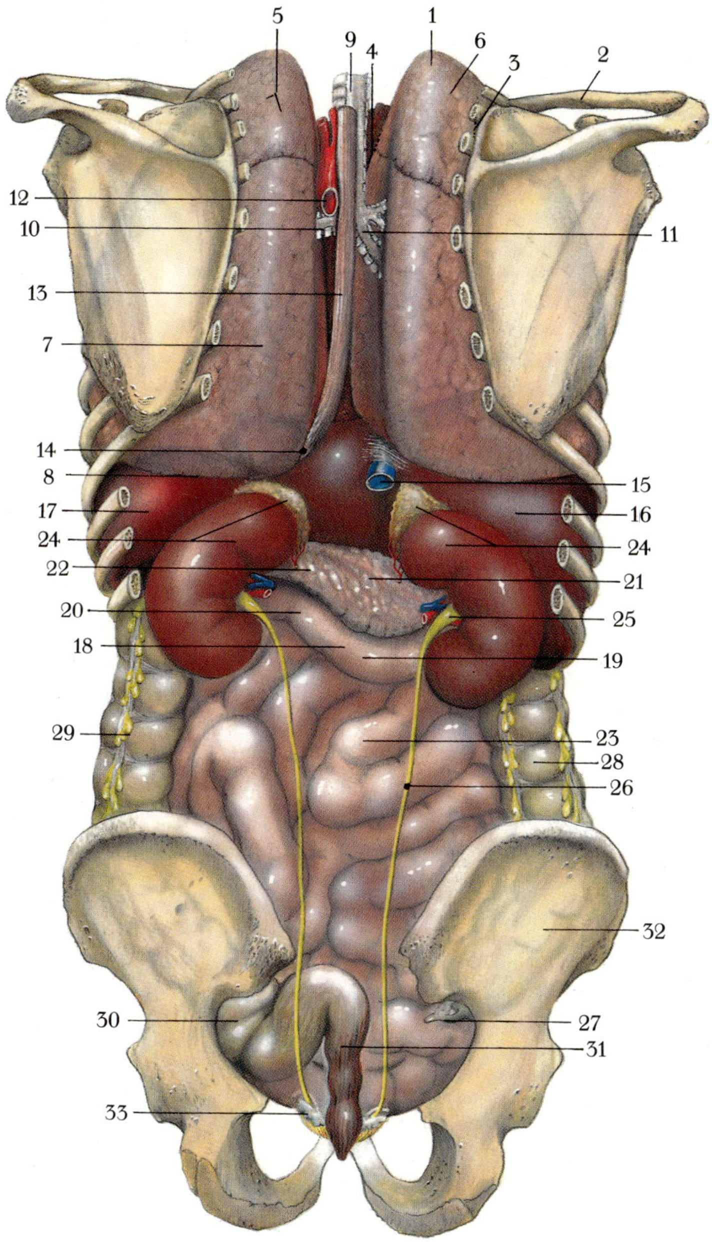

1 Apex pulmonis (Lungenspitze)
2 Clavicula (Schlüsselbein)
3 Pleura costalis (Rippenfell, Schnittrand)
4 Pleura mediastinalis (Überzug am Mittelfell)
5 Pleura visceralis (Lungenfell)
6 rechte Lunge, Oberlappen
7 linke Lunge, Unterlappen
8 untere Lungengrenze
9 Trachea (Luftröhre)
10 Bronchus principalis sinister (linker Stammbronchus)
11 Bronchus principalis dexter (rechter Stammbronchus)
12 Aorta thoracica (Brustaorta)
13 Oesophagus (Speiseröhre)
14 Cardia (Mageneingang)
15 Vena cava inferior (untere Hohlvene)
16 Hepar (Leber)
17 Splen oder Lien (Milz)
18 Duodenum (Zwölffingerdarm)
19 Pars horizontalis (inferior) duodeni (unterer Teil des Zwölffingerdarms)
20 Pars ascendens duodeni (aufsteigender Teil des Zwölffingerdarms)
21 Pancreas (Bauchspeicheldrüse)
22 Cauda pancreatis (Schwanzteil der Bauchspeicheldrüse)
23 Intestinum tenue (Dünndarm)
24 Renes und Glandulae suprarenales (Nieren und Nebennieren)
25 Pelvis renalis (Nierenbecken)
26 Ureter (Harnleiter)
27 Appendix vermiformis (Wurmfortsatz)
28 Colon ascendens (aufsteigender Dickdarm)
29 Colon descendens (absteigender Dickdarm)
30 Colon sigmoideum (s-förmiger Dickdarm)
31 Rectum (Mastdarm)
32 Os ilii (Darmbein)
33 Vesicula seminalis (Samenbläschen)

Rumpf

Brusteingeweide

Die Brusteingeweide sind vorn, seitlich und hinten von der Rumpfwand und unten durch das Zwerchfell hermetisch nach außen abgeschlossen. Der Thorakalraum ist in drei Höhlen unterteilt, den Mittelfellraum (Mediastinum) mit seiner zusätzlichen Abgrenzung, der Perikardhöhle (Cavitas pericardialis) für das Herz und die seitlichen paarigen Pleurahöhlen mit der rechten und linken Lunge. Die Lungenoberflächen sind bis tief in die Spalten zwischen den Lungenlappen (Interlobärspalten) vom Lungenfell (Pleura visceralis) bedeckt. Zwischen diesem serösen Überzug und dem den Thoraxinnenraum auskleidenden Rippenfell (Pleura parietalis) befindet sich ein kapillärer Spaltraum (Cavitas pleuralis). Die medialen Anteile der Pleura parietalis bezeichnet man als Pleura mediastinalis, weil sie mit dem Mediastinum verwachsen sind.

In der Mitte des Brustraumes erstreckt sich von der Rückfläche des Brustbeins bis zu den Vorderflächen der Wirbelsäule das Mittelfell (Mediastinum). Das obere Mediastinum enthält vorn das Bries (Thymus), das beim Kind bis zum Ansatz des 4. Rippenpaares reicht. Beim Erwachsenen ist der Thymusrestkörper in Form von Fettgewebe wesentlich kleiner. Dahinter findet man die obere Hohlvene (Vena cava superior) mit ihren Zuflüssen, die aufsteigende Aorta (Aorta ascendens) sowie den Aortenbogen (Arcus aortae), den Stamm der Lungenarterie (Truncus pulmonalis) und die Lungenarterie (A. pulmonalis), die Luftröhre (Trachea) und die Speiseröhre (Oesophagus). Im vorderen unteren Mediastinum ist das vom Herzbeutel (Pericardium) umgebene Herz eingebettet. Das Perikard bildet als parietales Blatt den äußeren Abschluß der serösen Perikardhöhle, während die viszerale Schicht (das Epikard) das Myokard überzieht. Bei einem Riß der Herzwand ergießt sich das Blut in die Perikardhöhle. Es kommt zur Herztamponade, weil der Herzbeutel weniger dehnbar ist und durch das sich hier ansammelnde Blut die Herzaktionen behindert werden.

Der linke Vorhof mit den vier einmündenden Lungenvenen grenzt an das hintere Mediastinum und erhält enge Lagebeziehungen zur Speiseröhre. Bei krankhaften Erweiterungen des linken Vorhofs durch Verengungen (Stenosen) der Segelklappe des linken Ventrikels kann eine Kontrastdarstellung des Oesophagus zur Diagnostizierung herangezogen werden. Wichtig ist außerdem die Anlagerung der beiden Nn. vagi (Parasympathikus) an die Speiseröhre. Dorsal und mehr linksseitig befindet sich die Brustaorta, in deren Bindegewebe der Milchbrustgang (Ductus thoracius) einbezogen ist. Dieser größte Lymphstamm, mit dem Aufbau einer Vene vergleichbar, transportiert die Lymphe aus den Beinen und dem Becken, aber auch aus dem Verdauungstrakt zum linken Venenwinkel (V. brachiocephalica sinistra).

Unmittelbar vor der Wirbelsäule verläuft die V. azygos, die die segmentalen Zwischenrippenvenen (Interkostalvenen – Vv. intercostales posteriores) zum größten Teil aufnimmt. Im hinteren Mediastinum liegen Lymphknoten, die über die Zwerchfellöffnungen mit Lymphgefäßen der kaudal folgenden Eingeweidehöhle in Verbindung stehen und andererseits mit den tiefen Halslymphknoten kommunizieren. Sie werden häufig von den Lymphknoten im Bereich der Lungenwurzel (Hilusknoten) nicht getrennt. Bei der Entstehung von Tochtergeschwülsten (Metastasen) spielen sie eine große Rolle.

Der Grenzstrang (Truncus sympathicus) befindet sich seitlich von der Wirbelsäule, geschützt durch das Rippenfell.

1 Discus intervertebralis (Zwischenwirbelscheibe)
2 Canalis vertebralis (Wirbelkanal)
3 Costae (Rippen)
4 Gürtelmuskeln
5 M. erector spinae (Wirbelsäulenstrecker)
6 Mm. intercostales (Zwischenrippenmuskeln)
7 A., V. et N. intercostalis
8 Mamma (Brustdrüse)
9 Sternum (Brustbein) und Cartilago costalis (Rippenknorpel)
10 A. et V. thoracica interna
11 Pulmo dexter et sinister (rechte und linke Lunge)
12 Pleura costalis (Rippenfell)

Rumpfquerschnitt etwa in Höhe des 7. Brustwirbels und der Vergleich mit einem computertomographischen Bild (spiegelbildlich)

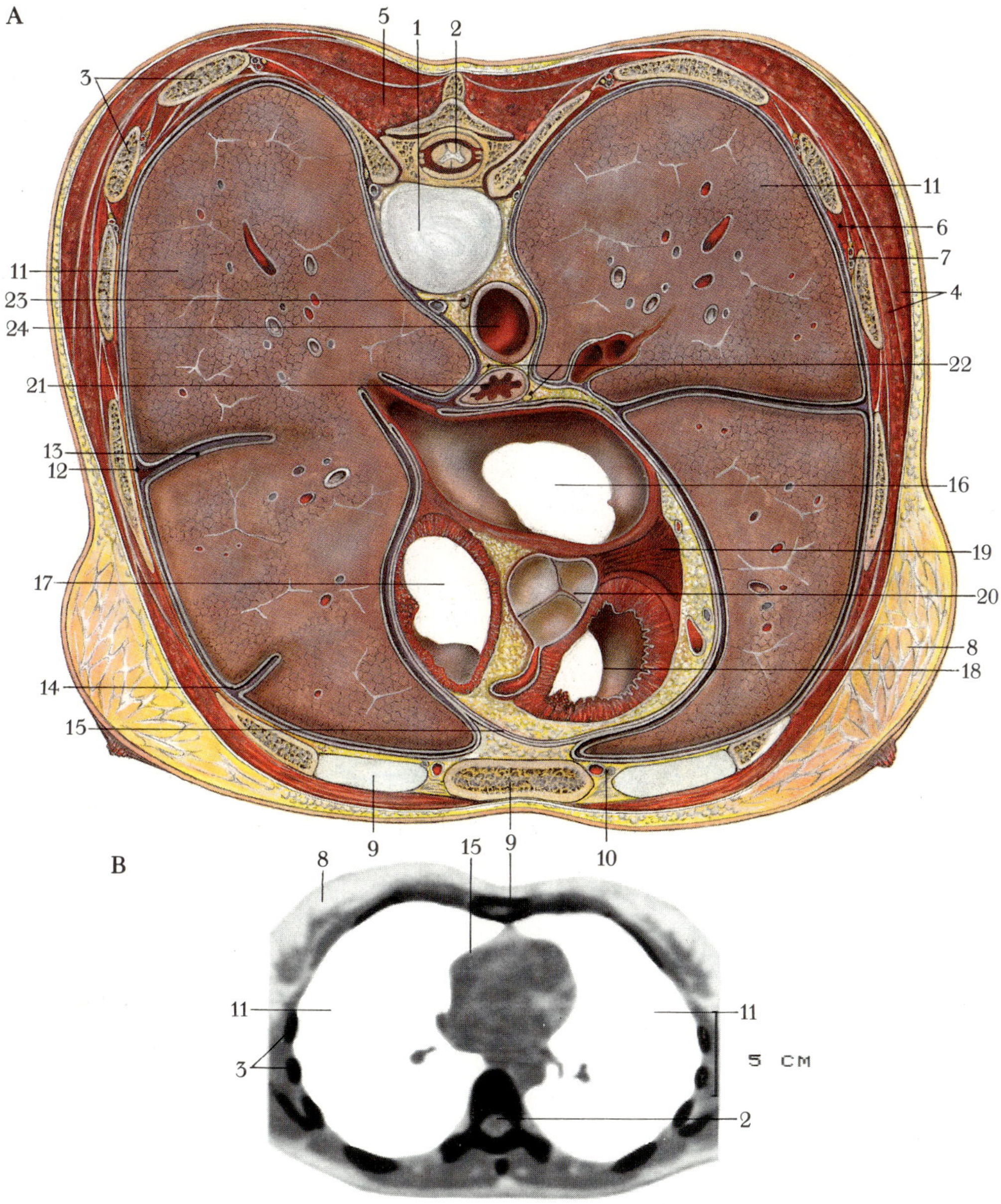

13 Pleura visceralis (Lungenfell)
14 Cavitas pleuralis (Pleuralspalt)
15 Pericardium (Herzbeutel)
16 Atrium sinistrum (linker Vorhof)
17 Atrium dextrum (rechter Vorhof)
18 Ventriculus dexter (rechte Kammer)
19 Muskulatur der linken Kammer
20 Valva aortae (Aortenklappe)
21 Oesophagus (Speiseröhre)
22 N. vagus (Parasympathikus)
23 Ductus thoracicus (Milchbrustgang)
24 Aorta thoracica (Brustaorta)

Bronchien und Lunge

Die Luftröhre teilt sich in zwei Hauptbronchien (Bronchi principales), die auf jeder Seite den Lungenstiel erreichen. Allgemein erkennt man den rechten Hauptbronchus daran, daß er den Verlauf der Luftröhre fortsetzt und gegenüber dem linken kürzer aber auch weiter ist. Er verzweigt sich in drei Lappenbronchien (Bronchi lobares). Auf der linken Seite sind es nur zwei Lappenbronchien. Im Aufbau gleichen die Hauptbronchien noch der Luftröhre, während die Lappenbronchien unregelmäßige Knorpelplättchen aufweisen. Die Schleimhaut bleibt unverändert.
Es folgen die wichtigen Segmentbronchien (Bronchi segmentales), die für die Lungensegmente (Segmenta bronchopulmonalia) verantwortlich sind. Gleichsinnig mit ihnen verhält sich das Aufteilungsprinzip der Äste der Lungenarterie (A. pulmonalis), die das kohlensäurehaltige, sauerstoffärmere Blut heranführen. In der Regel weist die rechte Lunge zehn und die linke neun Segmente auf (Bild B). Die Segmentvenen mit dem sauerstoffreicheren Blut nach dem Gasaustausch halten sich nicht an diese Grenzen, sondern liegen dazwischen und schließen sich erst in der Nähe der Lungenpforte dem Gefäßband an.
Die Segmentbronchien besitzen neben unregelmäßigen Knorpelfragmenten eingelagerte elastische Netze. Das Flimmerepithel ist bereits flacher. Mit den knorpelfreien Bronchiolen erfolgt die weitere Aufzweigung mit verringerter Weite (unter 1 mm Durchmesser) unter Beibehaltung von Ringmuskulatur und elastischen Netzen. Krampfartige Verengungen hier führen zum Bronchialasthma.
Den Abschluß bilden die kleinsten Bronchiolen, an die sich die Lungenbläschen (Alveolen) anschließen. Jede Alveole wird von mehreren Kapillarschlingen umsponnen, die für den Gasaustausch zwischen der Alveolenluft und dem Blut der Kapillaren sorgen. Aufgrund der komplizierten Vorgänge, die von verschiedenen Zelltypen und deren Absonderungsprodukten auch unter Ausnützung physikalischer Kräfte übernommen werden, spricht man von einer Blut-Luft-Schranke.
Hinzu kommt, daß in der Alveolarwand Makrophagen (Freßzellen) lagern, die die Staubteilchen oder Krankheitserreger einschließen und sogar im Lungenblut ankommende Erreger herauslösen können. Gelangen diese in die Alveolen, werden sie ausgehustet.
Makroskopisch geht man bei der Lunge (Pulmo) von einer Form aus, die kegelähnlich ist. Die Lungenbasis stellt sich als konkave Fläche entsprechend der konvexen Zwerchfellkuppel dar. Seitlich folgen die gewölbten Rippenflächen, die vorn eine Kante zum Übergang in die mediale Fläche (Mediastinalfläche) besitzen. Auch nach hinten geht die Rippenfläche in eine stumpfe Wirbelsäulenfläche und von da auf die mediale Fläche über. So treffen sich beide im Mediastinalbereich, wo sich zentral das Lungenhilum (Hilum pulmonis) mit den Bronchien, den großen Lungengefäßen (A. und Vv. pulmonales), aber auch Lymphgefäße und Lymphknoten sowie vegetative Nerven befinden. Kopfwärts überragt die Lungenspitze (Apex pulmonis) die 1. Rippe.
Die Lungenlappen (Lobi) sind äußerlich an den Zwischenlappenspalten (Interlobärspalten) erkennbar. Die rechte Lunge hat drei Lappen, die als Ober-, Mittel- und Unterlappen bezeichnet werden. Der linken Lunge fehlt der Mittellappen. Seine Stelle wird durch das mehr links gelagerte Herz eingenommen.

1 Trachea (Luftröhre)
2 Bifurcatio tracheae (Luftröhrenteilung)
3 Bronchus principalis sinister (linker Hauptbronchus)
4 Bronchus principalis dexter (rechter Hauptbronchus)
5 Pulmo dexter (rechte Lunge)
6 Pulmo sinister (linke Lunge)
7 Lobus superior (Oberlappen)
8 Lobus inferior (Unterlappen)
9 Lobus medius (Mittellappen)
10 Basis pulmonis (Grundfläche der Lunge)
11 Apex pulmonis (Lungenspitze)
12 Facies costalis (Rippenfläche)

Lungen von vorn (Bild A), Lungensegmente (Bild B) und Lungenalveolen mit Gefäßen (Bild C)

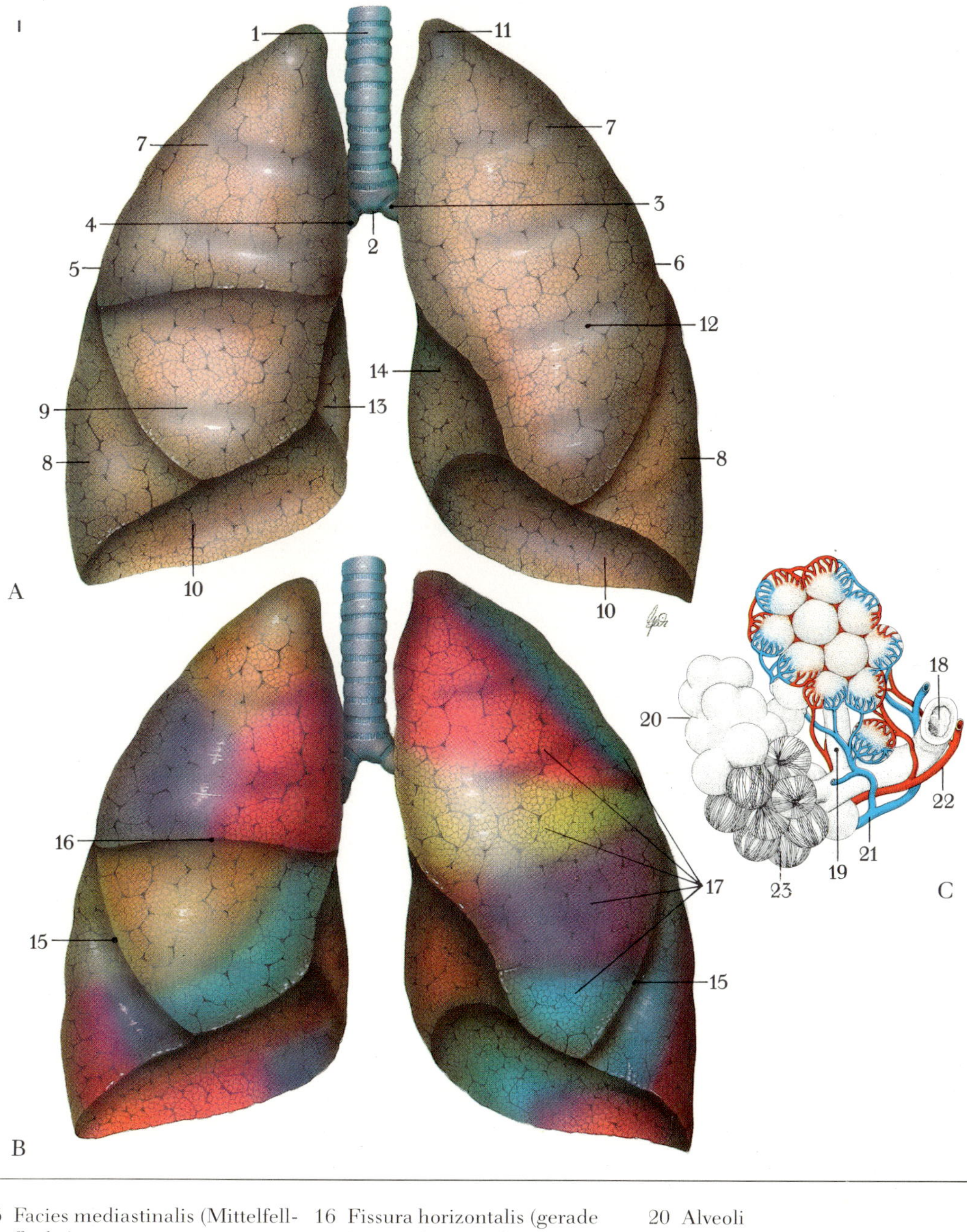

13 Facies mediastinalis (Mittelfellfläche)
14 Impressio cardiaca (Eindruck durch das Herz)
15 Fissura obliqua (schräge Unterteilungsspalte)
16 Fissura horizontalis (gerade Unterteilungsspalte)
17 Segmenta bronchopulmonalia (Lungensegmente)
18 Bronchiolus
19 Bronchioli respiratorii
20 Alveoli
21 Arterienäste (venöses Blut enthaltend)
22 Venenäste (arterialisiertes Blut enthaltend)
23 Gitternetz der Alveolen

Rumpf

Mediastinum

Nach der Entfernung der linken Thoraxwand und der Lunge ist der Mittelfellraum, das Mediastinum, gut zu übersehen. Kranial erkennt man den kontinuierlichen Übergang zur Halsregion, wodurch das Übergreifen von krankhaften Prozessen erklärbar ist. Kaudal wird ein direkter Abschluß zum Bauchraum durch das Zwerchfell (Diaphragma) erreicht. Die seitliche Begrenzung bildet die Pleura mediastinalis.

Im vorderen Mediastinum (Mediastinum anterius) liegt kranial der Innenfläche des Brustbeins der fettgewebige Rest des Bries (Thymus) an. Ihm folgt die Luftröhre und deren Teilung (Bifurcatio tracheae). Davor und darunter dehnt sich das Herz mit dem Herzbeutel (Perikard) aus. Über dessen Außenfläche zieht der Zwerchfellnerv (N. phrenicus) aus dem Halsgeflecht (Plexus cervicalis) und innerviert auch sensibel den Herzbeutel. Dadurch ist bei der Brustenge (Angina pectoris) eine Schmerzausstrahlung in die linke Hals-, Schulter- oder Oberarmgegend möglich.

Direkt hinter dem Herzbeutel verläuft die Speiseröhre (Oesophagus) durch das hintere Mediastinum (Mediastinum posterius). Sie wird dabei von Geflechtbildungen des X. Hirnnerven (N. vagus) beiderseits eingefaßt. Links neben der Speiseröhre befindet sich die Brustaorta (Aorta thoracica). Ihr aufsteigender Teil (Aorta ascendens) liegt noch innerhalb des Herzbeutels. Der sich anschließende Aortenbogen (Arcus aortae) durchquert das obere Mediastinum. Er wendet sich in fast sagittaler Richtung über dem linken Bronchus nach dorsal in das hintere Mediastinum, um danach als Brustaorta (Aorta thoracica) bis zum Aortenschlitz (Hiatus aorticus) des Zwerchfells zu gelangen. Am Aortenbogen gehen die drei großen Arterienstämme ab, der Truncus brachiocephalicus für den rechten Arm und den Kopf-Halsbereich rechts, die A. carotis communis sinistra für das linke Kopf-Halsgebiet und die A. subclavia sinistra für die linke obere Gliedmaße. Die wichtigsten Äste der Brustaorta sind die Zwischenrippenarterien (Interkostalarterien), Arterien zur Speiseröhre und zu den Luftwegen (Rr. bronchiales). Die Brustaorta wird vom Milchbrustgang (Ductus thoracicus) begleitet, der im linken Venenwinkel in die Arm-Kopf-Vene (V. brachiocephalica) mündet.

Der linke N. vagus schlingt sich um den Aortenbogen und gibt rückläufig den linken unteren Kehlkopfnerven (N. laryngeus recurrens) ab. Seitlich am Herzbeutel erscheint die linke Lungenwurzel (Radix pulmonis) mit der A. pulmonalis oben, ganz unten den Vv. pulmonales und in der Mitte dem Bronchus (Bronchus principalis sinister).

Unter dem Rippenfell (Pleura costalis) befindet sich der Grenzstrang des Sympathikus (Truncus sympathicus) mit seinen segmentalen Ganglien, den Verbindungen zu den Interkostalnerven und den bereits hier abgehenden Eingeweidenerven (N. splanchnicus major et minor). Im dorsalen Bereich liegt das Gefäß-Nerven-Bündel durch die Rippen verdeckt und kann bei Punktionen der Pleurahöhle nicht getroffen werden.

~~Um die~~ Pleurakuppel (Cupula pleurae) gelangt die A. subclavia zwischen den Treppenmuskeln (Skalenuslücke) zur Achselhöhle. Im oberen Bereich der Skalenuslücke erscheint außerdem das Armgeflecht (Plexus brachialis). Es strebt ebenfalls der Achselhöhle zu und lagert sich dort um die A. axillaris, die aus der A. subclavia hervorgegangen ist. Im Gegensatz dazu verläuft die V. subclavia vor dem vorderen Skalenmuskel weniger geschützt zwischen 1. Rippe und dem Schlüsselbein. Hier kann leicht ein Katheter für längere Zeit eingelegt werden. Bei Frakturen des Schlüsselbeins oder bei Weichteilverletzungen ist die Vene sehr gefährdet.

1 Cupula pleurae (Pleurakuppel)
2 Pleura costalis (Rippenfell)
3 Diaphragma (Zwerchfell)
4 Costae (Rippen)
5 Clavicula (Schlüsselbein)
6 Cor (Herz) und Herzbeutel
7 Aorta ascendens (aufsteigende Aorta)
8 Arcus aortae (Aortenbogen)
9 Aorta thoracica (Brustaorta)
10 Truncus brachiocephalicus
11 A. carotis communis sinistra (linke gemeinsame Halsschlagader)
12 A. et V. subclavia sinistra
13 Plexus brachialis (Armgeflecht)
14 Mm. scaleni (Treppenmuskeln)

Brustraum von links geöffnet zur Darstellung des Mediastinum (Pleura gefenstert)

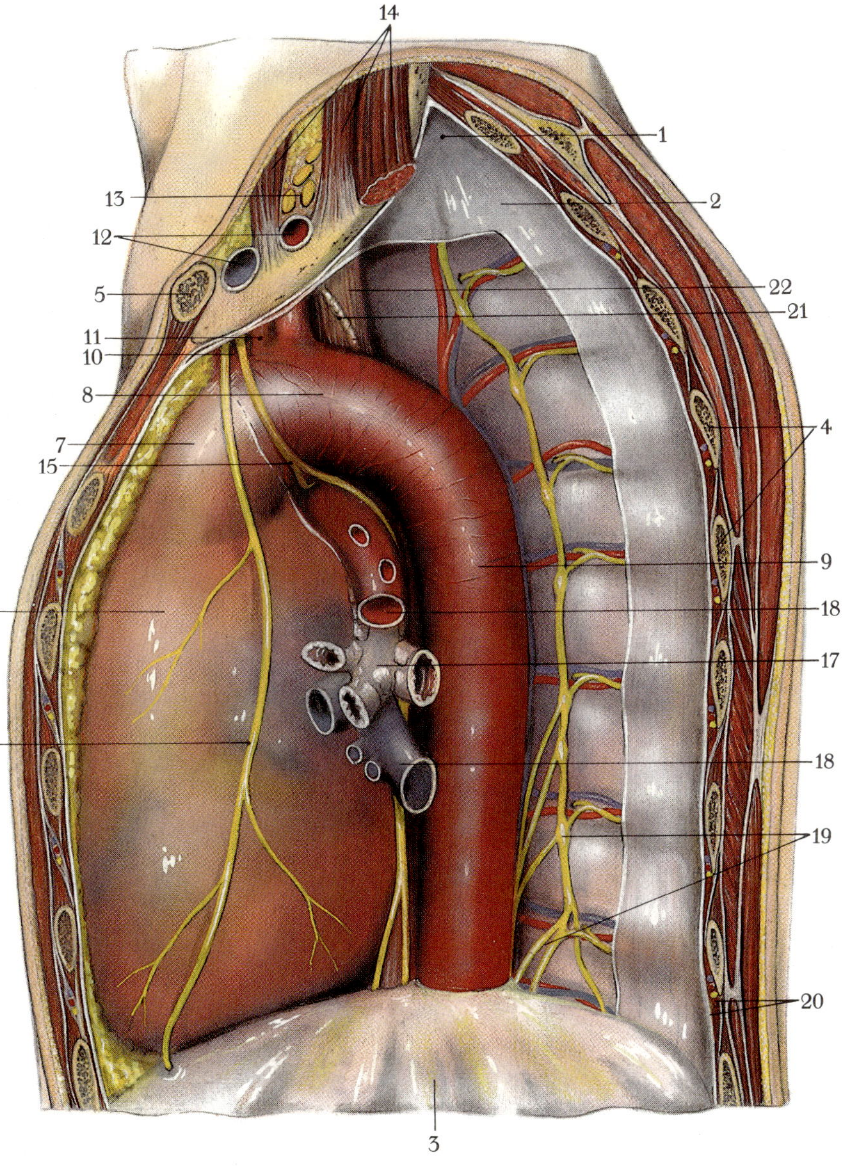

15 N. vagus sinister mit N. laryngeus recurrens sinister (linker Kehlkopfnerv)
16 N. phrenicus sinister (linker Zwerchfellnerv)
17 linker Bronchialbaum
18 A. et V. pulmonalis sinistra
19 Truncus sympathicus mit Nn. splanchnici major et minor (Grenzstrang mit Eingeweidenerven)
20 Interkostalmuskeln mit Leitungsbahnen
21 Ductus thoracicus (Milchbrustgang)
22 Oesophagus (Speiseröhre)

Oberfläche, Form und Teile des Herzens

Allgemein sind von der Herzoberfläche nach der Eröffnung des Herzbeutels (Perikard) nur die Anteile sichtbar, die zur vorderen Rumpfwand zeigen. Die äußere Form läßt den Vergleich mit einem schräggestellten Kegel zu, dessen Spitze (Apex cordis) am weitesten links unten vorn liegt und zur linken Kammer (Ventriculus sinister) gehört. Im Gegensatz dazu ist die Kegelgrundfläche als Herzbasis (Basis cordis) nach hinten oben gerichtet, wo die großen Gefäßstämme zu finden sind.

Den rechten oberen Rand bildet die einmündende obere Hohlvene (V. cava superior). Es folgt der rechte Vorhof (Atrium dextrum). Dabei legt sich dessen rechtes Herzohr (Auricula dextra) in die Rinne zur rechten Kammer (Ventriculus dexter). Kaudal endet die rechte Begrenzung mit der unteren Hohlvene (V. cava inferior).

Entlang der Vorhof-Kammer-Grenze rechts verläuft die rechte Herzkranzarterie (A. coronaria dextra) bis zur Zwerchfellfläche (Facies diaphragmatica). Die darüber und nach vorn gerichtete Fläche (Facies sternocostalis) nimmt vor allem die rechte Kammer ein. Den Abschluß an der Herzbasis bildet der noch innerhalb des Herzbeutels liegende Stamm der Lungenarterie (Truncus pulmonalis). Rechts von ihm befindet sich der aufsteigende Teil der Aorta (Pars ascendens). An dem Übergang zum Aortenbogen (Arcus aortae) ist der Ansatz des Perikards zu sehen. Innerhalb des Herzbeutels links oben erkennt man das linke Herzohr (Auricula sinistra) als Teil des linken Vorhofs (Atrium sinistrum). Es folgt ein schmaler Saum des linken Ventrikels. In der Kammerrinne (Sulcus interventricularis anterior) verläuft der vordere Gefäßast der linken Herzkranzarterie (Ramus interventricularis anterior).

In der Gesamtheit wird die Herzsilhouette links von kranial nach kaudal markiert durch den Aortenbogen, die Lungenarterie, den linken Vorhof und einen langen Abschnitt, der zur linken Kammer gehört (Bild A). Daraus leitet sich ab, daß der Herzspitzenstoß des linken Ventrikels beim Erwachsenen normalerweise im 5. Interkostalraum medial von einer Linie tastbar ist, die in Längsrichtung von der Mitte des Schlüsselbeins ausgehend über den Brustkorb gelegt wird (Medioklavikularlinie). Dies setzt voraus, daß die Größe des Herzens etwa mit der Faustgröße des betreffenden Menschen übereinstimmt. Bei schwerer körperlicher Arbeit oder bei regelmäßigem Training bildet sich eine Vergrößerung (Hypertrophie) aus. Die Vergrößerung einzelner Abschnitte resultiert aus Herzfehlern.

Unmittelbar oberhalb des Perikardansatzes fällt eine bandartige Verbindung (Ligamentum arteriosum Botallo) zwischen der linken Lungenarterie und dem Aortenbogen auf. Über diesen Kurzschluß strömte das Blut während der Embryonalperiode von der Lungenarterie direkt in die Aorta. Erfolgt dieser Verschluß nach der Geburt nicht, kommt es zum offenen Ductus Botallo, und das Blut gelangt umgekehrt aus der Aorta (höherer Blutdruck) in die Lungenarterie. Dieser Defekt außerhalb des Herzbeutels wird zu den Herzfehlern gerechnet.

Die Rückfläche des Herzens gestalten im Bereich der Herzbasis die großen Gefäße, die den linken Vorhof links mit den 2 Lungenvenen (Vv. pulmonales), darüber mit der Lungenschlagader (Truncus pulmonalis) und weiter rechts mit dem 2. Paar der Lungenvenen einrahmen. Die Venen transportieren das sauerstoffreiche Blut von der Lunge in den linken Vorhof. Es wird deutlich, daß durch diese Anordnung der linke Vorhof am weitesten dorsal liegt. Rechts sind besonders die angeschnittene untere Hohlvene sowie der rechte Vorhof zu sehen. Nach kaudal schließt sich hier mit einem schmalen Streifen die rechte Kammer an, während die linke Kammer den Hauptteil der Rückfläche bildet. An der Vorhof-Kammer-Grenze fällt der Sinus coronarius auf, über den das venöse Blut des Herzens in den rechten Vorhof gelangt (Bild B).

Der Herzbeutel (Pericardium) umschließt das Herz mit seiner äußeren Lamelle aus festem Bindegewebe und einem glatten Überzug innen. Letzterem folgt die seröse Höhle (Cavitas pericardialis), die ihrerseits von der serösen Außenschicht des Epikards begrenzt wird.

Vorderfläche des Herzens im eröffneten Herzbeutel nach Entfernung des Epikards (Bild A)
Rückfläche unter gleichen Bedingungen (Bild B)

A

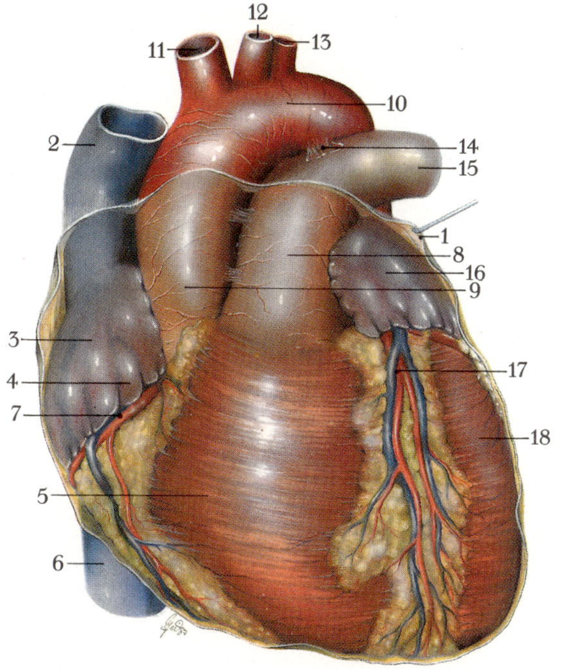

B

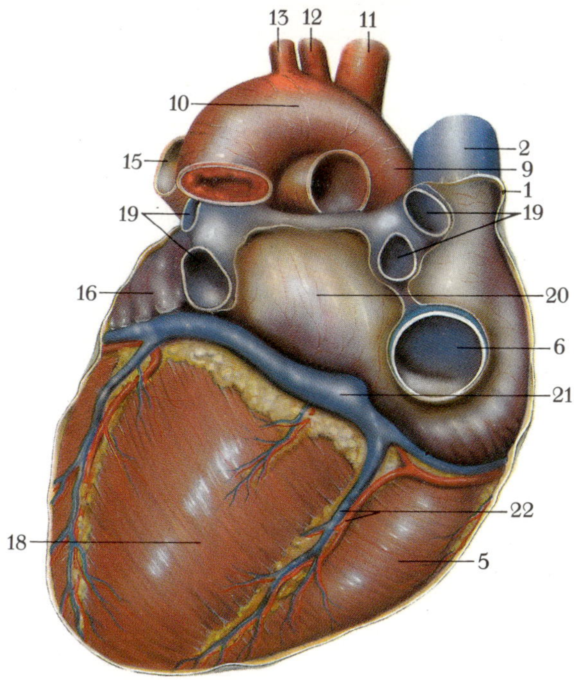

1 Schnittrand des Perikards mit Einblick in die Cavitas pericardialis (Herzbeutelhöhle)
2 V. cava superior (obere Hohlvene)
3 Atrium dextrum (rechter Vorhof)
4 Auricula dextra (rechtes Herzohr)
5 Ventriculus dexter (rechte Kammer)
6 V. cava inferior (untere Hohlvene)
7 A. coronaria dextra (rechte Herzkranzarterie)
8 Truncus pulmonalis (Lungenschlagader, gemeinsamer Stamm)
9 Aorta, Pars ascendens (aufsteigender Teil der Aorta)
10 Arcus aortae (Aortenbogen)
11 Truncus brachiocephalicus (gemeinsamer Stamm der Arm-Kopfarterie rechts)
12 A. carotis communis sinistra (linke Kopfschlagader)
13 A. subclavia sinistra (linke Armschlagader)
14 Ductus arteriosus (Botallo)
15 A. pulmonalis sinistra (linke Lungenschlagader)
16 Auricula sinistra (linkes Herzohr)
17 R. interventricularis anterior a. coronariae sinistrae (vorderer Ast der linken Herzkranzarterie)
18 Ventriculus sinister (linke Kammer)
19 Vv. pulmonales (Lungenvenen)
20 Atrium sinistrum (linker Vorhof)
21 Sinus coronarius mit den zuführenden Venen (Vv. cardiaca magna, media et parva)
22 R. interventricularis posterior a. coronariae dextrae und V. cardiaca media im Sulcus interventricularis posterior

Wandschichten und Binnenräume des Herzens sowie die Richtungen des Blutstroms

Am eröffneten Herzen lassen sich die einzelnen Wandanteile gut unterscheiden. Dem äußeren glatten Perikardüberzug (Pericardium) mit den eingelagerten Blutgefäßen und dem subepikardialen Fettgewebe folgen die Schichten der muskulösen Herzwand (Myokard, Myocardium). Die Innenauskleidung bildet das Endokard (Endocardium).
Das Myokard bestimmt die Gestalt des Herzens. Die unterschiedlich starke Ausbildung der Muskulatur widerspiegelt die geforderte Leistung der einzelnen Herzabschnitte, so daß eine sichtbare Anordnung von Muskelverbänden entsteht, die als Myokardarchitektur bezeichnet wird. Die Spiraltouren, die außen nach links herzspitzenwärts gerichtet sind, umschließen zunächst beide Kammern. Dabei scheren in jeder Herzhälfte Muskelzüge zu einem fast zirkulären Verlauf aus. Sie sind die Grundlage der mittleren Schicht, die in der Kontraktionsphase besonders beansprucht wird. Während die Vorhöfe und die rechte Kammer 2 sich überkreuzende Muskelschichten aufweisen, besitzt der linke Ventrikel 3 Schichten und ist dreimal stärker als der rechte. Muskelfasern ziehen an der Innenseite der Kammerwand steil aufwärts und bilden teilweise die Papillarmuskeln, die an den Sehnenfäden der Segelklappen enden (Bild A).
Das Herzskelett setzt sich vor allem aus dem straffen Bindegewebe zusammen, das sich zwischen den Vorhöfen und den Kammern, aber auch an den Faserringen am Ursprung der großen Gefäße und an den Herzklappen befindet und den Durchtritt von Teilen des Erregungsleitungssytems gestattet.
Das Endokard besteht aus einschichtigen, platten Epithelzellen und kann mit der Endothelschicht der Blutgefäße verglichen werden. Erst der subendokardiale Bereich führt Gefäße. Die Segelklappen zwischen den Vorhöfen und den Kammern sind Duplikaturen des Endokards ohne Blutgefäße. Der Endokardüberzug setzt sich hier über die Sehnenfäden (Chordae tendineae) bis zum Ansatz der Muskelzellzüge an der Kammerwand fort. Die Taschenklappen am Ursprung der Lungenarterie und der Aorta sind gleichfalls Bildungen des Endokards.
Der rechte Vorhof nimmt das sauerstoffarme Blut aus den Hohlvenen und den Herzvenen auf. Seine Muskulatur ist dünn. Die Grenze zur rechten Kammer bildet die rechte Segelklappe (Valva atrioventricularis dextra), sie besteht aus 3 Segeln (Cuspes). An diesen dünnen Endokardmembranen greifen von der Kammerseite die Sehnenfäden an, die ein Zurückschlagen in den Vorhof verhindern. Aufgrund der 3 Segel (auch Valva tricuspidalis) besitzt die rechte Kammer 3 Papillarmuskeln. Während der Vorhof-Kammer-Eröffnung fließt das Blut an den freien Rändern der Klappe vorbei in die Kammer. Die Ausströmungsbahn entsteht dadurch, daß an der Spitze der rechten Kammer das Blut spitzwinklig an der glatten Vorderwand zum Truncus pulmonalis strömt, die Taschenklappe (Valva trunci pulmonalis) passiert und die Lunge erreicht. Bei diesen Klappen stehen die freien Enden der 3 Taschen nach oben, beim Rückstrom füllen sie sich und verhindern den Blutrückstrom in das Herz (Bild A).
Das sauerstoffreiche Blut aus der Lunge strömt über jeweils 2 Lungenvenen von dorsal in den muskelschwachen linken Vorhof. Die linke Segelklappe (Valva atrioventricularis sinistra) besitzt nur 2 Segel (auch Valva bicuspidalis oder mitralis) und lenkt das Blut in den linken Ventrikel, den muskelstärksten Abschnitt. Die Einströmungsbahn biegt an der Herzspitze um und leitet das Blut über die Ausströmungsbahn zur Aortenöffnung (Ostium aortae) mit den 3 Taschenklappen der Aorta (Valva aortae). Unmittelbar oberhalb der Anheftungsstelle der Taschenklappen weitet sich die Aorta zum Sinus aortae aus. Hier entspringen die Herzkranzarterien. Die außen sichtbare Ausbuchtung des Sinus heißt Bulbus (Bild B).

Herz von vorn mit eröffnetem rechten Ventrikel (Bild A), eröffnetes Herz mit Markierung des Blutstroms (Bild B; blau = sauerstoffarmes, rot = sauerstoffreicheres Blut)

A

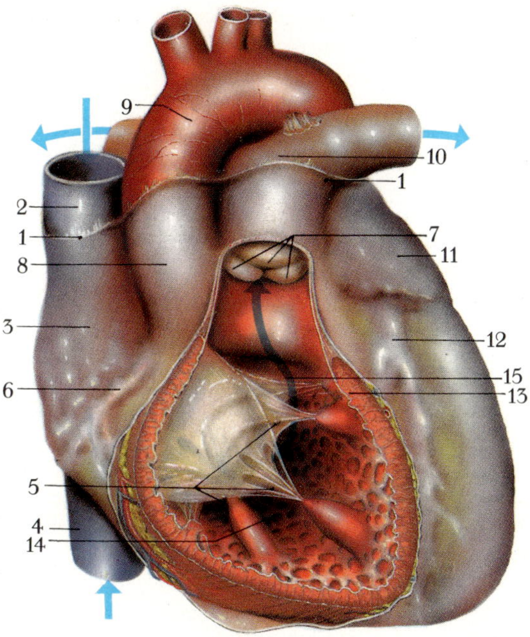

B

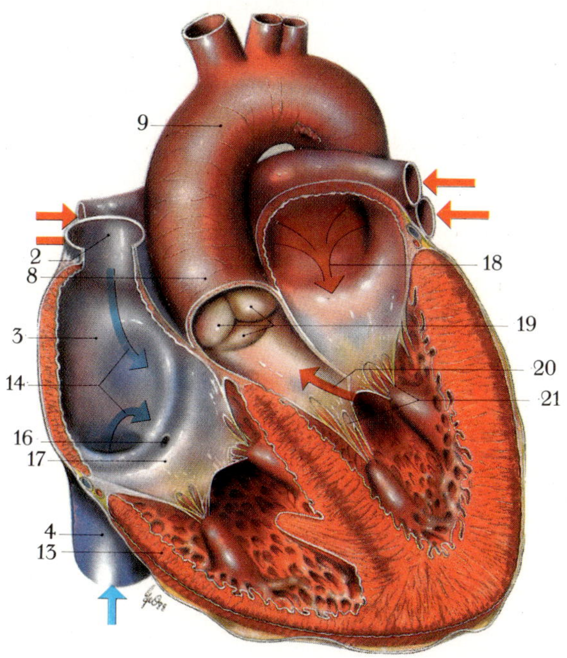

1 Schnittrand der Umschlagstelle vom Perikard zum Epikard
2 V. cava superior (obere Hohlvene)
3 Atrium dextrum (rechter Vorhof)
4 V. cava inferior (untere Hohlvene)
5 Valva atrioventricularis dextra (rechte Segelklappe) mit 3 Cuspes (Segel), Chordae tendineae (Sehnenfäden) und Mm. papillares
6 Epikard und darunter A. coronaria dextra (rechte Herzkranzarterie)
7 Valva trunci pulmonalis (Taschen- oder Semilunarklappe der Lungenschlagader)
8 Aorta, Pars ascendens (aufsteigender Teil der Aorta)
9 Arcus aortae (Aortenbogen)
10 A. pulmonalis (Lungenschlagader)
11 Auricula sinistra (linkes Herzohr)
12 Sulcus interventricularis anterior (Rinne zwischen den Kammern vorn) mit durch das Epikard scheinenden Gefäßen
13 Myokard des Ventriculus dexter (rechte Kammer)
14 Einströmungsbahn der rechten Kammer
15 Ausströmungsbahn der rechten Kammer
16 Mündung des Sinus coronarius (Herzvenen)
17 Ostium atrioventriculare dextrum (Vorhof-Kammer-Öffnung rechts)
18 Einströmungsbahn der linken Kammer
19 Valva aortae (Taschen- oder Semilunarklappe der Aorta)
20 Ausströmungsbahn des linken Ventrikels
21 Valva atrioventricularis sinistra (linke Segelklappe) mit 2 Cuspes (Segeln), Chordae tendineae (Sehnenfäden) und Mm. papillares

Ventilebene, Erregungsleitungssystem, Herzaktionen und Herzkranzgefäße

Die Herzklappen, die die Regulierung des Blutstroms übernehmen, sind in einer gedachten Linie senkrecht zur Längsachse des Herzens angeordnet. Diese Ebene verläuft vom 3. Interkostalraum links neben dem Sternum zum Ansatz der 5. Rippe rechts. Diese Lage und die fortgeleiteten Klappengeräusche ermöglichen ein genaues Abhören (Auskultation) der einzelnen Teile.

Ein System besonderer Herzmuskelzellen bildet rhythmisch Erregungen und leitet diese an die Arbeitsmuskulatur des Myokards. Von einem Erregungsbildungszentrum wird die Erregung in eigenen Wegen weitergeleitet und führt zum geordneten Ablauf der Vorhof- und Kammerkontraktionen. Am vorderen Umfang der Einmündung der oberen Hohlvene befindet sich der Sinusknoten (Nodus sinuatrialis, Keith-Flack-Knoten), der Schrittmacher der Herzaktion mit einer Schlagfrequenz von etwa 70/min. Über die Arbeitsmuskulatur des Vorhofs wird die Erregung zum Atrioventrikularknoten weitergeleitet (AV-Knoten, Nodus atrioventricularis, Aschoff-Tawara-Knoten). Er liegt in der Hinterwand des rechten Vorhofs, nahe der Grenze zum Ventrikel. Diese Ansammlung spezifischer Muskelbündel geht über in das dünnere His-Bündel am Boden des rechten Vorhofs. Ihm folgen die Kammerschenkel, die beiderseits an der Kammerscheidewand unter dem Endokard herzspitzenwärts ziehen und sich hauptsächlich in den Papillarmuskeln aufzweigen. Die Eigenfrequenz des Atrioventrikularknotens beträgt etwa 40/min (Bild A). Selbstverständlich wird die Erregungsbildung vom unwillkürlichen Nervensystem mit beeinflußt.

Die Kontraktion des Myokards wird als Systole bezeichnet. Darauf folgt die Erschlaffungsphase (Diastole). Beide Herzhälften arbeiten hierbei synchron. Durch die Erregungsbildung im Sinusknoten kontrahieren sich die Vorhöfe. Während dieses Vorgangs läuft die Erregung über die Arbeitsmuskulatur zum Atrioventrikularknoten und wird zum Hiss-Bündel geleitet. So setzt durch diese Überleitung die Kammersystole mit einer Verzögerung ein. Dies bedeutet, daß das Blut aus den kontrahierten Vorhöfen in die erschlaffenden Kammern strömt, wobei die Segelklappen ventrikelwärts gedrückt werden und die Einströmungsbahn frei ist. In der nachfolgenden Kontraktionsphase entfalten sich die Segelklappen und legen sich so aneinander, daß die Verbindung zu den Vorhöfen verschlossen wird. Das Blut drängt zur Ausströmungsbahn und gelangt durch die sich öffnenden Taschenklappen in die Aorta und in den Truncus pulmonalis. In der Diastole erfolgt der Schluß der Taschenklappen, weil das zurückströmende Blut die Taschen auffüllt und so stark entfaltet, daß die Klappenränder die Ausströmungsbahn abdichten (Bild B).

Im Normalfall (etwa 82 %) versorgen 2 gleichstarke Arterien das Herz. Die linke Arterie übernimmt den linken Ventrikel, Teile der Kammerscheidewand vorn und den linken Vorhof, die rechte ist zuständig für die rechte Kammer, den Vorhof und Septumanteile dorsal. Beim Überwiegen eines Gefäßes ändern sich die Gebiete zugunsten des stärkeren, so daß man vom Links- oder Rechtstyp spricht (Bild B).

Aus diesen Verhältnissen resultiert, daß beim Vorderwandinfarkt mehr die linke, aber auch die rechte, beim Hinterwandinfarkt häufig die rechte Arterie ursächlich in Frage kommt (Bild C, D).

1 V. cava superior (obere Hohlvene)
2 Nodus sinuatrialis (Sinusknoten, Keith-Flack-Knoten, Schrittmacher)
3 Nodus antrioventricularis (Atrioventrikularknoten, AV-Knoten, Aschoff-Tawara-Knoten)
4 Truncus fasciculi atrioventricularis (His-Bündel)
5 Crus dextrum (rechter Kammerschenkel)
6 Crus sinistrum (linker Kammerschenkel)
7 Valva trunci pulmonalis (Taschenklappe der Lungenarterie)

Darstellung des Erregungsleitungssystems (Bild A), Schnitt entlang der Ventilebene (Bild B), Schema zum Muskelverlauf mit Beispielen zum Vorder- und Hinterwandinfarkt (Bild C, D)

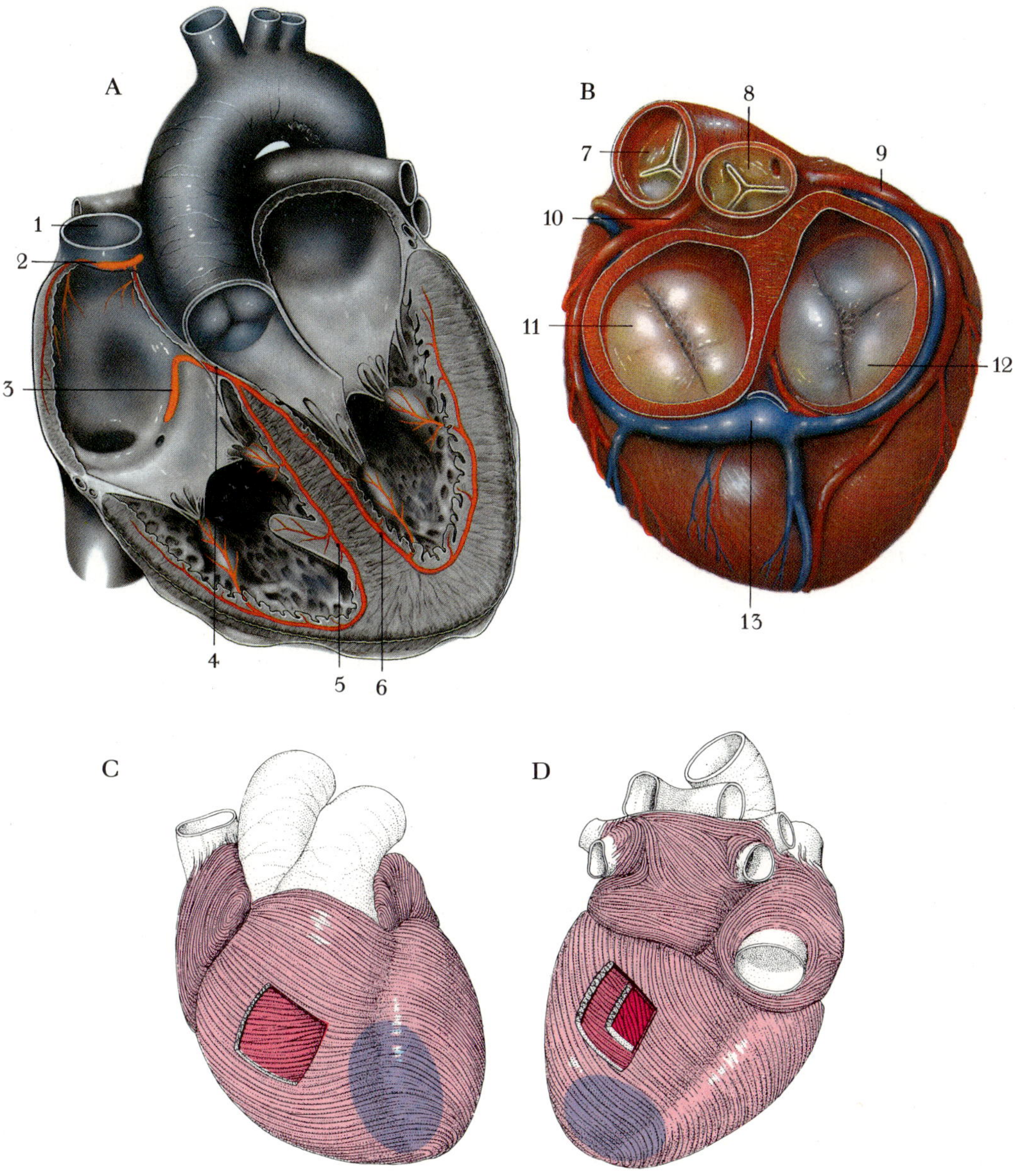

8 Valva aortae (Taschenklappe der Aorta)
9 A. coronaria dextra (rechte Kranzarterie)
10 A. coronaria sinistra (linke Kranzarterie)
11 Valva atrioventricularis sinistra (linke Segel- oder Mitralklappe)
12 Valva atrioventricularis dextra (rechte Segelklappe, dreizipflige Klappe)
13 Sinus coronarius mit zuführenden Venen

Rumpf

Das Bauchfell und seine Beziehungen zu den inneren Organen

Das Bauchfell (Peritoneum) ist eine zweiblättrige seröse Hülle, die die Bauchfellhöhle (Cavitas peritonealis) begrenzt.
Während das seitliche Blatt (Peritoneum parietale) die Innenfläche der Bauchwand überzieht, bedeckt das viszerale Blatt (Peritoneum viscerale) die Bauchorgane. Die sich zwischen den beiden Abschnitten des Bauchfells ausdehnende, spaltförmige Bauchfellhöhle enthält eine geringe Menge seröser Flüssigkeit, die eine gewisse Verschieblichkeit der Bauchorgane zuläßt. Krankhafte Flüssigkeitsansammlungen in der Bauchfellhöhle werden als Wassersucht (Aszites) bezeichnet. Durch die große Oberfläche des Bauchfells kann sich eine Bauchfellentzündung (Peritonitis) stark ausbreiten und lebensbedrohlich werden. Andererseits kann das gut durchblutete Bauchfell auch als Membran genutzt werden, um Giftstoffe aus dem Körper zu entfernen (Peritonealdialyse).
Da die Bauchorgane allseitig den Bauchfellüberzug besitzen, liegen sie intraperitoneal. Sie werden durch ihr Gekröse beweglich in ihrer Lage gehalten. Das Gekröse (Meso) ist ein Doppelblatt des Bauchfells. Es wirkt wie ein Aufhängeband für das Organ. Zwischen den beiden Blättern eines Gekröses verlaufen, in lockerem Binde- und Fettgewebe eingebettet, die betreffenden Blut- und Lymphgefäße sowie die vegetativen Nerven. Zu den großen Aufhängebändern zählen u.a. das Mesenterium des Leer- (Jejunum) und Krummdarms (Ileum) sowie das Mesocolon transversum des querverlaufenden Dickdarmabschnittes. Auch das kleine Netz (Omentum minus) zwischen Leber und Magen sowie das große Netz (Omentum majus), das die Unterbauchorgane überdeckt, sind Gekröseanteile.
Der kaudale Abschnitt der Bauchfellhöhle endet bei der Frau mit der Bildung von zwei Vertiefungen durch die Lage der Gebärmutter (Uterus). Die klinisch wichtige Excavatio rectouterina (Douglas-Raum) befindet sich zwischen der Vorderfläche des Mastdarms und der Rückfläche des Uterus. Die Excavatio vesicouterina erscheint zwischen der Vorderseite des Uterus und der Rückfläche der Harnblase.
Die Bauchfellhöhle des Mannes hat einen anderen Abschluß. Ihr unterster Abschnitt enthält die Excavatio rectovesicalis zwischen der Rückseite der Harnblase und der Vorderseite des Mastdarms. Noch vor der Geburt werden die männlichen Keimdrüsen (Testes) aus ihrem Anlagegebiet an der hinteren Leibeswand in den Hodensack (Scrotum) verlagert. Dadurch bedingt, setzt sich auch das Bauchfell in dieser Zeit bis in die beiden Abteilungen des Hodensacks fort. Nach der Hodenverlagerung geht die Verbindung verloren. Nur der Hoden und Nebenhoden selbst sind nunmehr von einer Abspaltung der Bauchfellhöhle, der serösen Hodenhülle (Tunica vaginalis testis) bedeckt. Das viszerale Blatt (Lamina visceralis oder Epiorchium) schließt Hoden und Nebenhoden ein und geht am Hinterrand in das parietale Blatt (Lamina parietalis oder Periorchium) über (Bild A). Zwischen beiden Blättern kann es zur Flüssigkeitsansammlung kommen (Hydrocele testis). Bleibt die Verödung mit der Leibeshöhle aus, entsteht der angeborene Leistenbruch.
Die Bauchspeicheldrüse und fast der gesamte Zwölffingerdarm sind in ihrer endgültigen Lage nur an ihren Vorderflächen vom Peritoneum bedeckt. Magen, Leber und Milz besitzen dagegen eine vollständige Bauchfelleinscheidung. Dorsal vom Magen und hinter dem kleinen Netz sowie oberhalb des Gekröses des Colon transversum erstreckt sich der Netzbeutel (Bursa omentalis). Dadurch erhöht sich besonders die Verschieblichkeit des Magens (Bild B).

Schematische Darstellung der Bauchfellverhältnisse beim Mann im Längs- (Bild A) und Querschnitt (Bild B)

A

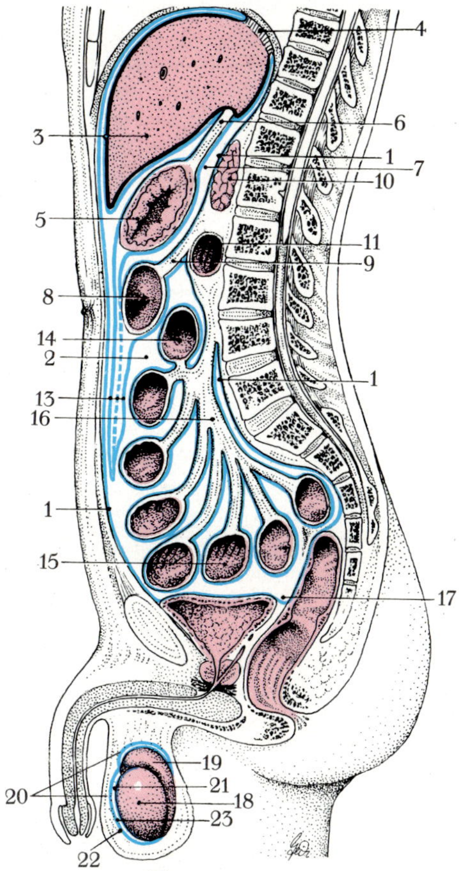

B

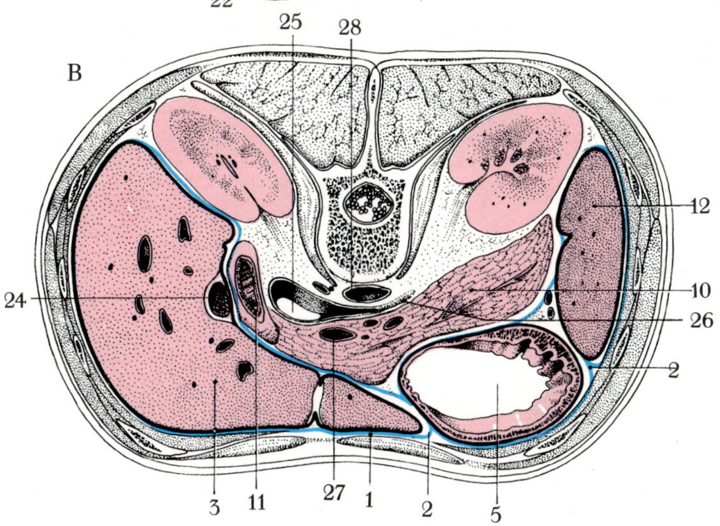

1 Peritoneum parietale (wandbekleidendes Bauchfell)
2 Cavitas peritonealis (Bauchfellhöhle)
3 Hepar (Leber) mit Peritoneum viscerale (Bauchfellüberzug)
4 Area nuda (Verwachsungsfläche der Leber am Zwerchfell)
5 Gaster, Ventriculus (Magen)
6 Omentum minus (kleines Netz)
7 Bursa omentalis (Netzbeutel)
8 Colon transversum (querverlaufender Dickdarm)
9 Mesocolon transversum (Gekröse des querverlaufenden Dickdarms)
10 Pancreas (Bauchspeicheldrüse)
11 Duodenum (Zwölffingerdarm)
12 Splen, Lien (Milz)
13 Omentum majus (großes Netz)
14 Jejunum (Leerdarm)
15 Ileum (Krummdarm)
16 Mesenterium (Gekröse des Dünndarms)
17 Excavatio rectovesicalis
18 Testis (Hoden)
19 Epididymis (Nebenhoden)
20 Tunica vaginalis testis (Bauchfellüberzug des Hodens und Nebenhodens)
21 Lamina visceralis oder Epiorchium (Organhülle des Hodens)
22 Lamina parietalis oder Periorchium (Bauchfellauskleidung des Hodensacks)
23 Cavum scroti (Hodenhöhle)
24 Vesica biliaris oder fellea (Gallenblase)
25 V. cava inferior (untere Hohlvene)
26 V. renalis sinistra (linke Nierenvene)
27 V. portae (Pfortader)
28 Aorta abdominalis (Bauchaorta)

Rumpf

Lage der Organe im Oberbauch

An einem Körperquerschnitt in Höhe des 1. Lendenwirbels lassen sich die Schichten der Rumpfwand, die Bauchhöhle mit den Organen des Oberbauchs, auch Drüsenbauch genannt, und der Retroperitonealraum gut beschreiben. An der Bauchwand wird der absteigende Verlauf der unteren Rippen zum Schutz der Oberbauchorgane sichtbar. Die breiten Ursprungs- und Ansatzflächen der Bauchmuskeln sichern in den skelettfreien Abschnitten die Stabilität und ermöglichen die vielseitigen Bewegungen des Rumpfes. Die platten Sehnen (Aponeurosen) der seitlichen Bauchmuskeln umschließen von vorn und hinten die geraden Bauchmuskeln und erreichen die Mittellinie als weiße Linie (Linea alba). An diesen Stellen können Sehnenlücken und Narbenbrüche entstehen.
Die Rückenmuskulatur ist gekennzeichnet durch ihre Gliederung in verschiedene Schichten. Die oberflächlichen Muskeln dienen der Verfestigung des Rumpfes und der Bewegung der oberen Gliedmaßen. Sie besitzen an der Wirbelsäule breite Sehnen, am Rücken dünne großflächige Muskelbäuche und setzen schmal am Arm an. Die tiefe Gruppe liegt in einem von den Wirbelfortsätzen und den oberflächlichen Muskeln begrenzten Kanal und garantiert die hohe Beweglichkeit der Wirbelsäule.
Seitlich vor den Lendenwirbelkörpern entspringen bereits die Anteile der vorderen Hüftmuskeln (M. psoas), die hinter dem Retroperitonealraum verlaufen und medial den Oberschenkelknochen (Femur) erreichen. Krankhafte Prozesse, die an der Lendenwirbelsäule mit Gewebszerstörungen (Nekrosen) einhergehen, können als Senkungsabszesse bis zum Ansatz des Muskels reichen.
Im Retroperitonealraum sind in dieser Höhe die Nieren (Renes) mit ihren Hüllen angeschnitten. Das Hüllsystem ist nach medial offen, damit können Nierengefäße die Mittellinie überschreiten. Die linke Nierenvene (V. renalis sinistra) wechselt vor der Wirbelsäule und vor der Bauchaorta (Aorta abdominalis) auf die rechte Seite über und erreicht hier die untere Hohlvene (V. cava inferior). Unmittelbar davor befindet sich die ebenfalls retroperitoneal gelegene Bauchspeicheldrüse (Pancreas), die den Milzeingang (Hilum) berührt.
Die linke Hälfte der Peritonealhöhle wird hauptsächlich von dem Magenkörper (Corpus gastricum) und der Milz (Splen, Lien) ausgefüllt. Der rechte Teil des Oberbauches ist ganz der Leber (Hepar) vorbehalten. An den rechten Leberlappen lagert sich die Gallenblase (Vesica biliaris oder fellea) an. Retroperitoneal verläuft der absteigende Teil des Zwölffingerdarmes (Duodenum), der dorsal an die rechten Nierenhüllen heranreicht und den Pankreaskopf tangiert. Durch die engen Beziehungen von Gallenblase, Duodenum und Pankreaskopf können pathologische Prozesse von einem Organ auf das andere direkt übergreifen.
Die großen Gefäße konzentrieren sich auf ein Gebiet unmittelbar vor den Lendenwirbelkörpern, wobei die Bauchaorta etwas mehr links verläuft, während neben der deutlich rechts liegenden unteren Hohlvene die Pfortader (V. portae) erscheint, die sich aus den Zuflüssen der Darmabschnitte und der Milz gebildet hat. Sie nimmt später noch die Magenvenen auf. Direkt vor der Aorta vereinigen sich in dieser Höhe die Lymphstämme aus dem Bauchraum und dem Lendengebiet zum Milchbrustgang (Ductus thoracicus).

1 M. rectus abdominis (gerader Bauchmuskel)
2 M. obliquus externus et internus abdominis (schräger äußerer und innerer Bauchmuskel)
3 Oberflächliche und tiefe Rückenmuskeln
4 Peritoneum parietale (seitliches Bauchfell)
5 Hepar (Leber)
6 Vesica biliaris (Gallenblase)
7 Gaster oder Ventriculus (Magen)
8 Splen oder Lien (Milz)
9 Pancreas (Bauchspeicheldrüse)
10 Duodenum (Zwölffingerdarm)

Rumpfquerschnitt etwa in Höhe vom Unterrand des 1. Lendenwirbels und vergleichende computertomographische Aufnahme (Ansicht von unten)

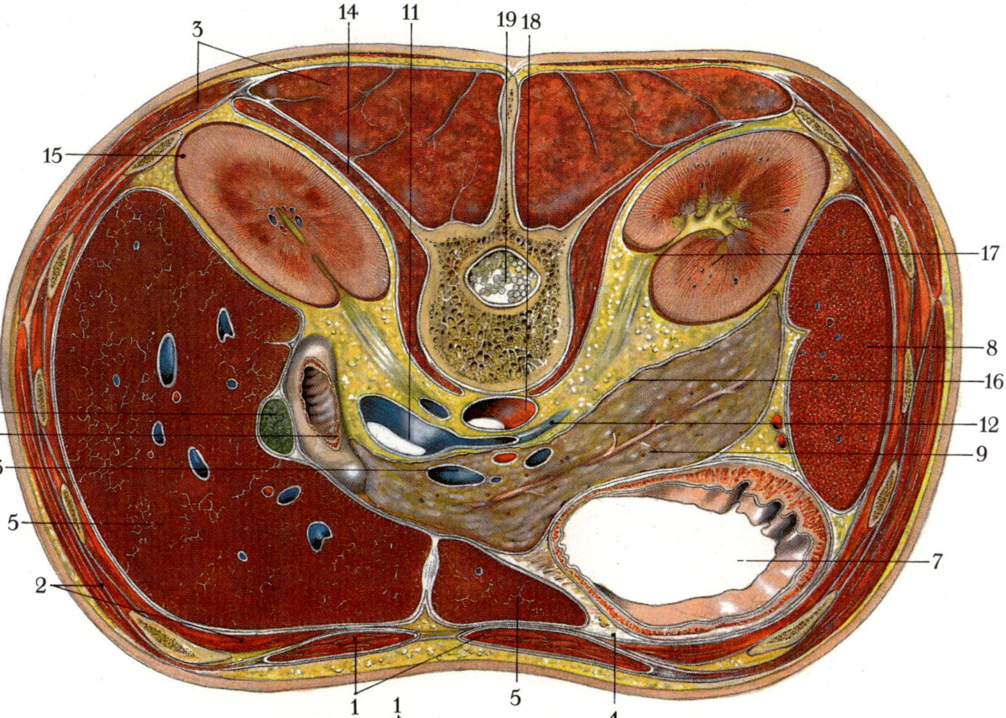

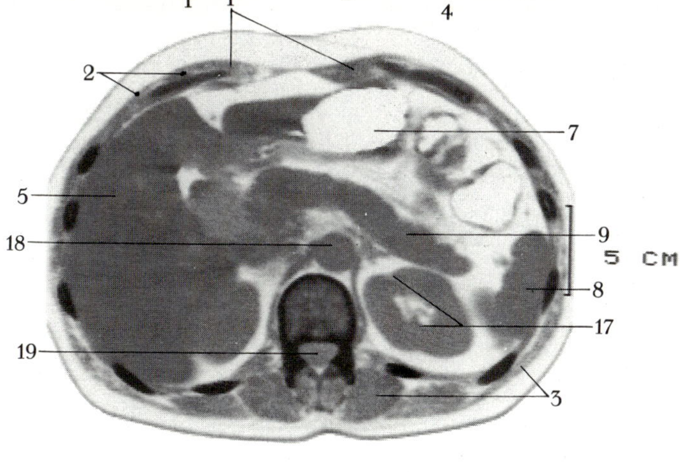

11 V. cava inferior (untere Hohlvene)
12 V. renalis sinistra (linke Nierenvene)
13 V. portae (Pfortader)
14 Capsula adiposa (Fettkapsel der Niere)
15 Capsula fibrosa (Organkapsel der Niere)
16 Fascia renalis (Fasziensack für die Nieren)
17 Ren (Niere) und Nierenhilum
18 Aorta abdominalis (Bauchaorta)
19 Canalis vertebralis mit Beginn der Cauda equina (Wirbelkanal mit Nervenfasern)

Rumpf

Aufbau und Funktion von Leber und Gallenblase

Die Leber (Hepar) ist mit einem Gewicht von etwa 1500g beim Erwachsenen die größte Drüse unseres Körpers. Sie füllt den rechten Oberbauch vollständig aus und hat einen Peritonealüberzug. Mit der Facies diaphragmatica berührt sie das Zwerchfell und ist teilweise mit diesem verwachsen. In der Mammillarlinie reicht sie nach kranial bis in den rechten 4. Interkostalraum. Durch eine sichtbare Furche erfolgt die Unterteilung in den rechten und linken Lappen (Lobus dexter et sinister). Die zwei kleineren Leberlappen werden Lobus quadratus und Lobus caudatus genannt. Wichtiger sind die Gliederungen in Lebersegmente nach dem funktionellen Verteilungsmuster der intrahepatischen Gefäße.
Frei tastbar ist nur der linke Leberlappen im Epigastrium, wobei die Atemverschieblichkeit mit etwa 3–5 cm angegeben wird. Die Eingeweidefläche (Facies visceralis) der Leber besitzt enge Lagebeziehungen zu anderen Organen (rechte Niere und Nebenniere, Magen, Gallenblase, Zwölffingerdarm, rechte Kolonflexur). Von der Viszeralfläche entspringt das kleine Netz (Omentum minus), das die kleine Kurvatur des Magens und den Anfangsteil des Zwölffingerdarms (Duodenum) erreicht.
Im kleinen Netz befindet sich ein Gefäßstrang, der die Rückseite des Zwölffingerdarms mit der Leberpforte verbindet (Leberstrang). Hier verlaufen in einer Reihenfolge von rechts nach links der Gallengang (Ductus choledochus), die Pfortader (V. portae) und die Leberarterie (A. hepatica propria). Diese Bauchfellplatte begrenzt außerdem von vorn den dahinter gelegenen Netzbeutel (Bursa omentalis).
Am bauchfellfreien Teil der Unterfläche liegen im Bereich der Leberpforte die Pfortader (V. portae), die Leberarterie, der gemeinsame Lebergang (Ductus hepaticus communis), Lymphgefäße und vegetative Nerven. Pfortader und Leberarterie zweigen sich innerhalb der Leber soweit auf, bis das mit Nährstoffen und Hormonen angereicherte Pfortaderblut und das sauerstoffreiche Blut der Leberarterie die Leberzellen in den Leberläppchen (Lobuli hepatis) erreicht (Bild B). Letztere haben einen Durchmesser von 1–2 mm und sind von einer bindegewebigen Hülle (Glisson-Kapsel) umgeben. Man kann sie als kleinste Funktionseinheit bezeichnen. An den Grenzpunkten mehrerer Läppchen sind Arteria, Vena und Ductus interlobularis als sogenannte Trias sichtbar. Über die Zentralvene des Läppchens und die nachfolgenden Sammelvenen verläßt das Blut die Leber durch die kurzen Lebervenen (Vv. hepaticae), die in die untere Hohlvene (V. cava inferior) münden.
Die in der Leber gebildete Galle gelangt in die intrahepatischen Gallengänge und wird schließlich über die großen Gallenwege, den Ductus hepaticus communis, den Ductus cysticus und den Ductus choledochus (etwa 7 cm lang), zur Gallenblase bzw. zum Zwölffingerdarm abgeleitet. Die Gallenblase (Vesica biliaris oder fellea) ist mit der Eingeweidefläche der Leber verwachsen und vorn von Peritoneum überzogen. Ihren Fundus kann man rechts am tiefsten Punkt der 8. Rippe, unmittelbar lateral vom geraden Bauchmuskel (M. rectus abdominis) palpieren. Die Galle wird in der Gallenblase gespeichert und eingedickt. Sie dient vor allem der Emulgierung von Fetten, weil diese nur so verdaut und resorbiert werden können.
Entzündungen der Gallenblase können zu Verklebungen mit den angrenzenden Darmabschnitten führen. Durchbricht diese verwachsene Stelle die Darmwand, ist die Entleerung von Gallensteinen in den Darm möglich. Behinderungen des Gallenabflusses bei Gallenwegseinengungen oder deren Verschlüsse kündigen sich häufig durch den Übertritt von Gallenfarbstoffen ins Blut (Gelbfärbung, Ikterus) an. Krankhafte Stauungen des Blutzustromes in die Leber (z. B. bei der Leberzirrhose) können zum Pfortaderhochdruck (portale Hypertension) oder zu einem Umgehungskreislauf (portokavale Anastomosen) führen. Letztere sind Verbindungen über die Magenvenen zum Ösophagus (Ösophagusvarizen) oder über die Dickdarmgefäße zum Rektum (ein Teil der Ursachen für Hämorrhoidalknoten).

Viszeralansicht der Leber mit Präparation der Gefäßverzweigung und dem Gallengangsystem (Bild A) sowie histologisches Bild eines Zentralvenen-Leberläppchens (Bild B)

A

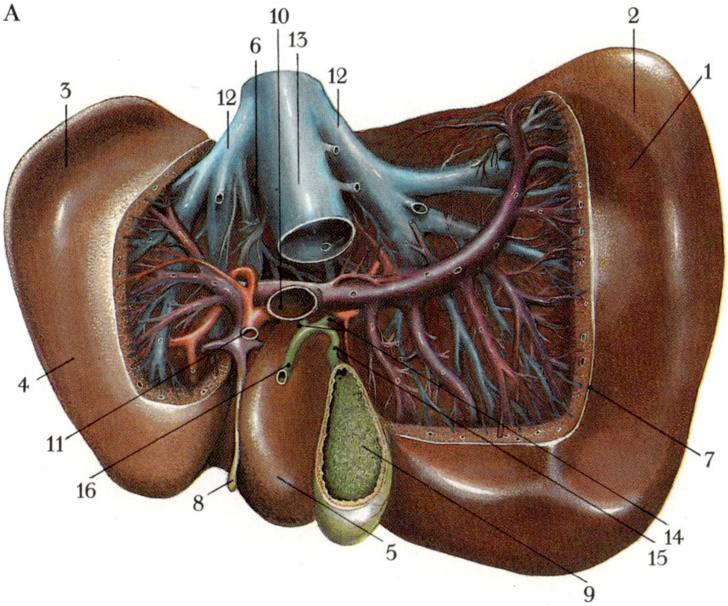

B

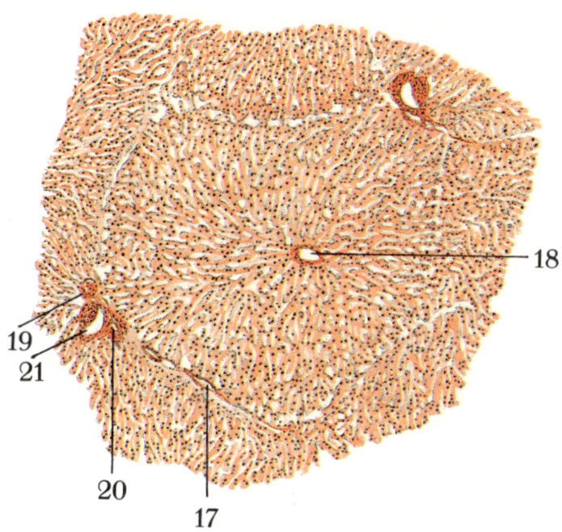

1 Lobus dexter (rechter Lappen)
2 hinteres Segment des rechten Leberlappens
3 Lobus sinister (linker Lappen)
4 laterales Segment des linken Leberlappens
5 Lobus quadratus (oder Teil des medialen Segments des linken Leberlappens)
6 Lobus caudatus (oder Teil des medialen Segments des linken Leberlappens)
7 Schnittrand des Peritoneum viscerale
8 Lig. teres hepatis (rundes Leberband)
9 Vesica biliaris oder fellea (Gallenblase, eröffnet)
10 V. portae (Pfortader)
11 A. hepatica propria (Leberarterie)
12 Vv. hepaticae (Lebervenen)
13 V. cava inferior (untere Hohlvene)
14 Ductus hepaticus dexter et sinister (rechter und linker Lebergang)
15 D. cysticus (Gallenblasengang)
16 D. choledochus (Gallengang)
17 Glisson-Kapsel
18 V. centralis (Anfangsteil der Lebervenen)
19 D. interlobularis (Sammelgang für Gallenkapillaren)
20 A. interlobularis (Ast der A. hepatica propria)
21 V. interlobularis (Ast aus der Pfortader)

Rumpf

Aufbau und Teile des Magens

Unmittelbar an das Zwerchfell (Diaphragma) grenzt links der von Bauchfell überzogene Magen (Gaster, Ventriculus) als sackartige Erweiterung des Verdauungskanals. Er speichert und durchwirkt den Speisebrei durch rhythmische Kontraktionen (Peristaltik). Der Magensaft enthält eiweißspaltende Enzyme, Salzsäure und Schleim. Durch die Peristaltik und die chemischen Vorgänge wird schubweise der Mageninhalt in den Zwölffingerdarm (Duodenum) abgegeben.

Die Längsachse des Magens richtet sich von links oben außen nach rechts unten innen. Noch oberhalb der Einmündungsstelle der Speiseröhre, dem Magenmund (Pars cardiaca, Cardia), befindet sich links der Magengrund (Fundus). Er enthält meist Luft. Auf den Magenmund folgt direkt der Magenkörper (Corpus gastricum oder Corpus ventriculi). Er überschreitet die Mittellinie und geht mit der nicht konstanten Erweiterung (Antrum in den rechts liegenden Pförtnerteil (Pars pylorica) über, der mit seiner starken Ringmuskulatur (Pylorus) den Übergang zum Zwölffingerdarm darstellt.

Man unterscheidet am Magen eine vordere und eine hintere Fläche (Paries anterior et posterior) sowie am oberen rechten Rand die kleine Krümmung (Curvatura gastrica minor) zum Ansatz des kleinen Netzes (Omentum minus) und am linken unteren Rand die große Kurvatur (Curvatura gastrica major), an der das große Netz (Omentum majus) entspringt.

Lage und Größe des Magens sind abhängig von der Körperstellung, dem Lebensalter, dem Geschlecht und dem Füllungszustand. Allgemein beträgt das Fassungsvermögen zwischen 1200 und 1800 ml.

Den Magenkörper bedecken von außen die Rippen. Nur die Teile der großen Kurvatur berühren die Bauchwand direkt. Die kleine Kurvatur schiebt sich unter die Leber und zeigt nach hinten. Der Netzbeutel (Bursa omentalis) trennt die Magenhinterwand von der retroperitoneal gelegenen Bauchspeicheldrüse (Pancreas), der linken Niere (Ren) und Nebenniere (Glandula suprarenalis). Milz (Splen, Lien) und Magen sind gegeneinander gut verschieblich. Auf das Skelett bezogen liegt die Kardia links von der Mittellinie in Höhe des 10. oder 11. Brustwirbelkörpers und vorn etwa am Ansatz der linken 7. Rippe am Brustbein. Der Pförtner hingegen wird rechts auf den 12. Brust- oder 1. Lendenwirbel projiziert und vorn auf den tiefsten Punkt der 8. oder 9. Rippe. Beim Stehen kann er weiter kaudal sinken.

Für das mikroskopische Bild gilt der Wandbau des Darmes mit den Schleimhautteilen (Tunica mucosa), der darunter liegenden Bindegewebsschicht (Tela submucosa) und den Muskelschichten (Tunica muscularis, Muskularis). Außen befindet sich der glatte Bauchfellüberzug (Tunica serosa). Durch die Falten entsteht eine höckrige Oberfläche, die zu beetartigen Feldern (Areae gastricae) führt. Die einzelnen rinnenförmigen Öffnungen sind die etwa 1,5 mm tiefen Magengrübchen (Foveolae gastricae). Die Schleimhaut besteht aus einem einschichtigen hochprismatischen Epithel, das einen neutralen Schleim absondert. Dieser schützt die Magenwand gegen die Selbstandauung. Bei der Magenschleimhautentzündung (Gastritis) und beim Magengeschwür (Ulcus ventriculi) kann der Wegfall dieses Schutzmechanismus der auslösende Grund sein. Die Magendrüsen (Glandulae gastricae) liegen in den Schleimhautschichten und münden in den Magengrübchen. Die Drüsen enthalten die Nebenzellen für die Bildung von saurem Schleim und die Hauptzellen für die Absonderung von Pepsinogen. Die Belegzellen geben Wasserstoffionen ab, dadurch kann die Salzsäure im Mageninneren entstehen. Die Chlorionen gelangen über das Blut dazu. Außer diesen drei Zellarten kommen noch endokrine Zellen vor.

Die Muskularis enthält drei glatte Muskelschichten, die äußere oder Längsschicht, die mittlere oder Ringschicht, die den Schließer (M. sphincter pyloricus) entwickelt, und als Besonderheit eine Schrägschicht.

Die Magensekretion wird hormonell beeinflußt, und der N. vagus übernimmt eine reflektorische Steuerung. Der venöse Abfluß erfolgt zur Pfortader.

Magen von vorn eröffnet mit Arterien und Nerven (Bild A) sowie histologischer Wandbau des Magens (Bild B)

A

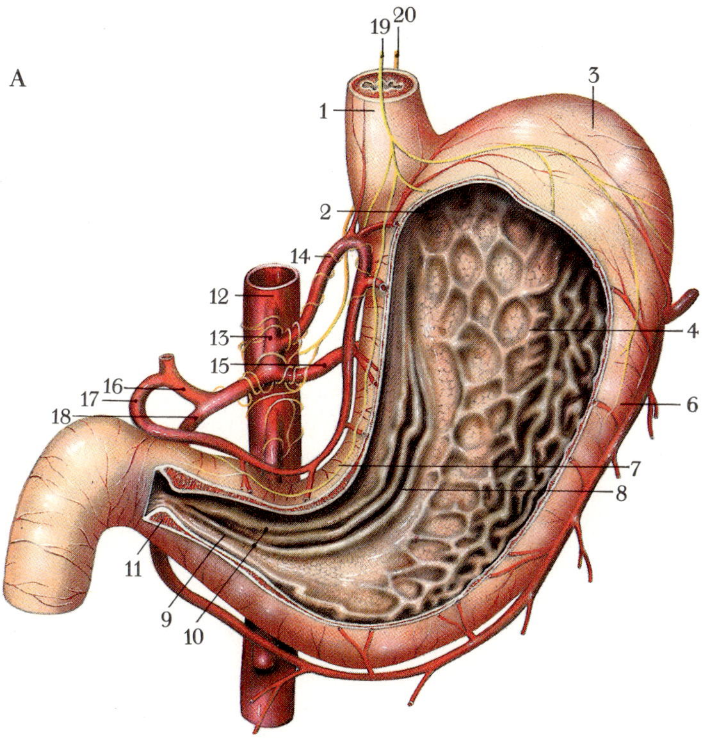

B

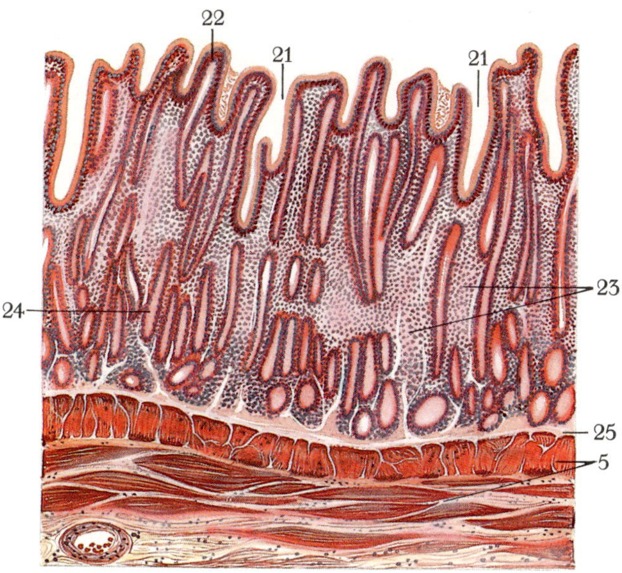

1 Oesophagus (Speiseröhre)
2 Pars cardiaca (Kardia, Magenmund)
3 Fundus gastricus (Magengrund, Magenblase)
4 Corpus gastricum (Magenkörper)
5 Tunica muscularis
6 Curvatura gastrica major (große Kurvatur)
7 Curvatura gastrica minor (kleine Kurvatur)
8 Längsfalten entlang der Magenstraße
9 Pars pylorica (Pförtnerteil)
10 Antrum pyloricum (Erweiterung am Pförtnerteil)
11 Pylorus mit M. sphincter pyloricus (Pförtner und Schließmuskel)
12 Aorta abdominalis (Bauchaorta)
13 Truncus coeliacus (Arterienstamm für Leber, Milz und Magen) mit Nervengeflechten
14 A. gastrica sinistra (linke Magenarterie)
15 A. splenica (lienalis) (Milzarterie)
16 A. hepatica propria (Leberarterie)
17 A. gastrica dextra (rechte Magenarterie)
18 A. gastroduodenalis (Magen-Zwölffingerdarm-Arterie)
19 Truncus vagalis anterior (vorderer Vagusstamm)
20 Truncus vagalis posterior (hinterer Vagusstamm)
21 Foveolae gastricae (Magengrübchen)
22 Lamina epithelialis (Schleimhautoberflächenzellschicht)
23 Laminae propriae (Schleimhautschichten unterhalb des Epithels)
24 Glandulae gastricae (Magendrüsen)
25 Tela submucosa (Bindegewebe unter der Schleimhaut)

Anordnung von Zwölffingerdarm, Bauchspeicheldrüse und Milz

Im Anschluß an den Pförtner des Magens folgt rechts der Zwölffingerdarm (Duodenum) mit seinem oberen Abschnitt (Pars superior), der eine Erweiterung (Ampulla oder Bulbus) besitzt. Dieser Teil wird noch vom Bauchfell eingehüllt, ist aber auch der häufigste Ort für die Geschwürbildung (Ulcus duodeni). Rechts neben der Wirbelsäule bildet ein Bogen (Flexura duodeni superior) den Übergang zum absteigenden Teil (Pars descendens). Dieser nimmt von hinten den Gallengang (Ductus choledochus) und den Gang der Bauchspeicheldrüse (Ductus pancreaticus) auf. Die Einmündungsstelle wird Vater-Papille (Papilla duodeni major) genannt. Eine zusätzliche Einmündungsstelle (Papilla duodeni minor) kann oberhalb der ersteren vorkommen. Dieser Abschnitt und alle nachfolgenden liegen retroperitoneal. Er grenzt an die Gallenwege, die Bauchspeicheldrüse, die rechte Nebenniere und Niere sowie an den rechten Dickdarmbogen (Flexura coli dextra). Durchbruchmöglichkeiten sind somit gegeben. Der absteigende Teil erreicht rechts den 3. oder 4. Lendenwirbel und mit einem flachen Bogen (Flexura duodeni inferior) gestaltet sich der Übergang.

Der querverlaufende Teil (Pars horizontalis oder inferior) verläuft vor der unteren Hohlvene (V. cava inferior) und steigt nach links vor der Bauchaorta an (Pars ascendens). Mit dem Bogen (Flexura duodenojejunalis) vor dem 1. oder 2. Lendenwirbel erfolgt der Übergang zum Leerdarm (Jejunum). Vom querverlaufenden Teil an gehören alle Abschnitte zum Darm- oder Unterbauch.

Im histologischen Aufbau wiederholen sich die Grundschichten, jedoch sind die Falten und Zotten hier besonders zahlreich und hoch. Die Falten springen kreisförmig (Plicae circulares, Kerckring-Falten) etwa 1 cm aus der Darmwand vor; sie betreffen die Schichten bis zum Bindegewebsteil (Tela submucosa) und nicht die Muskelwand. Die Zotten (Villi intestinales) sind Ausstülpungen der Schleimhautschichten (Tunica mucosa). Zwischen ihnen entstehen Krypten (Glandulae intestinales, Lieberkühn-Krypten). Diese Bauweise unterstützt die Resorption der Nahrungsmittel.

Die Bauchspeicheldrüse (Pancreas) verläuft quer in Höhe etwa des 2. Lendenwirbels und wird vom Zwölffingerdarm eingefaßt. Sie gliedert sich in Kopf (Caput), Körper (Corpus) und Schwanz (Cauda). Ihr Gewicht beträgt beim Erwachsenen etwa 65 bis 75 g. Während rechts ihr Kopfteil den absteigenden Teil des Zwölffingerdarms umgibt, erreicht links der Schwanzteil die Milzpforte (Hilum splenicum). Die Bauchspeicheldrüse ist eine gemischte Drüse. Ihr Drüsenteil (exokrine Drüse) produziert den Pankreassaft, der Enzymvorstufen für alle drei Hauptnahrungsmittel enthält. Diese gelangen in das Duodenum. Der endokrine Anteil (Inselorgan, Langerhans-Inseln) fördert mit seinem Insulin die Glycogenbildung in der Leber und in den Muskeln, wobei der Blutzucker sinkt. Umgekehrt erhöht das zweite Hormon (Glucagon) durch den Glycogenabbau den Blutzucker. Bei der Zuckerkrankheit (Diabetes mellitus) ist die Insulinbildung gestört und demzufolge der Blutzucker erhöht. Daneben existieren noch Hormone, die den Drüsenteil beeinflussen.

Die Milz (Splen, Lien) liegt intraperitoneal und gehört zum Lymphsystem. Sie ist beim Erwachsenen etwa faustgroß, kaffeebohnenähnlich und graurot. Ihr tiefster Punkt reicht nur bis zur 11. Rippe und kann bei tiefer Einatmung durch den Griff unter den Rippenrand gefühlt werden (Atemverschieblichkeit). Überalterte rote Blutkörperchen werden in ihr abgebaut. Schließlich ist die Milz Abwehrorgan und bildet Lymphozyten.

1 Bulbus duodeni (Erweiterung des Zwölffingerdarms)
2 V. cava inferior (untere Hohlvene)
3 Plicae circulares (Ringfalten)
4 Papilla duodeni major et minor (große und kleine Mündungsstelle)
5 Ductus choledochus (Gallengang)
6 Ductus pancreaticus (Gang der Bauchspeicheldrüse)
7 Ductus cysticus (Gallenblasengang)
8 Ductus hepaticus communis (gemeinsamer Lebergang)
9 Pankreasinseln
10 Aorta abdominalis (Bauchaorta)

Zwölffingerdarm, Bauchspeicheldrüse mit ihrem Gangsystem und Lage der Milz (Bild A), histologischer Bau des Zwölffingerdarms (Bild B) und der Bauchspeicheldrüse (Bild C)

A

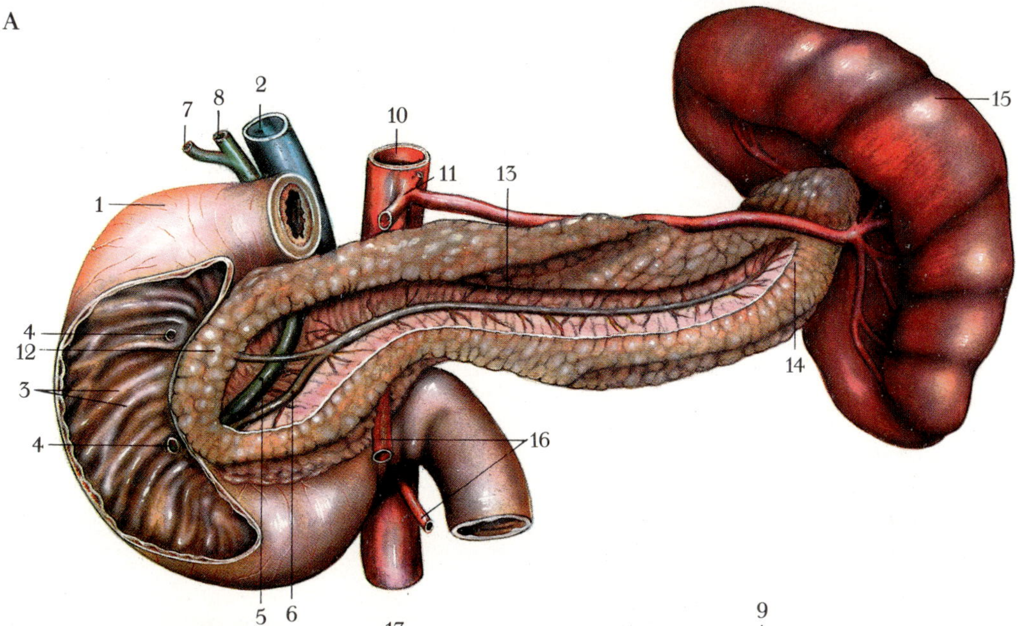

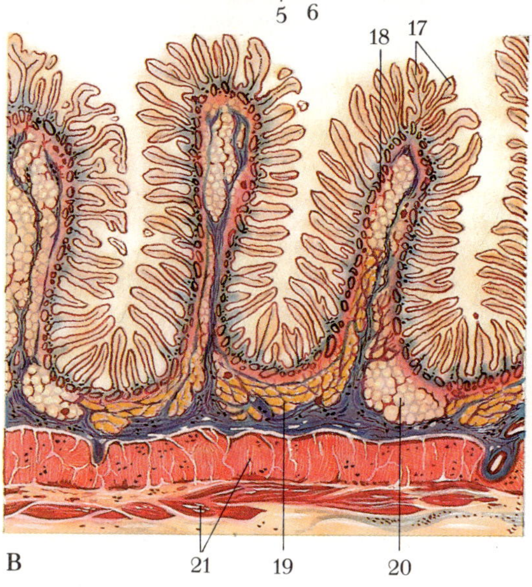

B

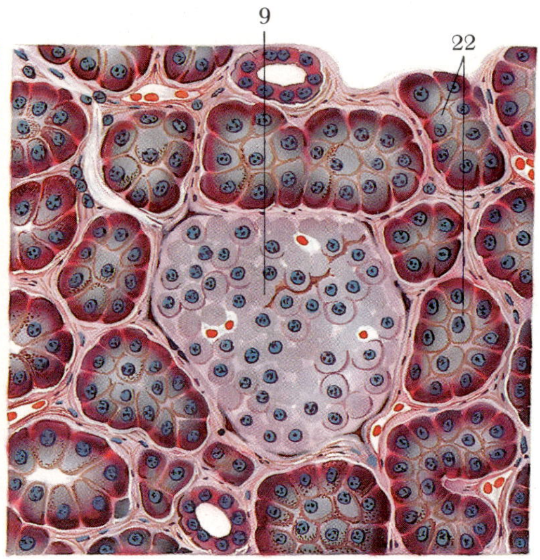

C

11 Truncus coeliacus (Arterienstamm für Leber, Magen, Milz)
12 Caput pancreatis (Kopf der Bauchspeicheldrüse)
13 Corpus pancreatis (Körper)
14 Cauda pancreatis (Schwanzteil)
15 Splen oder Lien (Milz)
16 A. mesenterica superior et inferior (obere und untere Gekrösearterie)
17 Villi intestinales (Zotten)
18 Tunica mucosa (Schleimhaut)
19 Tela submucosa (Bindegewebe)
20 Glandulae duodenales (Brunner-Drüsen)
21 Tunica muscularis (Muskulatur)
22 Acinus (seröses Drüsenstück)

Dickdarm und Mastdarm

Diese Darmabschnitte (Intestinum crassum) folgen dem Dünndarm (Intestinum tenue). Nach der Einmündung des Krummdarms (Ileum) durch die Dickdarmklappe (Valva ileocaecalis, Bauhin-Klappe) in den Blinddarm (Caecum) mit dem Wurmfortsatz (Appendix vermiformis) unterscheidet man die aufsteigenden (Colon ascendens), die querverlaufenden (Colon transversum) und die absteigenden Dickdarmteile (Colon descendens). Es schließt sich der s-förmige Dickdarm (Colon sigmoideum) an, der die Verbindung zum Mastdarm (Rectum) herstellt (Bild A). Alle Anteile sind durch typische Merkmale gekennzeichnet: die außen verlaufenden Längszüge der Muskulatur (Taeniae), die regelmäßigen Aussackungen (Haustrae) durch quere Muskeleinschnürungen und die Fettanhängsel (Appendices epiploicae) unter dem Peritonealüberzug.
Der Blinddarm mit einer Länge von etwa 8 cm befindet sich rechts vor der Darmbeinschaufel (Ala ossis ilii). Von ihm geht der etwa 9 cm lange dünne Wurmfortsatz ab. Die Abgangsstelle entspricht in der Regel dem MacBurney-Punkt, der die Halbierung zwischen dem Nabel und dem rechten vorderen oberen Darmbeinstachel (Spina iliaca anterior superior) darstellt. Man sollte wissen, daß sich in über 50% die Appendix hinter dem Blinddarm nach oben geschlagen hat und nur 30% eine Position nach kaudal einnehmen. Daher ist die Fehlbeurteilung bei einer Entzündung (Appendizitis) sehr leicht möglich. Die nachfolgenden Dickdarmteile rahmen die Dünndarmschlingen ein. Am querverlaufenden Dickdarm ist das große Netz (Omentum majus) angeheftet, das nach unten den Dünndarm unterschiedlich weit bedeckt.
Der rechte Bogen (Flexura coli dextra) geht flach an der Leber vorbei und der linke (Flexura coli sinistra) hat eine spitzwinklige Form medial vom unteren Milzpol. Seine Anheftung nach dorsal läßt die Milznische entstehen. Kurz vor dem Übergang in den absteigenden Teil wechselt die Versorgung von den oberen auf die unteren Gekrösegefäße (A. et V. mesenterica inferior) und vom N. vagus auf den sakralen Parasympathikus.
Für die Mikroskopie gilt, daß die Zotten fehlen, aber die Krypten bleiben. Neben der Resorption von Spaltprodukten und Wasser wird Schleim abgesondert. Im Gegensatz zum fast sterilen Magen und oberen Dünndarm weisen die übrigen Teile einen physiologischen Bakterienbesatz auf, wodurch die Gärungs- und Fäulnisprozesse möglich werden und der Kot (Faeces) entsteht. Der Darminhalt bleibt für 3 bis 4 Stunden ganz dünnflüssig im Dünndarm. Er wird im Dickdarm auf etwa 1/4 bis 1/5 der Menge eingedickt. Ein Rückfluß in den Dünndarm ist wegen des Klappenmechanismus trotz Peristaltik und Antiperistaltik nicht möglich. Beim Eintreffen von größeren Mengen Kot in den Mastdarm kommt es durch psychische Einflüsse und die fördernde Wirkung des Parasympathikus zum Stuhldrang.
Der Mastdarm ist kein gerades Rohr, legt sich an die Krümmungen des Kreuzbeins, durchbricht den Beckenboden (Diaphragma pelvis) und endet als After (Anus). Der Mastdarm hat durch seinen Verlauf enge Nachbarschaftsbeziehungen zum Ischiasnerv, aber auch zum Schamnerv (N. pudendus). Ausstrahlende Schmerzen bei Erkrankungen des Rektum, auch beim Rektumkarzinom, können auf der Rückseite der unteren Gliedmaßen und in der Schamgegend auftreten. Die Arterien kommen aus zwei Stromgebieten. Gleiches gilt für den venösen Abfluß. Die Lymphgefäße ziehen in drei Richtungen, so zum Kreuzbeingebiet, zum seitlichen Becken und zu den Leistenlymphknoten.

1 Caecum (Blinddarm)
2 Valva ileocaecalis (Dickdarmklappe, Bauhin-Klappe)
3 Appendix vermiformis (Wurmfortsatz)
4 Colon ascendens (aufsteigender Dickdarm)
5 Haustra coli (Ausbuchtungen der Dickdarmwand)
6 Flexura coli dextra (rechte Dickdarmkrümmung)
7 Colon transversum (querverlaufender Dickdarm)
8 Flexura coli sinistra (linke Dickdarmkrümmung)
9 Colon descendens (absteigender Dickdarm)

Halbschematisierte Darstellung der Dickdarmabschnitte (Bild A), histologische Übersicht der Dickdarmschichten (Bild B), Mastdarm mit Ausschnittsvergrößerung (Bild C und D)

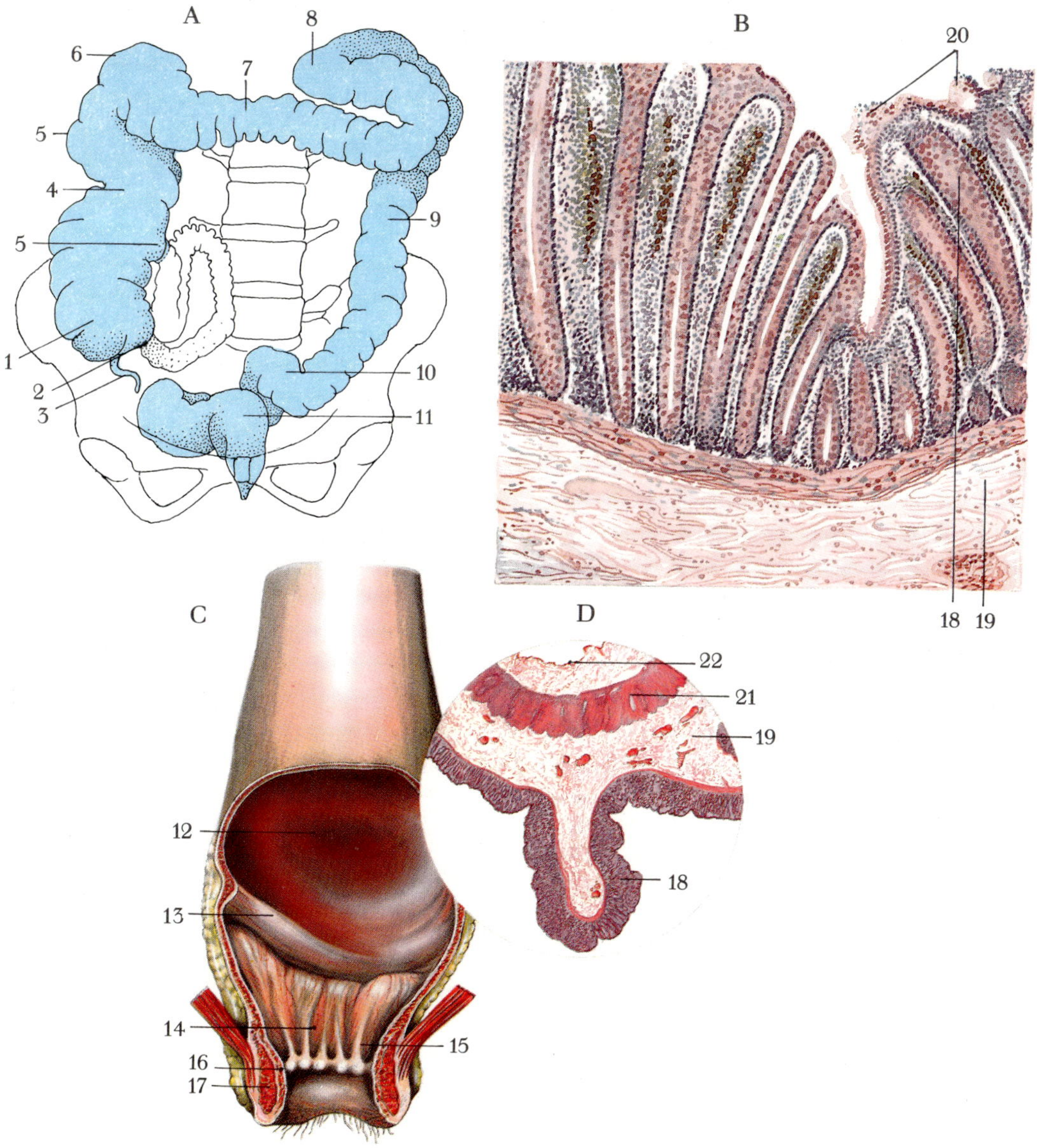

10 Colon sigmoideum (s-förmiger Dickdarm)
11 Rectum (Mastdarm)
12 Ampulla recti (Ausweitung)
13 Plica transversa recti (Kohlrausch-Falte)
14 Canalis analis (Afterkanal)
15 Columnae anales (Aftersäulen)
16 M. sphincter ani internus (innerer Schließmuskel)
17 M. sphincter ani externus (äußerer Schließmuskel)
18 Tunica mucosa (Schleimhaut)
19 Tela submucosa (Bindegewebe)
20 Becherzellen (Drüsenzellen zur Bildung des Gleitschleimes)
21 Tunica muscularis
22 Serosa (Außenschicht)

Rumpf

Ausdehnung und Organe des Retroperitonealraumes

Der Retroperitonealraum (Spatium retroperitoneale) wird begrenzt vorn vom seitlichen Bauchfell, oben vom Zwerchfell und hinten von der Wirbelsäule und der hinteren Bauchwand (M. quadratus lumborum, M. iliopsoas und deren Faszien). Er setzt sich nach kaudal verengt ohne scharfe Grenze in das kleine Becken fort.
Die Aorta gelangt durch den Zwerchfellschlitz (Hiatus aorticus) vom Thorakal- in den Retroperitonealraum und verläuft als Bauchaorta (Aorta abdominalis) von der Wirbelsäule bis zur Teilung in die rechte und linke gemeinsame Hüftarterie (A. iliaca communis) etwa in Höhe des 4. Lendenwirbels. Rechtsseitig von ihr liegt die untere Hohlvene (V. cava inferior). Die Bauchaorta gibt die großen unpaaren Äste zur Versorgung der Baucheingeweide (Truncus coeliacus, A. mesenterica superior et inferior) sowie die paarigen Arterien zur Versorgung von Zwerchfell, Nieren, Nebennieren und Hoden bzw. Eierstock und der Lendengegend (Aa. phrenicae inferiores, suprarenales, renales, testiculares bzw. ovaricae und lumbales) ab.
Dagegen nimmt die untere Hohlvene nur die gleichnamigen Gefäße des Urogenitalsystems auf, wobei die linke Hoden- bzw. Eierstockvene (V. testicularis bzw. ovarica) rechtwinklig in die Nierenvene mündet (größere Gefahr der Stauung im linken Hodenbereich). Die unpaaren Venen aus dem Verdauungstrakt bilden zusammen mit der Milzvene (V. splenica) retroperitoneal die Pfortader (V. portae), die zur Leber zieht.
Nieren und Nebennieren liegen, von Fettgewebe umgeben (Capsula adiposa), der hinteren Bauchwand an (Oberrand der linken Niere in Höhe der 11., der rechten Niere in Höhe der 12. Rippe). Damit befindet sich der Pleuraspalt des Brustraumes (nicht die Lunge selbst) hinter der Dorsalfläche des oberen Nierenpols (Verletzungsgefahr beider Räume). Die Organkapsel (Capsula fibrosa) der Nieren ist sehr fest.
Die Nebennieren (Glandulae suprarenales) liegen direkt den oberen Nierenpolen an und dienen der inneren Sekretion. Ihre Rinde greift in den Mineral-, Zucker-, Fett- und Eiweißhaushalt ein, erzeugt eine unspezifische Abwehr bei Streßsituationen und produziert Geschlechtshormone. Das Nebennierenmark bildet das Noradrenalin und Adrenalin zur Blutdrucksteigerung sowie zur Erhöhung des Schlagvolumens des Herzens. An der Nierenpforte (Hilum) befinden sich in ⅓ der Fälle von vorn nach hinten: V. renalis, A. renalis, Nierenbecken. Aus letzterem geht der Harnleiter (Ureter) hervor, der durch den Retroperitonealraum und das kleine Becken zieht. Er mündet am Blasengrund in die Harnblase (Vesica urinaria). In seinem Verlauf treten drei verengte Stellen auf, an denen sich Ablagerungen (Konkremente) bevorzugt einklemmen können: am Übergang vom Nierenbecken, an der Überkreuzung der Iliakalgefäße und an der Einmündungsstelle in die Harnblase. In Höhe des Beckenkammes überkreuzt die Hoden- bzw. Eierstockarterie (A. testicularis bzw. ovarica) den Harnleiter. Vor der Einmündung in die Harnblase unterkreuzt dieser beim Mann den Samenleiter, bei der Frau die Gebärmutterarterie (A. uterina).
Die gemeinsame Hüftschlagader (A. iliaca communis) teilt sich vor dem Iliosakralgelenk. Die innere Hüftschlagader (A. iliaca interna) versorgt vor allem den Beckenbereich, die äußere (A. iliaca externa) zieht zusammen mit der gleichnamigen Vene durch einen Gefäßkanal (Lacuna vasorum) dorsal des Leistenbandes zur Vorderseite des Oberschenkels.

1 Diaphragma (Zwerchfell)
2 Hiatus aorticus und Aorta abdominalis (Bauchaorta)
3 Truncus coeliacus (gemeinsamer Arterienstamm für Leber, Magen und Milz)
4 V. cava inferior (untere Hohlvene)
5 A. mesenterica superior
6 V. et A. renalis sinistra
7 Ureter sinister (linker Harnleiter)
8 A. et V. testicularis sinistra (Gefäße für den linken Hoden)
9 Glandulae suprarenales (Nebennieren)
10 Ren sinister (linke Niere)
11 Pelvis renalis (Nierenbecken)
12 Muskeln der vorderen Bauchwand)

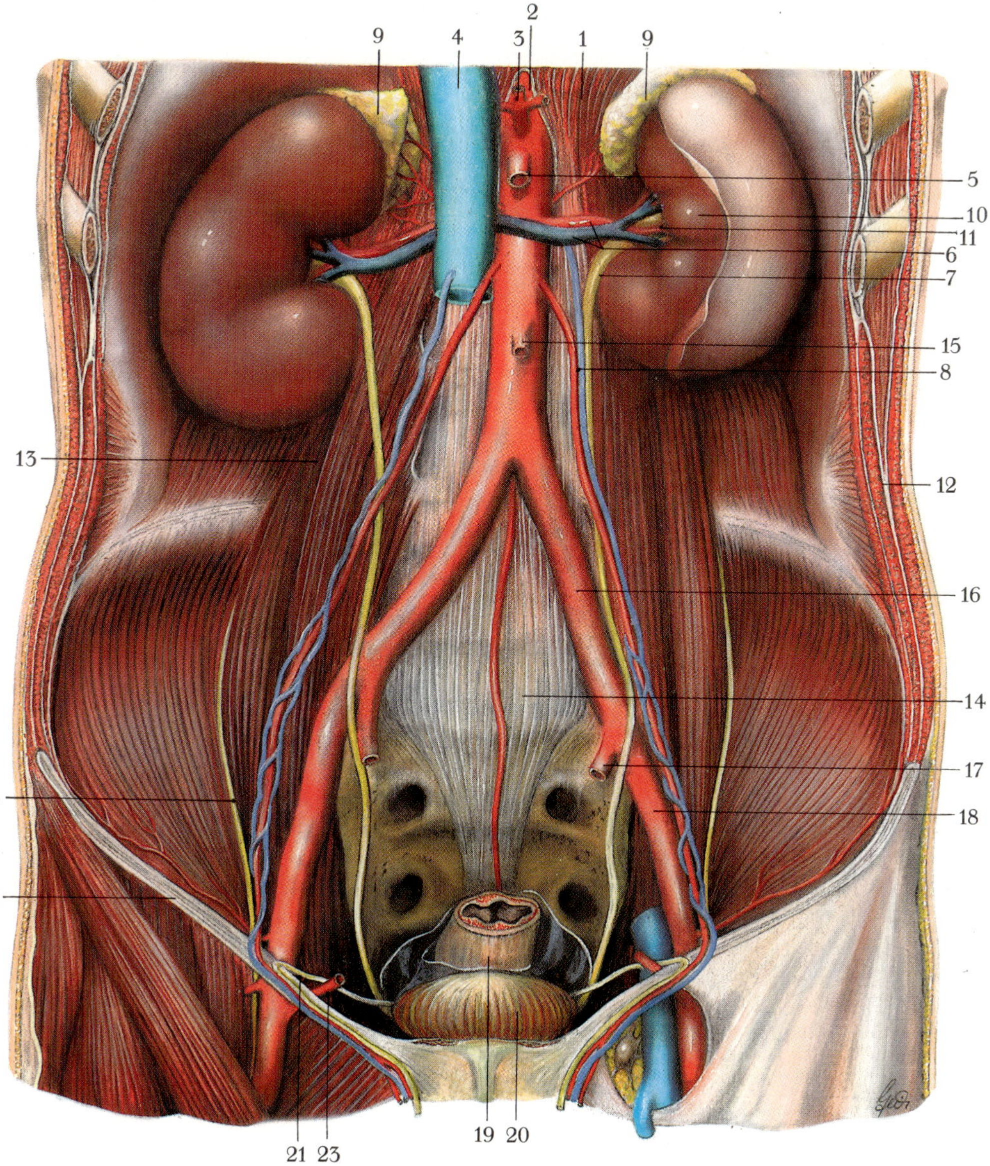

13 Muskeln der hinteren Bauchwand
14 Promontorium (Abknickung zwischen Lendenwirbelsäule und Kreuzbein)
15 A. mesenterica inferior
16 A. iliaca communis
17 A. iliaca interna
18 A. iliaca externa
19 Rectum
20 Vesica urinaria (Harnblase)
21 Ductus deferens (Samenleiter)
22 Lig. inguinale (Leistenband)
23 A. epigastrica inferior
24 N. femoralis

Aufbau und Funktion der Nieren

Der Form nach gleicht die Niere (Ren) einer Bohne (Bild A). Man erkennt an ihr einen oberen und einen unteren Pol, dabei liegt der erstgenannte der Wirbelsäule näher als der letztere. Die Vorderfläche ist mehr gewölbt als die Hinterfläche. Am medialen Rand, etwa in der Mitte, befindet sich die Nierenpforte (Hilum renale), durch die Gefäße, Nerven und das Nierenbecken (Pelvis renalis) ein- bzw. austreten. Die Versorgungsgebiete entsprechen Nierensegmenten.

Die Niere des Erwachsenen ist ungefähr 10 bis 12 cm lang, 5–6 cm breit, 4 cm dick und wiegt 120 bis 300 g. Sie hat eine derbe, bindegewebige Hülle (Capsula fibrosa). Außen folgt die gemeinsame Fettgewebskapsel (Capsula adiposa) von Niere und Nebenniere, die wiederum mit dem nach medial offenen Fasziensack vor und hinter beiden Organen verbunden ist und ihre Lage stabilisiert. Trotzdem ändert sich diese mit der Stellung des Körpers und der Atmung, so daß der untere Nierenpol bei starker Einatmung bis 3 cm tiefer stehen kann als in der Ausatmungsphase. Der Fettgewebsschwund kann zur Verlagerung der Nieren beckenhöhlenwärts führen (Senkniere, Wanderniere).

Am Längsschnitt durch die Niere wird eine Gliederung in zwei Zonen, Rinde (Cortex) und Mark (Medulla), mit unterschiedlicher Struktur und Farbe sichtbar. In der Markzone befinden sich 12–18 Markpyramiden (Pyramides renales) in denen parallel verlaufende Kanälchen eine Längsstreifung erzeugen.

Die Basis jeder Pyramide ist gegen die Rindenzone gerichtet. Ihre Spitzen ragen als Markpapillen (Papillae renales) in das Kelchsystem des Nierenbeckens hinein. Die Rindensubstanz berührt die Basis der Markpyramiden. Sie befindet sich auch als Rindensäule (Columna renalis) jeweils in dem Raum zwischen den Pyramiden (Bild A).

Die funktionelle Baueinheit der Niere wird Nephron genannt. Jedes Nephron besteht aus dem Nierenkörperchen (Corpusculum renale) mit dem Gefäßknäuel (Glomerulus), der Bowman-Kapsel, Gefäß- und Harnpol sowie den verschiedenen Kanälchenabschnitten (Tubuli renales). Alle gewundenen Anteile befinden sich in der Rindensubstanz und alle geraden im Mark. Aufgrund von morphologischen und physiologischen Kriterien ist eine Unterscheidung möglich und unerläßlich (Bild B, C, D).

Im Nierenkörperchen entsteht der Primärharn. Dazu teilt sich die zuführende Arteriole (Arteriola afferens), die in den Gefäßpol eintritt, in mehrere Äste. Daraus gehen etwa 20 bis 40 Kapillarschlingen hervor. Diese Glomeruluskapillaren enthalten elektronenoptisch sichtbare Poren und eine dreischichtige Basalmembran, die als mechanische Filter oder durch elektrostatische Kräfte bestimmte Moleküle (harnpflichtige Substanzen) passieren lassen und trotzdem arteriell bleiben. Es gibt jedoch auch Kurzschlüsse (shunts) zwischen den Kapillaren, wodurch nicht das gesamte Blut gefiltert werden muß. Im Ergebnis entsteht am Harnpol ein Ultrafiltrat des Blutplasmas ohne Eiweiß. Dies tritt in das anschließende Hauptstück über. Hier wird bereits mit der Rückresorption von Wasser, Zucker, Aminosäuren, Mineralelementen und Harnsäure begonnen. In den nachfolgenden Abschnitten erfolgt neben der Rückresorption eine aktive Wasserabsorption und die Harnkonzentration. Dieser Prozeß führt dazu, daß erst im Sammelrohrsystem der Endharn entsteht.

Die Blutmenge, die die Nieren täglich durchströmt, beträgt etwa 150 l. Dagegen liegt die täglich ausgeschiedene Harnmenge bei üblichem Trinkverhalten bei 1 bis 2 l.

1 Extremitas superior (oberer Nierenpol)
2 Extremitas inferior (unterer Nierenpol)
3 Hilum renale (Nierenpforte)
4 A. renalis (Nierenschlagader)
5 V. renalis (Nierenvene)
6 Ureter (Harnleiter)
7 V. cava inferior (untere Hohlvene)
8 Aorta abdominalis (Bauchaorta)
9 Cortex renalis (Rindenzone)
10 Medulla renalis (Markzone)
11 Papilla renalis (Nierenpapille)
12 Columna renalis (Nierensäule)
13 Calix renalis (Nierenkelch)
14 Capsula fibrosa (Bindegewebskapsel)

Linke Niere von vorn, rechte im Längsschnitt (Bild A), Nephron mit den Gefäßanschlüssen (Bild B) und Nierenkörperchen (Bild C, D)

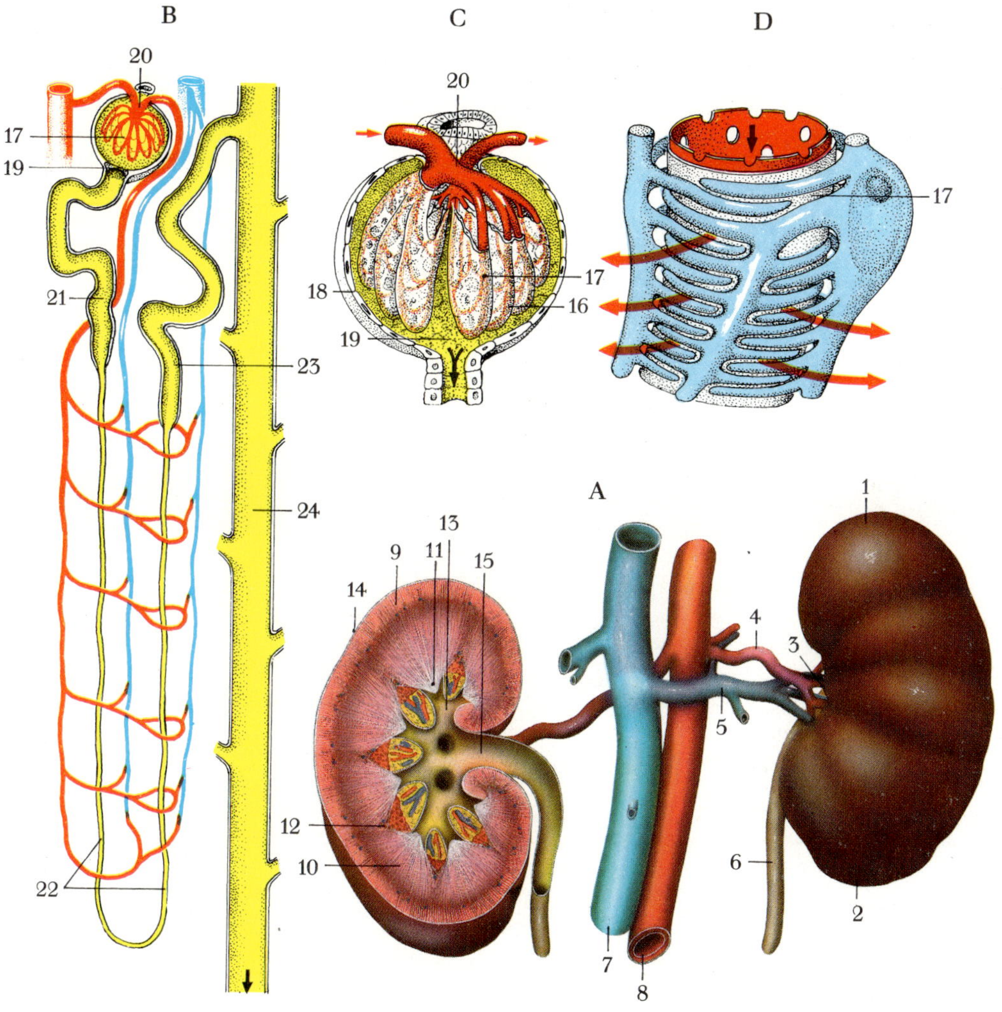

15 Pelvis renalis (Nierenbecken)
16 Corpusculum renale (Nierenkörperchen)
17 Glomerulus (Gefäßknäuel im Nierenkörperchen)
18 Bowman-Kapsel
19 Harnpol
20 Gefäßpol
21 Hauptstück des Nierenkanälchens
22 Überleitungsstück des Nierenkanälchens (Henle-Schleife)
23 Mittelstück des Nierenkanälchens
24 Sammelrohr

Rumpf

Systematische und funktionelle Übersicht der männlichen Geschlechtsorgane

Aufgrund ihrer Lage unterscheidet man an den Geschlechtsorganen äußere und innere Anteile. Zu den äußeren männlichen Geschlechtsorganen gehören das männliche Glied (Penis) und der Hodensack (Scrotum), zu den inneren zählen Hoden (Testis), Nebenhoden (Epididymis), Samenleiter (Ductus deferens), Samenbläschen (Vesicula seminalis) und Vorsteherdrüse (Prostata).

Der Hodensack (Scrotum) wird in der Mittellinie durch eine bindegewebige Scheidewand geteilt. In beiden Skrotalfächern befindet sich ein Hoden mit dem Nebenhoden und dem sich anschließenden Teil des Samenleiters. Sie werden dabei von mehreren sog. Hodenhüllen umschlossen. Diese sind Schichten der Bauchwand, die sich bei der Hoden- und Nebenhodenverlagerung (Descensus testis) gegen Ende der Schwangerschaft mit ausstülpen und das Skrotum bilden. So zählt der Hoden im Hodensack zu den Reifezeichen des männlichen Neugeborenen. Bleibt die Wanderung aus, spricht man von verschiedenen Formen des Hodenhochstands (Kryptorchismus).

Der Hoden als männliche Keimdrüse ist pflaumenförmig. Er erreicht in der Geschlechtsreife ein Gewicht von 25–30 g und eine Länge von 5 cm. In den Hoden werden Geschlechtshormone (Androgene) gebildet und die Samenzellen (Spermien) zur Reifung gebracht. Diese Reifung erfolgt in Schüben über mehrere Vorstufen und Umbildungsvorgänge. Sie setzt in der Pubertät ein und vollzieht sich bis in das Greisenalter. Der Nebenhoden (Epididymis) lagert sich dem hinteren Rand des Hodens an und ist Speicherorgan für die reifen Samenzellen. Durch sein saures Milieu werden die sonst eigenbeweglichen Spermien während der Lagerung ruhiggestellt. Der Nebenhodengang (Ductus epididymidis) geht ohne scharfe Grenze in den Samenleiter (Ductus deferens) über, durch den während des Samenergusses (Ejakulation) die Spermien abgeleitet werden. Im kleinen Becken durchbohrt der Samenleiter die Hinterfläche der Vorsteherdrüse und mündet so in den oberen Abschnitt der Harnröhre ein. Kurz vorher enden noch die Ausführungsgänge der Samenbläschen (Vesiculae seminales) im Samenleiter. Dieses gemeinsame Endstück nennt man Spritzgang (Ductus ejaculatorius). Die sich anschließende Harnröhre wird somit zur Harn-Samen-Röhre. Sie durchbricht den Beckenboden und liegt dann im Harnröhrenschwellkörper des männlichen Gliedes (Corpus spongiosum penis). Der bogenförmige Verlauf nach vorn ist durch das Schambein bedingt. Der Penis selbst bleibt nach kaudal abgewinkelt. Dieser letzte Bogen wird bei der Aufrichtung des Gliedes (Erektion) ausgeglichen. Der Penis ist gegliedert in den Harnröhrenschwellkörper, der vorn die Eichel (Glans penis) mit der äußeren Harnsamenröhrenöffnung (Ostium urethrae externum) bildet, und den Penisschwellkörper (Corpus cavernosum penis). Die Eichel wird im nicht erigierten Zustand ganz oder teilweise von der Vorhaut (Praeputium) bedeckt. Verklebungen und Verengungen (Phimose) müssen häufig operativ behandelt werden. Bei der Erektion wird Blut angestaut, gleichzeitig aber die Harnröhre für den Samenerguß offen gehalten.

Der Verlauf und die Weite der Harnsamenröhre bedingen die Besonderheiten beim Einführen eines Katheters. Durch Anheben des Penis kann zunächst der präpuberale Bogen aufgehoben werden. Die sogenannten engen Stellen der Harnröhre erreicht der Katheter beim Durchqueren des Beckenbodens und bei der Einmündung in die Harnblase. Die Gesamtlänge der Harn- und Harn-Samen-Röhre beträgt beim Erwachsenen etwa 20 bis 22 cm.

1 Testis (Hoden)
2 Epididymis (Nebenhoden)
3 Ductus deferens (Samenleiter)
4 Lamina visceralis (Epiorchium)
5 Lamina parietalis (Periorchium)
6 Scrotum (Hodensack)
7 Diaphragma pelvis et urogenitale (Beckenboden)
8 Prostata (Vorsteherdrüse)
9 Vesicula seminalis (Bläschendrüse) und Ductus ejaculatorius (Spritzgang)
10 Vesica urinaria (Harnblase)
11 Pars prostatica urethrae masculinae (Teil der Harnröhre in der Vorsteherdrüse)

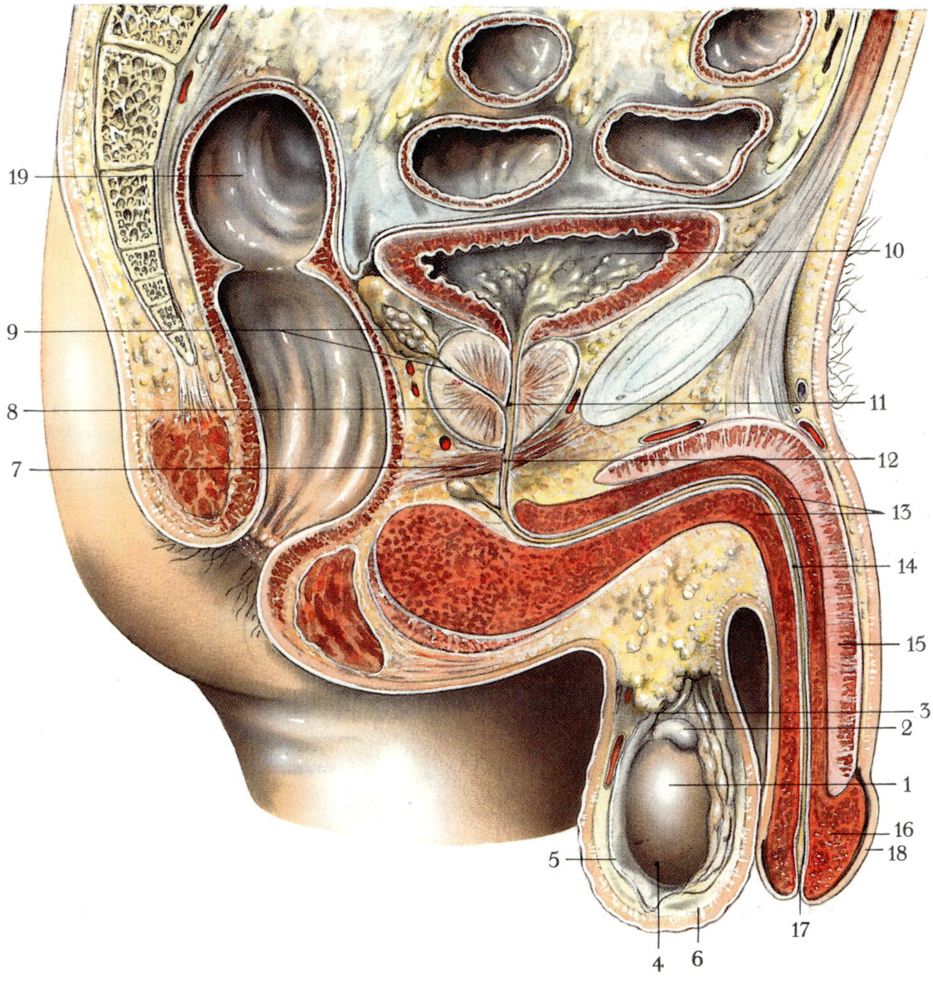

12 Pars membranacea urethrae masculinae (Beckenbodendurchtritt der Harn-Samen-Röhre)
13 Corpus spongiosum penis (Harnröhrenschwellkörper)
14 Pars spongiosa urethrae masculinae (Gliedteil der Harnsamenröhre)
15 Corpus cavernosum penis (Gliedschwellkörper)
16 Glans penis (Eichel)
17 Ostium urethrae externum (äußere Harnröhrenöffnung)
18 Praeputium (Vorhaut)
19 Ampulla recti (Ampulle)

Topographie der männlichen Beckenorgane von dorsal

Die Lagebeziehungen der meisten Organe im männlichen Becken sind erst nach der Entfernung des Mastdarmes von dorsal zu erkennen. Die leere Harnblase (Vesica urinaria) liegt hinter den Schambeinen und der Schambeinfuge. Ihre obere Wand wird noch vom Bauchfell bedeckt, so daß eine quere Falte entsteht. Es reicht dorsal fast bis zur Einmündungsstelle der beiden Harnleiter (Ureter dexter et sinister) und schlägt dann auf die Vorderfläche des Mastdarms über. Die Vertiefung beim Übergang heißt Excavatio rectovesicalis und ist die tiefste Stelle der Bauchfellhöhle des Mannes. Die Harnleiter sind etwa 30 cm lang, verlaufen retroperitoneal und unterkreuzen dicht neben der Harnblase beidseitig die Samenleiter. Sie münden von dorsal in die Harnblase ein. Durch die Peristaltik der Harnleiter wird der Urin schubweise aus dem Nierenbecken in die Harnblase geleitet und hier bis zur Entleerung gesammelt. Allgemein kommt es bei einem Blaseninhalt von etwa 300 bis 350 ml zum Harndrang, obwohl willkürlich sogar die doppelte Menge zurückgehalten werden kann.
Der Samenleiter (Ductus deferens) verläuft, nachdem er den Leistenkanal verlassen hat, bald separat im kleinen Becken und ist nach der Überkreuzung des Harnleiters erweitert (Ampulla ductus deferentis). An der Hinterfläche der Harnblase streben die Samenleiter aufeinander zu und erreichen die oberen Flächen der Samenbläschen (Vesiculae seminales). Letztere sind 6–8 cm lang und gehören zu den inneren Geschlechtsorganen. Ihr Ausführungsgang vereinigt sich mit dem Samenleiter zum Spritzgang (Ductus ejaculatorius), der durch die Vorsteherdrüse zieht und in die Harnröhre mündet. Die Samenbläschen bilden ein alkalisches Sekret, das der Samenflüssigkeit beigegeben wird.

Die Vorsteherdrüse (Prostata) liegt etwa 1,5 cm hinter der Schambeinfuge, unterhalb der Harnblase, und berührt den Beckenboden. Ihre hintere Fläche nähert sich stark der Vorderwand des Mastdarms und kann so vom Mastdarm aus getastet werden. Die Prostata hat eine kastanienähnliche Form mit einer derb elastischen Konsistenz. Ihr Gewicht beträgt ungefähr 20 g. Sie umschließt vollständig die Pars prostatica der Harnröhre. Das alkalische Sekret der Prostata bildet die Hauptmenge der Samenflüssigkeit und unterstützt die Eigenbeweglichkeit der Spermien. Krankhafte Veränderungen der Prostata können den normalerweise weiten Abschnitt der Harnröhre einengen und den Harnabfluß verhindern.
Eine Ablagerung von sog. Prostatasteinen ist möglich, wenn das Sekret dieser tubuloalveolären Drüse in den Ausführungsgängen eingedickt wird. Das bei vielen Männern jenseits des 40. Lebensjahres auftretende Prostataadenom betrifft die unmittelbare Nähe der Harnröhre und ist gutartig (benigne). Demgegenüber entsteht das bösartige (maligne) Prostatakarzinom häufiger in der Außenzone, wo sich die Hauptdrüsen unter Testosteroneinfluß befinden.
Im Anschluß an ihren Verlauf durch die Prostata durchbricht die Harn-Samen-Röhre den Beckenboden als Pars membranacea urethrae. Für diesen Abschnitt sind die erbsengroßen Glandulae bulbourethrales charakteristisch, die auch als Cowper-Drüsen bezeichnet werden. Sie münden aber erst unterhalb des Beckenbodens in den Harnröhrenschwellkörper (Corpus spongiosum). Ihr schleimiges Sekret wird noch vor der Ejakulation zur Erhöhung der Gleitfähigkeit der samenableitenden Wege abgesondert.

1 Ureter (Harnleiter)
2 Peritoneum viscerale (organbedeckendes Bauchfell)
3 Peritoneum parietale (seitliches Bauchfell, durchtrennt)
4 Ductus deferens (Samenleiter)
5 Überkreuzungsstelle von Ductus deferens und Ureter
6 Vesica urinaria (Harnblase, gefüllt)
7 Ampulla ductus deferentis (Erweiterung des Samenleiters)
8 Vesicula seminalis (Samenbläschen, Peritoneum berührend)
9 Ductus excretorius (Ausführungsgang, der Vesicula seminalis)

Dorsale Ansicht von Teilen der männlichen Beckenorgane nach Entfernung des Mastdarmes

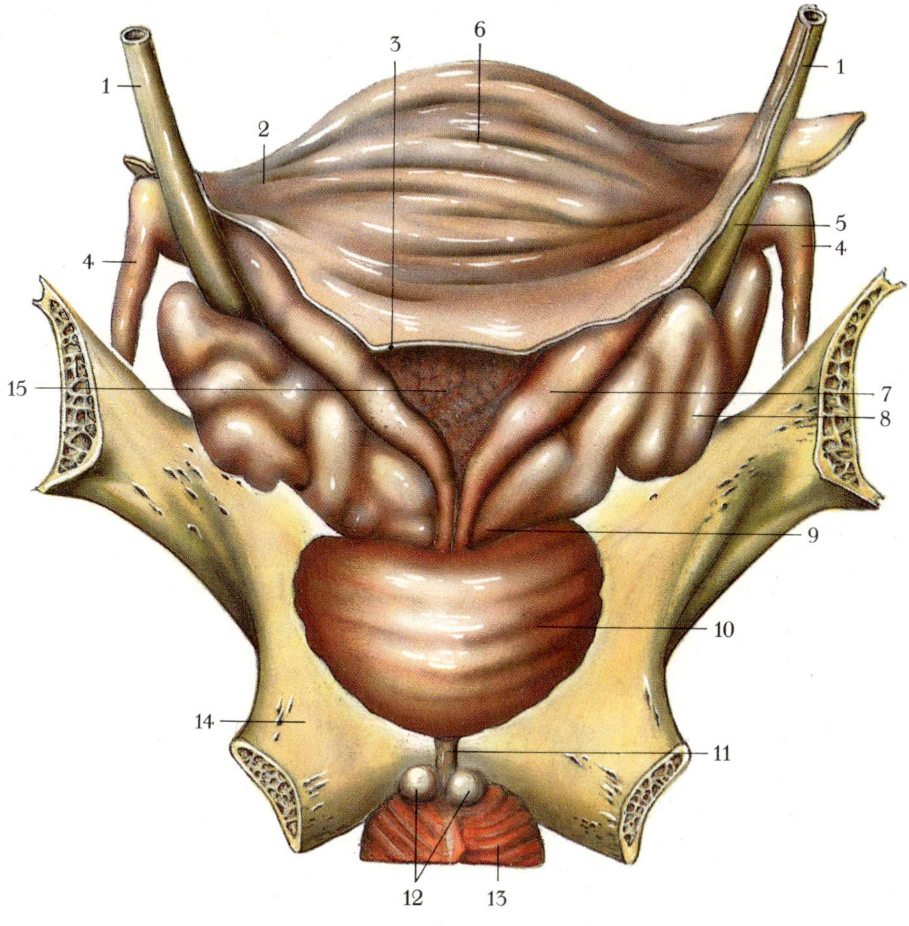

10 Prostata (Vorsteherdrüse)
11 Pars membranacea urethrae masculinae (männliche Harnröhre im Beckenboden, enge Stelle, Beckenboden entfernt)
12 Glandulae bulbourethrales
13 M. bulbospongiosus, überzieht das Corpus spongiosum penis (Harnröhrenschwellkörper)
14 Os pubis (Schambein)
15 subperitonealer Beckenraum

Übersicht der weiblichen Geschlechtsorgane

Zu den inneren weiblichen Geschlechtsorganen gehören Eierstock (Ovarium), Eileiter (Tuba uterina), Gebärmutter (Uterus) und Scheide (Vagina), die sich alle im Beckenbereich befinden. Die äußeren weiblichen Genitalorgane bestehen aus den großen Schamlippen (Labia majora), dem Kitzler (Clitoris), den kleinen Schamlippen (Labia minora), dem von ihnen eingeschlossenen Scheidenvorhof (Vestibulum vaginae) mit den hier mündenden Drüsen und der äußeren Öffnung der weiblichen Harnröhre (Urethra). Vulva ist der klinische Begriff für die äußeren Geschlechtsorgane der Frau.

Das mandelförmige Ovar liegt intraperitoneal, ist allgemein etwa 3–5 cm lang und hat eine Dicke von 0,5–1 cm. Es wird durch mehrere Haltebänder schräg am Beckeneingang fixiert. In diesem Organ erfolgt die Reifung und Bereitstellung der Eizellen, die in der Zeit zwischen dem Eintritt der Geschlechtsreife (Menarche) und dem Klimakterium durch den monatlichen Eisprung (Ovulation) ausgestoßen werden. Dabei erreicht ein Tertiär- oder Bläschenfollikel (Graaf-Follikel) die Oberfläche des Ovars und platzt (Eisprung). Die Fransen (Fimbriae) des Eileiters umgreifen den Eierstock an der Stelle, wo der Eisprung stattfindet, um das ausgestoßene Ei aufzunehmen. Der Flimmerstrom und der Sog im Eileiter bewirken die Weiterleitung in Richtung Uterus. Der Eisprung selbst dauert 3–5 Minuten. Normalerweise erreicht die Eizelle zunächst die Ampulla des Eileiters, wo die mögliche Befruchtung stattfindet. Eine Eizelle soll nur 6–24 Stunden befruchtungsfähig sein, während für Spermien im Eileiter 2–4 Tage angegeben werden. In Ausnahmefällen kann der Aufnahmemechanismus in den Eileiter unterbleiben, so daß es bei einer Befruchtung zur Bauchhöhlenschwangerschaft (Extrauteringravidität) kommt.

Der Restteil des geplatzten Follikels wird im Eierstock zum Gelbkörper (Corpus luteum) und gibt die Gelbkörperhormone (Progesteron) ab, während vor der Ovulation im Ovar die Bildung von Follikelhormonen (Estrogene) erfolgt. Diesen zweiphasigen ovariellen Zyklus von etwa 28 Tagen reguliert der Hypothalamus mit Steuerhormonen, die auf die Hypophyse wirken. Diese regt in der ersten Zyklushälfte mit ihrem follikelstimulierenden Hormon (FSH) das Ovar zur Produktion der Follikelhormone an. In der zweiten Phase bewirkt das luteinisierende Hormon (LH) der Hypophyse die Umwandlung des frischen entleerten Follikels in den Gelbkörper, der Progesteron bildet.

Die Gebärmutter bereitet mit ihrer Schleimhautveränderung während jedes Zyklus die Einnistung des Keimes vor und dient als Fruchthalter in der Schwangerschaft. Die Schleimhaut nennt man Endometrium, die Muskulatur Myometrium und den Peritonealüberzug Perimetrium.

Die Vagina besteht aus einer häutig-muskulösen Wandung, dient der Aufnahme des Sperma und verhindert durch ihr saures Sekret u. a. aufsteigende Infektionen.

Das äußere Genitale beginnt in Höhe der Symphyse mit dem oberhalb der Schamspalte (Rima pudendi) liegenden Schamberg (Mons pubis). Nach unten und seitlich folgen die großen Schamlippen. Innen begrenzen die kleinen Schamlippen mit ihrer Innenfläche den Scheidenvorhof. Hier mündet wenig unterhalb der Klitoris die weibliche Harnröhre in den Scheidenvorhof.

1 Ovarium (Eierstock)
2 Mesovarium (Aufhängeband)
3 Ligamentum latum (Bauchfellduplikatur)
4 Tuba uterina (Salpinx), (Eileiter)
5 Eileiteröffnung mit Fransentrichter (Fimbriae)
6 Ampulla (Ampulle)
7 Isthmus tubae uterinae (Eileiterenge)
8 Uterus (Gebärmutter)
9 Cavitas (Cavum) uteri (Gebärmutterhöhle)
10 Fundus uteri (Gebärmuttergrund)
11 Corpus uteri (Gebärmutterkörper)

Längsschnitt durch die weiblichen Beckenorgane

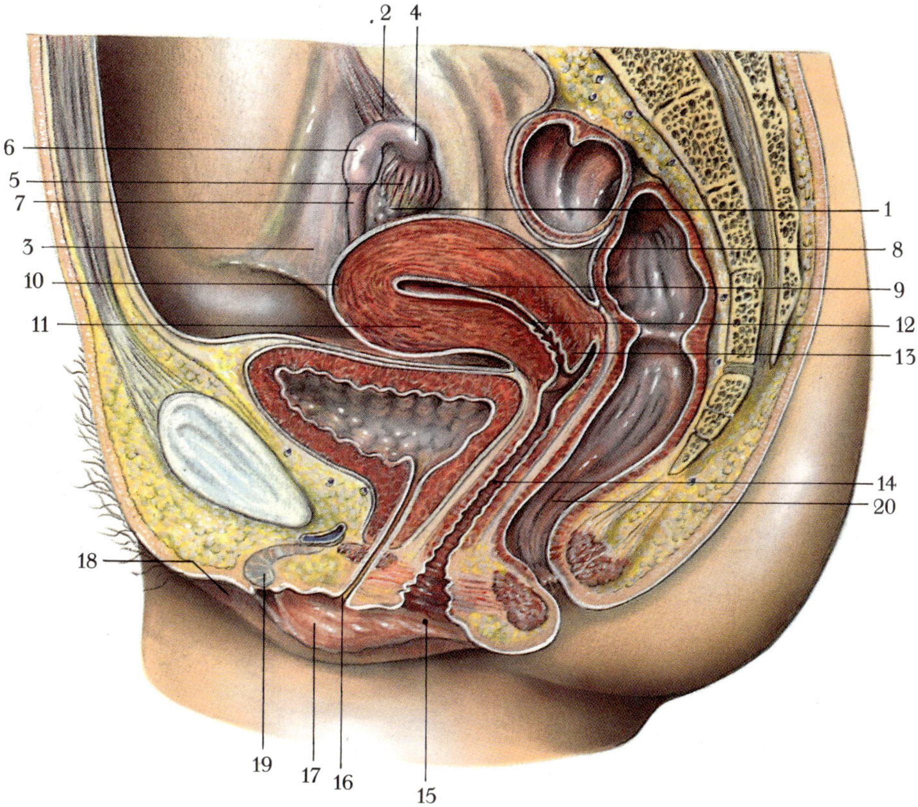

12 Cervix (Collum) (Gebärmutterhals)
13 Portio vaginalis cervicis (Teil des Gebärmutterhalses, der in die Scheide ragt, Muttermund, Portio)
14 Vagina (Scheide)
15 Vestibulum vaginae (Scheidenvorhof)
16 Ostium urethrae externum (äußere Harnröhrenöffnung)
17 Labium minus (Kleine Schamlippe)
18 Labium majus (Große Schamlippe)
19 Clitoris (Kitzler)
20 Rectum (Mastdarm)

Gefäße und topographische Beziehungen im Beckengebiet bei der Frau

Um die Gefäße im Beckengebiet darzustellen, müssen die Beckenorgane teilweise herausgelöst werden.
Am Beckeneingang überkreuzt der Harnleiter (Ureter) die Iliakalgefäße. Die äußere Hüftschlagader (A. iliaca externa) und die gleichnamige Vene verlaufen seitlich an der Beckenwand ohne Abgabe größerer Gefäßäste bis unter das Leistenband, während die innere Hüftschlagader (A. iliaca interna) tiefer liegt und mit ihren seitlichen (parietalen) Ästen die Beckenwand versorgt. Für die Beckeneingeweide besitzt sie innere (viszerale) Aufzweigungen.
Der Eierstock befindet sich zwar in der Nische zwischen den Iliakalgefäßen an der seitlichen Beckenwand, erhält jedoch seine Arterie (A. ovarica) von oben direkt aus der Aorta. Mit einem Ast greift dieses Gefäß auf den Eileiter über. Andererseits erreicht die Arterie des Uterus (A. uterina) aus der A. iliaca interna auch mit einem Ast den Eileiter und schafft eine Doppelversorgung.
Die Gebärmutter (Uterus) hat bei der erwachsenen Frau eine Gesamtlänge von etwa 7 cm und ist birnenförmig. Sie bildet neben ihrer Funktion als Fruchthalter in der Schwangerschaft den mütterlichen Teil des Mutterkuchens (Plazenta), der der Ernährung des Feten dient. Während der Geburt ist der Uterus der Austreibungsmuskel. Man unterscheidet an der Gebärmutter den Körper (Corpus), den Grund (Fundus) und den Hals (Cervix, Collum), dessen unterer Teil in die Scheide reicht (Portio vaginalis cervicis). Dieser Abschnitt wird kurz Portio (Muttermund) genannt. Eine Uterusenge (Isthmus) befindet sich zwischen Uteruskörper und Uterushals. Sie entfaltet sich während der Schwangerschaft und wird dann vom Geburtshelfer als unteres Uterinsegment bezeichnet. Bei normaler Lage des Uterus besteht eine Neigung seiner Längsachse gegen die Scheidenachse nach vorn (Anteversio) und eine Abknickung zwischen Corpus und Cervix im Bereich des Isthmus (Anteflexio), so daß der Uteruskörper stets der Harnblase aufliegt. Während der Schwangerschaft und bei jeder starken Blasenfüllung richtet er sich auf. Pathologische Vergrößerungen des Uterus können durch den damit verbundenen Druck nach dorsal zu Reizungen des Plexus sacralis (Ischiasschmerzen) führen.
Vom Zeitpunkt der ersten Regelblutung (Menarche) bis zum Klimakterium löst der ovarielle Zyklus periodische Veränderungen der Uterusschleimhaut bis zur Schleimhautabstoßung (Blutung) aus. Allgemein rechnet man mit dem 28-Tage-Zyklus, der mit dem 1. Tag der Blutung beginnt und in mehrere Phasen unterteilt wird. Der durchschnittliche Blutverlust wird mit etwa 50 ml angegeben. In der Desquamationsphase (1.–4. Tag) werden die oberen Schichten der Uterusschleimhaut (Functionalis) im Korpusbereich abgestoßen. Darauf folgt die Proliferationsphase (5.–15. Tag), wo sich die oberen Schleimhautschichten neu bilden, aber auch vergrößern. Sie ist mit dem Eisprung (etwa 15. Tag) beendet. In der anschließenden Sekretionsphase (15.–28. Tag) werden die Uterusdrüsen stark geschlängelt und erweitert, dabei bilden sie ein schleimiges Sekret. Mit dem Einsatz dieser Phase steigt die Körpertemperatur (Basaltemperatur) morgens gemessen um 0,5 bis 1,0 °C.
Die Scheide durchbricht den Beckenboden und verläuft so, daß sie in einer schrägen Linie am unteren Teil des Uterus (Portio vaginalis uteri) ansetzt. Dies bedingt, daß die Portio (Muttermund) vorn kürzer ist als hinten. Es entsteht ein Spalt zwischen ihr und der Scheidenwand, der als Scheidengewölbe (Fornix vaginae) bezeichnet wird. Aus dieser Umfassung der Portio unterscheidet man ein tiefes hinteres, zwei seitliche und ein vorderes Scheidengewölbe. Das hintere gilt als Samenbehältnis (Receptaculum seminis), weil von hier aus die Spermienwanderung einsetzt. Der Scheideneingang (Ostium vaginae) stellt die Verbindung zum Scheidenvorhof (Vestibulum vaginae) her.

Organe und Gefäße des weiblichen Beckens von medial, teilweise angeschnitten

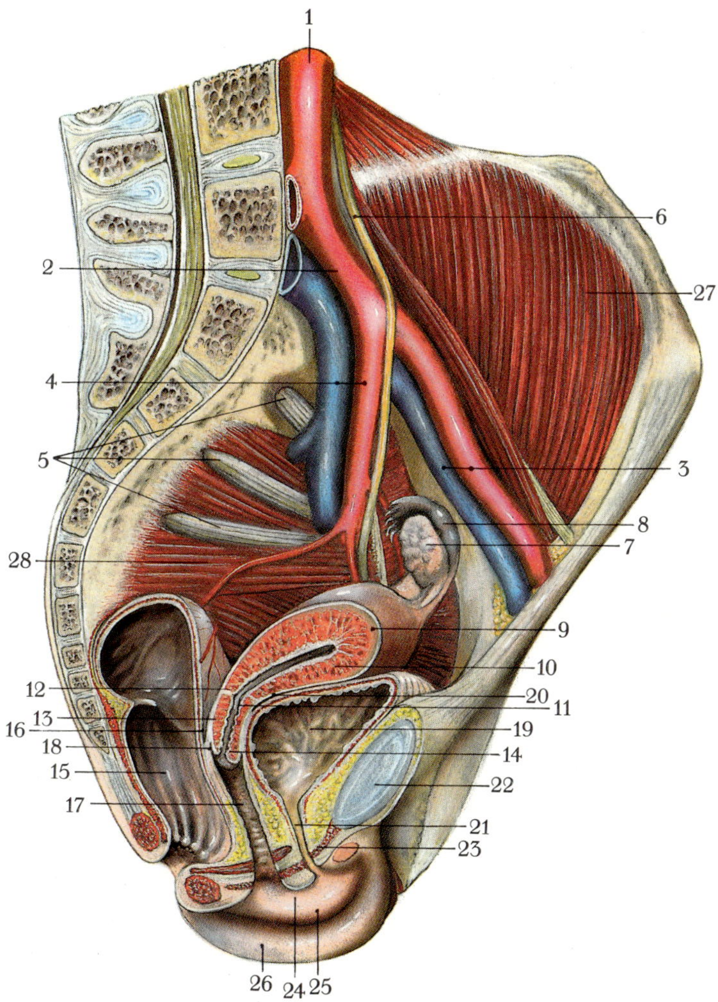

1 Aorta abdominalis (Bauchaorta)
2 A. et V. iliaca communis
3 A. et V. iliaca externa
4 A. et V. iliaca interna
5 Nervi sacrales I–III (Teile des Plexus sacralis)
6 Ureter (Harnleiter)
7 Ovar (Ovarium, Eierstock)
8 Tuba uterina (Eileiter)
9 Fundus uteri (Gebärmuttergrund)
10 Corpus uteri (Gebärmutterkörper)
11 Cervix uteri (Gebärmutterhals)
12 Isthmus uteri (Gebärmutterenge)
13 Portio supravaginalis cervicis (Anteil des Halses, der oberhalb der Scheide liegt)
14 Portio vaginalis cervicis (Anteil des Halses, der in die Scheide reicht)
15 Rectum (Mastdarm)
16 Excavatio rectouterina (Douglas-Raum)
17 Vagina (Scheide)
18 Fornix vaginae (Scheidengewölbe)
19 Vesica urinaria (Harnblase)
20 Excavatio vesicouterina (Vertiefung zwischen Blase und Gebärmutter)
21 Urethra feminina (weibliche Harnröhre)
22 Symphysis pubica (Schambeinfuge)
23 Beckenbodenmuskulatur
24 Vestibulum vaginae (Scheidenvorhof)
25 Labium minus pudendi (kleine Schamlippe)
26 Labium majus pudendi (große Schamlippe)
27 M. iliacus (Hüftmuskel)
28 M. piriformis (birnenförmiger Muskel)

Das Bauchfell im Beckenbereich und Beckenbindegewebe bei der Frau

Von der Vorderwand des Rektum hebt sich das Peritoneum parietale ab, bildet den Douglas-Raum (Excavatio rectouterina) und heftet sich danach hinten, oben und vorn als Perimetrium an den Uterus. In Höhe der Uterusenge (Isthmus uteri) endet dieser Überzug und verläuft nach vorn zur Hinterfläche der Harnblase. Die entstandene Vertiefung zwischen Harnblase und Uterus ist die Excavatio vesicouterina. Im ungefüllten Zustand der Harnblase bildet sich über ihrem oberen Anteil eine quere Bauchfellfalte (Plica vesicalis transversa). Von hier erreicht das Peritoneum parietale als Serosa die Innenseite der vorderen Bauchwand.
Seitlich von der Gebärmutter spannt sich der Bauchfellüberzug als Ligamentum latum bis zur seitlichen Beckenwand aus und bedeckt den oberen Rand des Eileiters bis zu dessen fransenförmiger Öffnung. Unterhalb von seinem Oberrand bildet es Anteile des Aufhängeapparates (Mesovarium) des Eierstocks. Unter dem Begriff Adnexe (Anhänge) werden klinisch Eierstock und Eileiter zusammengefaßt.
Durch das ausgespannte Ligamentum latum entsteht ein subperitonealer Raum seitlich vom Uterus. Das hier vorkommende Bindegewebe wird in der Klinik als Parametrium bezeichnet. Analog dazu heißen die Begriffe für das Bindegewebe neben der Harnblase Paracystium, neben der Scheide Paracolpium und neben dem Rectum Paraproctium. Die Summe aller Bindegewebszüge hält den Uterus in einer Schwebelage, die noch zusätzlich vom Beckenboden eine Absicherung erfährt.
So erklärt sich die aktive und passive Einstellung des Uterus selbst und seine mögliche Aufrichtung bei der Füllung von Harnblase oder Rektum. Als tiefster Punkt des Peritonealraumes bleibt stets die Excavatio rectouterina mit ihrer Angrenzung an das hintere Scheidengewölbe. Hier können Manipulationen zu Perforationen der Peritonealhöhle führen und aufsteigende Infektionen provozieren. Umgekehrt kann für diagnostische Zwecke über das hintere Scheidengewölbe die Punktion der Peritonealhöhle erfolgen.
Einen besonderen Bindegewebszug stellt das runde Mutterband (Ligamentum teres uteri) zwischen Gebärmuttergrund und großen Schamlippen dar. Es hat keine Haltefunktionen, ist aber der Hauptinhalt des Leistenkanals bei der Frau. Mit ihm zusammen verlaufen Lymphgefäße, die das äußere Genitale mit den Beckenlymphknoten verbinden, wodurch sich die Entzündungsweiterleitung oder auch die Metastasierungsgefahr erklären lassen.
Erschlafft der ganze Halteapparat, so kann der Uterus tiefer treten und den Vorfall der Gebärmutter (Uterusprolaps) herbeiführen. Etwas seitlich vom Uterus liegt außerdem der Harnleiter dorsal von der Arterie für die Gebärmutter (A. uterina) und unterkreuzt diese. Die Arterien von Gebärmutter und Eierstock besitzen starke Anastomosen untereinander. Außerdem befinden sich hier Venengeflechte, Lymphgefäße mit Lymphknoten sowie zahlreiche vegetative Nervengeflechte.
Bei den letzteren handelt es sich um die Anteile des Sympathikus, die von oben einstrahlen und um seine sakralen Ganglien. Aus allen bildet sich der Plexus hypogastricus inferior (oder Plexus pelvinus), wobei dieser durch die Aufnahme der sakralen parasympathischen Teile zu den autonomen Nervengeflechten wird. Diese Verflechtungen liegen beispielsweise als Plexus uterovaginalis seitlich zwischen Zervix und Scheidengewölbe als Frankenhäuser-Plexus.

1 Beckenbodenmuskeln
2 Peritoneum parietale (seitliches Bauchfell)
3 Tuba uterina (Eileiter)
4 Ostium abdominale (Bauchhöhlenöffnung des Eileiters)
5 Ampulle des Eileiters
6 Mesosalpinx (Aufhängeband des Eileiters)
7 Mesovarium (Teil des Aufhängebandapparates des Eierstocks)
8 Ovarium (Eierstock)
9 A. ovarica
10 Fundus uteri (Gebärmuttergrund)
11 Corpus uteri (Gebärmutterkörper)

Die weiblichen Beckenorgane mit Peritoneum von dorsal, teilweise angehoben und eröffnet

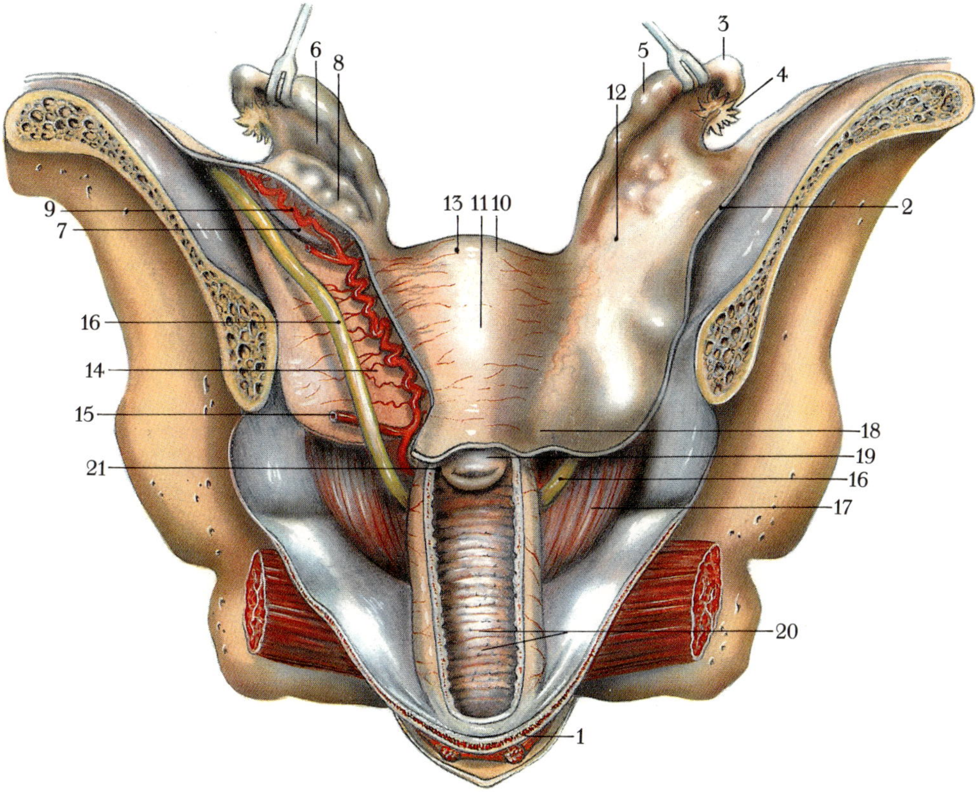

12 Ligamentum latum uteri (Bauchfellduplikatur)
13 Perimetrium (Bauchfellüberzug des Uterus selbst)
14 Parametrium (Bindegewebe um den Uterus)
15 A. uterina
16 Ureter (Harnleiter)
17 Vesica urinaria (Harnblase)
18 Excavatio rectouterina (Douglas-Raum)
19 Portio vaginalis cervicis (Portio, Muttermund)
20 Rugae vaginales (Scheidenfalten)
21 Fornix vaginae (Scheidengewölbe um den Muttermund)

Beckenausgang und äußere Genitalien beim männlichen und weiblichen Geschlecht

Der Mastdarm (Rectum) besitzt etwa 7 cm oberhalb des Afters (Anus) rechts im Innenrelief die Kohlrausch-Falte, die mit dem Finger erreichbar ist. Darüber liegt eine ausgeweitete Stelle (Ampulla). Nach unten schließt sich der Afterkanal (Canalis analis) an, in dem die Schleimhaut allmählich Hautcharakter annimmt. Die Gefäße stellen ein weites Netz von direkten Verbindungen zwischen dem arteriellen und venösen Schenkel (Anastomosen) her. So lassen sich die Erweiterungen und Stauungen auch beim Bestehen verschiedener Abflußwege erklären (Hämorrhoiden). Die Austastung des Rektum mit dem Finger (digitale Untersuchung) ermöglicht es, nicht nur das Organ selbst, sondern indirekt auch die Prostata, in besonderen Fällen auch den Muttermund (Portio) zu beurteilen.

Die Stuhlentleerung (Defäkation) geschieht durch autonome und willkürliche Steuerung. Dehnungsrezeptoren registrieren den Füllungszustand des Mastdarms. Bei der Entleerung selbst erschlaffen die unwillkürlichen und willkürlichen Schließmuskeln sowie der Afterheber (M. levator ani). Dieser Vorgang wird nach tiefer Einatmung und durch die Kontraktion der Bauchwand (Bauchpresse) unterstützt.

Beim Mann wird der Beckenboden nur in diesem hinteren Bereich durch eine Öffnung nach unten, den After, durchbrochen, während vorn die einstrahlenden Muskeln einen echten Verschluß erzeugen und das männliche Glied (Penis) nach vorn führen (Bild A).

Bei der Frau wird der Beckenausgang für die Harn- und Geschlechtsöffnung (Regio urogenitalis) über einen gemeinsamen Vorhof (Vestibulum vaginae) offen gehalten. Daran schließt sich nach hinten eine Weichteilbrücke, der Damm (Perineum), an. Erst dann folgt der After (Anus) mit seinem quergestreiften Schließmuskel (M. sphincter ani externus). Diese Gliederung ergibt sich auch aus dem unterschiedlichen Verlauf und der Lage der Muskelzüge des Beckenbodens (Diaphragma pelvis) (Bild B).

Vorn wird die muskelfreie Lücke des Beckenbodens durch eine bindgewebig-muskulöse Platte mit dem querverlaufenden Muskel (M. transversus perinei profundus) verstärkt. Dieser Teil des Beckenbodens, das Diaphragma urogenitale (oder Spatium perinei profundum) liegt zwischen der Symphyse und den unteren Schambeinästen. Ein Teil umgreift die Harnröhre, andere stellen die seitliche Begrenzung der Scheide (Vagina) dar. Der hintere Anteil verstärkt den Damm. Zwischen dem Diaphragma urogenitale und dem Afterheber liegt die Fossa ischioanalis, die mit Fett und Bindegewebe gefüllt und dadurch verformbar ist. An ihrem Seitenrand verläuft, durch die Faszien geschützt, im Alcock-Kanal das Gefäß-Nerven-Bündel für After, Damm und äußere Genitalorgane.

Im vorderen Bereich des Beckenbodens schließen die Mm. ischiocavernosi die seitlich liegenden Schenkel des Kitzlers (Clitoris) ein. In der Mittellinie liegt der vorspringende Anteil des Kitzlers (Glans clitoridis). Die kleinen Schamlippen sind zwei haar- und fettlose Hautfalten zur Begrenzung der Innenfläche des Scheidenvorhofs. Hier und um die Klitoris befinden sich Nervenendigungen für die spezifische Sensibilität. Den venösen Schwellkörper des Scheidenvorhofs umgibt der M. bulbospongiosus. Im dorsalen Abschnitt befindet sich die große Vorhofdrüse (Glandula vestibularis major oder Bartholini-Drüse) zur Befeuchtung des Epithels mit einem schleimigen Sekret. Sie mündet in den Scheidenvorhof.

Die weibliche Harnröhre (Urethra feminina) ist nur etwa 2,5–3 cm lang und hat einen fast geraden Verlauf. Neben den glatten Muskelsträngen wird sie durch den willkürlichen M. sphincter urethrae zusätzlich verschlossen. Die äußere Harnröhrenöffnung befindet sich 1,5–3 cm unterhalb des Kitzlers im Scheidenvorhof.

Die großen Schamlippen (Labia majora) sind pigmenthaltige paarige Wülste mit allen Anteilen der Haut sowie der Unterhaut und nur nach innen haarlos.

Der Beckenausgang beim Mann (Bild A) und bei der Frau mit den äußeren Geschlechtsteilen (Bild B)

A

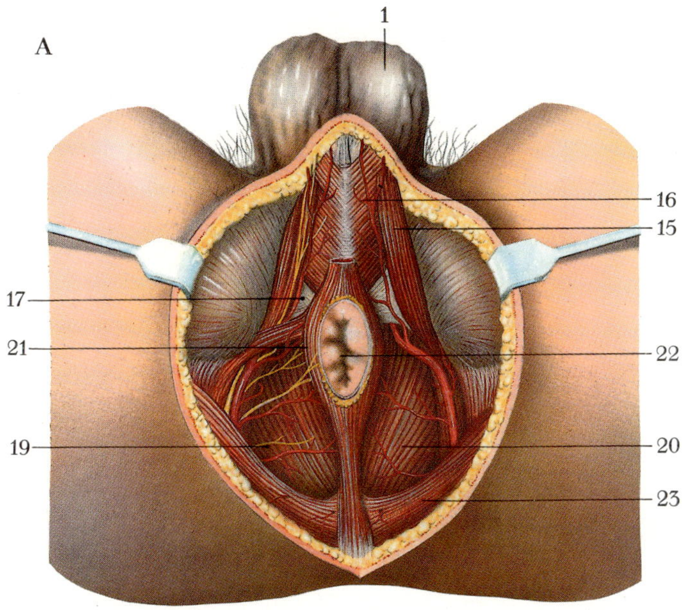

B

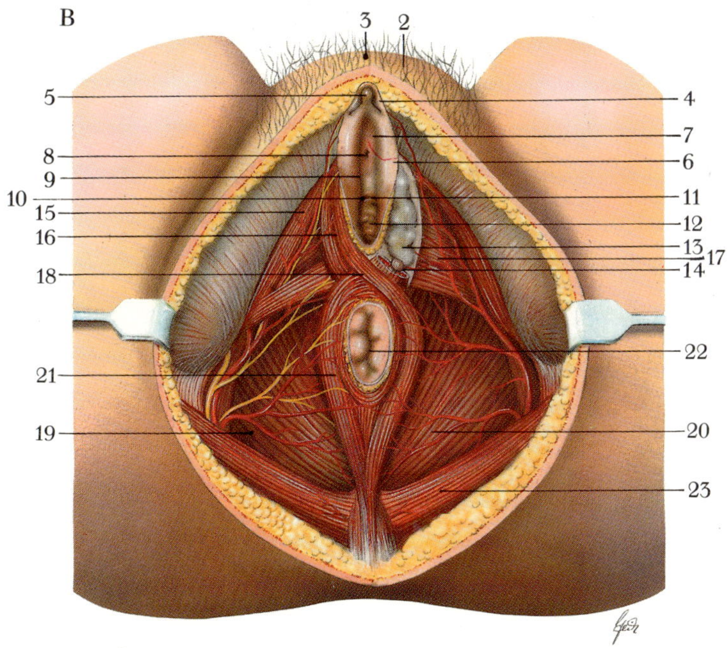

1 Scrotum (Hodensack)
2 Mons pubis (Schamberg)
3 Symphysis pubica (Schamfuge)
4 Praeputium clitoridis (Vorhaut des Kitzlers)
5 Clitoris (Kitzler)
6 Labium minus (kleine Schamlippe)
7 Rima pudendi (Schamspalte)
8 Ostium urethrae externum (äußere Harnröhrenöffnung)
9 Vestibulum vaginae (Scheidenvorhof)
10 Carunculae hymenales (Reste des Jungfernhäutchens)
11 Ostium vaginae (Scheideneingang)
12 Rugae vaginales (Scheidenfalten)
13 Bulbus vestibuli mit Venengeflecht (Schwellkörper)
14 Glandula vestibularis major (große Scheidenvorhofdrüsen)
15 M. ischiocavernosus
16 M. bulbospongiosus
17 M. transversus perinei profundus (querverlaufender Dammuskel)
18 Perineum (Damm)
19 Fossa ischioanalis
20 M. levator ani (Afterheber)
21 M. sphincter ani externus (äußerer Schließmuskel)
22 Anus (After)
23 M. gluteus maximus (großer Gesäßmuskel)

Rumpf

Keimzellen, Kohabitation und Befruchtung

In den Hodenkanälchen (Tubuli seminiferi convoluti) der Hodenläppchen (Lobulus testis) erfolgt über sechs Entwicklungsstadien die Samenzellbildung (Spermatogenesis). An einer reifen Samenzelle (Spermium, Samenfaden), die etwa 60 μm lang ist, unterscheidet man den abgeplatteten kurzen Kopf, ihm folgt der lange Schwanz (Cauda, Flagellum) mit seinem Hals, dem Mittelstück, Haupt- und Endstück.
In den Hodenkanälchen kommen Sertoli-Zellen vor, die für die Ernährung der unreifen Samenzellen verantwortlich sind. Die Leydig-Zellen liegen im Bindegewebe zwischen den Kanälchen und greifen in die Bildung der männlichen Geschlechtshormone ein.
Aus den Samenfäden und der Samenflüssigkeit setzt sich das Ejakulat oder Sperma zusammen. Die Menge beträgt 2–5 ml und enthält 50–120 Millionen Spermien. Aus der Untersuchung des Ejakulats lassen sich Funktionsstörungen und die Befruchtungsfähigkeit meist erkennen.
Die Reifungsstadien der Eizellen (Ovogenesis) sind an die Follikelreifung gebunden. Über zwei Wachstums- und zwei Ruheperioden reift ein sprungreifer Follikel (Graaf-Follikel) heran. Dieser setzt beim Follikelsprung (Ovulation) die befruchtungsfähige, etwa 150 μm große Eizelle frei und bildet den Gelbkörper (Corpus luteum).
Voraussetzung für die Befruchtung ist der Geschlechtsverkehr (Kohabitation). Beim Mann muß sich dazu das Glied (Penis) aufrichten und versteifen (Erektion). Bei der Frau zählt die Erweiterungsfähigkeit und das Feuchtwerden der Scheide (Vagina) dazu. Es werden nach dieser Bereitschaft beider Partner (Potentia coeundi) vier Reaktionsphasen unterschieden, die ineinander übergehen.
In der Erregungsphase spielen äußere Reize eine große Rolle. Über das Sexualzentrum im Zwischenhirn und das autonome Nervensystem erfolgt dabei die Steuerung. Die Erektion ist ausgeprägt, die Skrotalhaut kontrahiert und auch die Blutfülle der Hoden hat zugenommen. Bei der Frau erreicht die Scheide neben der Erweiterung im Querschnitt eine Längenzunahme auf 7 bis 10 cm. Das Sekret stammt aus dem Venenplexus und ist über das Scheidenepithel abgesondert worden. In dieser Phase erfolgt bereits die Einführung des Gliedes (Imissio penis).
Die Plateauphase ist mit der Erregungsphase überlappt. Beim Mann wird etwas glasklares Sekret aus den Drüsen neben der Harn-Samen-Röhre ausgestoßen. Bei der Frau erfolgt eine weitere Anschwellung der kleinen Schamlippen (Labia minora) und eine massive Blutstauung im Vaginalbereich. Dieser Begriff soll ausdrücken, daß der hohe Grad der Erregung bis zur nächsten Phase eine Zeitlang anhält.
Der Orgasmusphase entspricht beim Mann die Ejakulation. Dabei kommt es zu mehreren aufeinander folgenden unwillkürlichen Kontraktionen etwa im Sekundenabstand. Bei der Frau erfolgen gleichfalls Kontraktionen der Scheidenwand. Außerdem entsteht eine orgastische Manschette der Scheide aufgrund der Venenstauung.
Es schließt sich allmählich die Rückbildungsphase beim Mann mit der Erschlaffung des Gliedes und bei der Frau mit der Senkung des Muttermundes in die Scheide zur Aufnahme der Spermien an. Die im Eileiter befruchtete Eizelle durchläuft mehrere Teilungsstadien und gelangt dabei in die Gebärmutterhöhle (Cavitas uteri), wo die Einnistung (Nidation) erfolgt.

1 Caput (Kopf)
2 Flagellum (Schwanz)
3 Pars conjugens (Hals)
4 Pars intermedia (Mittelstück)
5 Pars principalis (Hauptstück)
6 Pars terminalis (Endstück)
7 Ovocytus (Eizelle)
8 Primärfollikel
9 Sekundärfollikel
10 Tertiärfollikel (sprungreifer Follikel, Graaf-Follikel)
11 Ovarium (Eierstock)
12 Tuba uterina (Eileiter)
13 Zona pellucida
14 Corpus luteum (Gelbkörper)
15 Befruchtung
16 Zweizellenstadium
17 Morula (Maulbeerenstadium)

Schematische Darstellung eines Spermiums (Bild A), Stadien der Follikelbildung mit der Eizelle und der Befruchtung (Bild B), Organe bei der Kohabitation (Bild C)

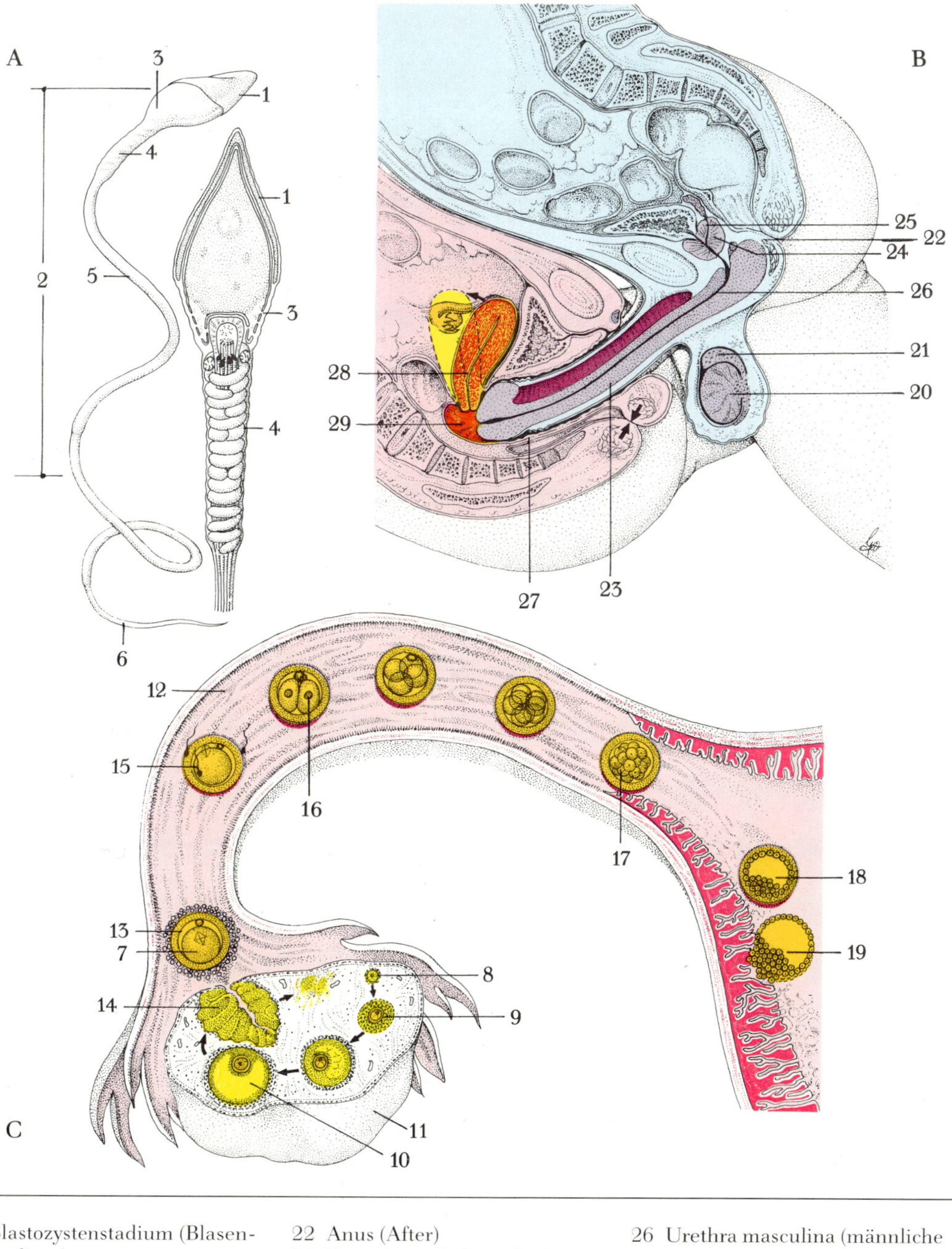

18 Blastozystenstadium (Blasenstadium)
19 Nidation (Einnistung, Implantation)
20 Testis (Hoden)
21 Epididymis (Nebenhoden)
22 Anus (After)
23 Penis (männliches Glied)
24 Prostata (Vorsteherdrüse)
25 Ductus ejaculatorius (Spritzgang)
26 Urethra masculina (männliche Harnröhre)
27 Vagina (Scheide)
28 Uterus (Gebärmutter)
29 Receptaculum seminis (Auffangstelle für den Samenerguß)

Sachwortverzeichnis

Sachwortverzeichnis

Sachwortverzeichnis

Sachwortverzeichnis

Sachwortverzeichnis

Sachwortverzeichnis

Sachwortverzeichnis

Sachwortverzeichnis

Sachwortverzeichnis

Sachwortverzeichnis

Sachwortverzeichnis

Sachwortverzeichnis

Sachwortverzeichnis

Notizen